CONEJOS, HÁMSTERS Y OTROS ROEDORES

PREGUNTAS Y RESPUESTAS

DAVID ALDERTON

LIBSA

© 2002, Editorial LIBSA
San Rafael, 4
28108. Alcobendas. Madrid
Tel. (34) 91 657 25 80
Fax (34) 91 657 25 83
e-mail: libsa@libsa.es
www.libsa.es

Traducción: Susana Madroñero

Título original: *The small animals*

ISBN: 84-662-0498-9

Contenido

Introducción

La afición a cuidar pequeños mamíferos, como conejos, cobayas y chinchillas, y tenerlos como mascotas existe desde siempre. Hubo un tiempo en que se consideraba un simple entretenimiento de niños, pero cada vez son más los adultos que disfrutan de la compañía de estas pequeñas criaturas. Tal afán se refleja, por ejemplo, en la reciente ola de interés por los conejos domésticos, que casi han desbancado a los animales de compañía por excelencia, los gatos y los perros. Aunque los conejos siguen siendo las más populares de las mascotas de esta clase, dentro del grupo de los animales pequeños de compañía se va introduciendo un número cada vez más extenso de mamíferos de especies diferentes. Además de los roedores más conocidos, como ratones y jerbos, empieza a ser corriente la adquisición de otros animales como los erizos enanos y las ardillas voladoras. Todo esto ha contribuido a acuñar la expresión «mascotas de bolsillo» para describir de forma general a los pequeños mamíferos que entran dentro de esta categoría.

Por lo general, el cuidado de las mascotas de bolsillo no ofrece ninguna complicación. Tampoco hay que preocuparse por los olores desagradables, siempre y cuando se limpie la jaula de forma regular, ni de los ruidos escandalosos. Es posible que una cobaya emita de vez en cuando algún sonido, pero éste no será en absoluto molesto, ni siquiera en el interior de una casa. Muchos de estos animales, incluidas las cobayas, las ardillas listadas y los conejos, se pueden guardar perfectamente en un recinto en el exterior, incluso en las zonas de clima templado. De todas formas, estos pequeños mamíferos son tan adaptables que es posible

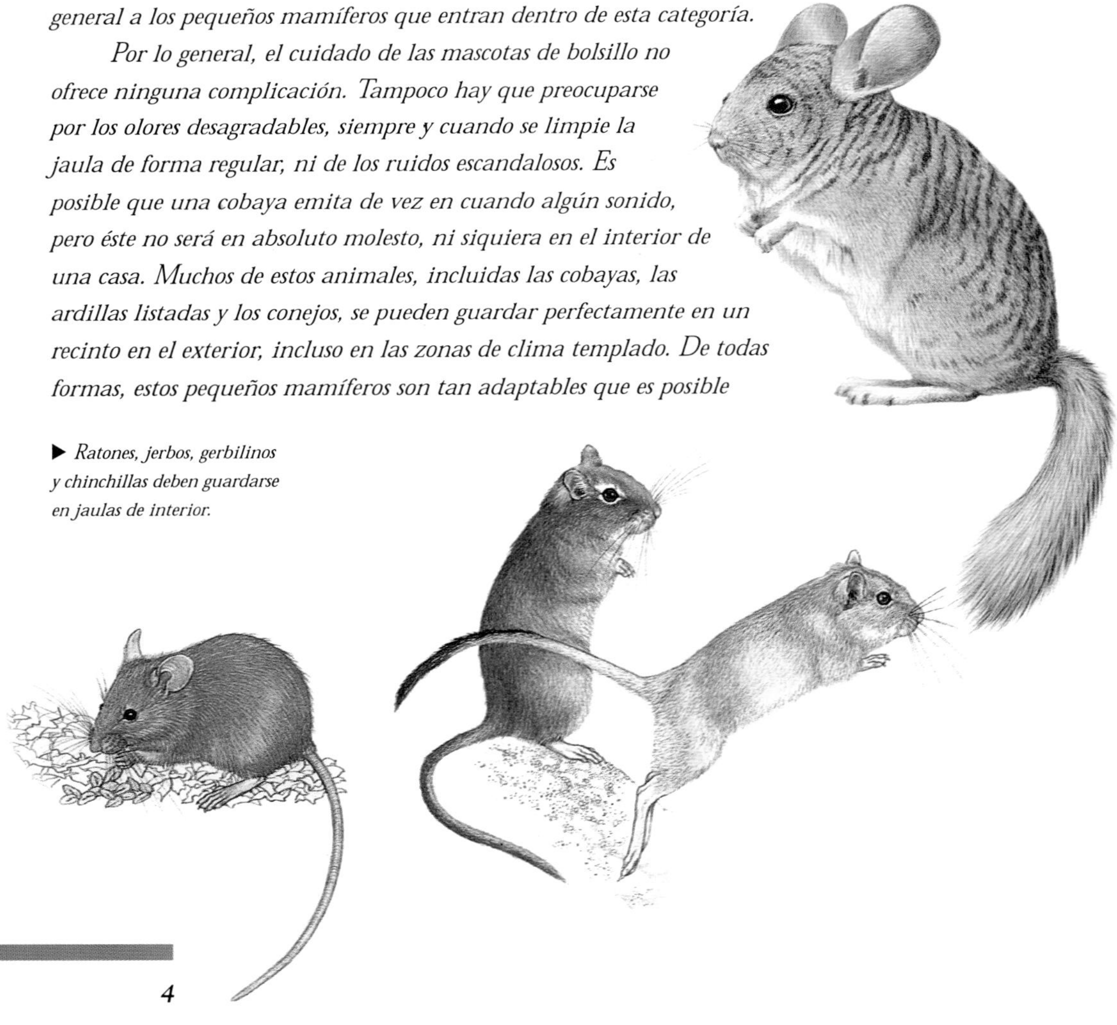

▶ *Ratones, jerbos, gerbilinos y chinchillas deben guardarse en jaulas de interior.*

▲ ▶ *Los conejos y las ardillas listadas se encuentran entre las variedades de animales pequeños que pueden vivir en el exterior todo el año.*

cuidarlos con la misma facilidad dentro de casa, si es que no se dispone de un espacio idóneo para ellos en el exterior.

No es casualidad que los conejos y las cobayas sean las mascotas más apreciadas, ya que son criaturas fáciles de manejar y que muy rara vez manifiestan alguna tendencia a morder. Además, existe una amplia gama de variedades de color y tipos de pelaje que enriquece aún más el atractivo de estos seres. Ocurre lo mismo con los pequeños roedores que se crían prolíficamente, como son hámsters, ratas y ratones. Por otra parte, también se abre todo un campo de acción si lo que se desea es criar estos animales para presentarlos asiduamente a exposiciones y concursos. Adentrarse en esta afición crea un foco de interés nuevo que se puede convertir en una actividad para toda la vida.

Además de reproducir colores concretos, dedicarse a fondo en la crianza de un animal da ocasión de colaborar con otros criadores para criar y propagar nuevas especies como animales de compañía. Entre los recién llegados a la escena se pueden mencionar varios grupos de jerbos y el degú, un roedor sudamericano emparentado con la chinchilla.

Este libro le ayudará a elegir el tipo de «mascota de bolsillo» que encaje mejor con sus gustos y su estilo de vida y le orientará a la hora de decidir, además de explicarle todas las necesidades que exige cada especie en detalle. También proporciona consejos sobre la forma de tratar las enfermedades y otras situaciones de urgencia. Para los aficionados con cierta experiencia, se ofrece asimismo una completa información sobre las diferentes razas y variedades de los animales pequeños más conocidos, que hacen de este libro un manual de referencia actualizado e indispensable.

DAVID ALDERTON

¿Qué es un animal pequeño?

Los animales pequeños que se describen en este libro son mamíferos. Se agrupan dentro de la clase de los *mammalia* y se subdividen en varias categorías conocidas como órdenes. Todos los mamíferos comparten una serie de características iguales: por ejemplo, pueden mantener su temperatura corporal independientemente de la del entorno, están cubiertos normalmente de pelo, que les sirve de aislamiento, y dan de mamar a sus crías. El reducido volumen del cuerpo de muchos mamíferos pequeños en relación con su área superficial significa que pueden perder calor con facilidad (este es un factor importante que no se debe olvidar al responsabilizarse del cuidado de una especie pequeña).

Prácticamente todos los mamíferos que se describen en este libro pertenecen a dos órdenes: el orden de los Rodentia (roedores), que incluye ratones, ratas, jerbos y cobayas; y el orden de los lagomorfos, que agrupa a los conejos, las liebres y otras criaturas similares conocidas como «pikas». Durante mucho tiempo se consideró a los lagomorfos como roedores, pues comparten muchos rasgos con ellos como, por ejemplo, el modelo de dentición (aunque los conejos también tienen un segundo grupo de incisivos secundarios).

Dentición y alimentación

Los incisivos que sobresalen en la boca de los roedores son muy afilados y no sólo les sirven para partir nueces y otros alimentos con cáscara, sino también para roer eficazmente y crearse sus refugios en edificios u otros lugares. Los conejos, por ejemplo, pueden pelar perfectamente la corteza de los árboles con sus dientes. Así, pues, la forma de los dientes es crucial. Los dos incisivos de la mandíbula superior están ligeramente más curvados que los de la mandíbula inferior y terminan

▼ *El denso pelaje de la chinchilla es un perfecto abrigo en su entorno natural de las montañas de los Andes. Estos atractivos y simpáticos roedores gustan a personas de cualquier edad.*

en una forma cincelada. Esta diferencia se potencia por la mayor cantidad de esmalte duro que cubre los incisivos delanteros, lo que supone que se desgasten con mayor lentitud que los de atrás, creándose así una superficie en ángulo cortante y dura.

Los roedores y los conejos carecen de los dientes puntiagudos denominados caninos propios de los carnívoros. En lugar de ellos, presentan un espacio característico conocido como diastema comprendido entre los incisivos y los dientes de los carrillos o molares. La mayoría de los roedores carecen asimismo de premolares, si bien las ardillas listadas tienen un diente premolar a cada lado de la mandíbula superior como parte del primer grupo de dientes. El diastema tiene una importancia funcional ya que permite que las mejillas se metan hacia dentro dejando fuera los incisivos, de manera que estos animales pueden seguir royendo sin dejar de masticar el alimento que han acaparado con los molares antes de tragárselo.

La búsqueda de comida supone para muchos roedores y lagomorfos un periodo potencialmente peligroso, durante el cual deben salir del entorno protegido de sus madrigueras y sus refugios. Así pues, la mayoría de ellos son nocturnos. Sin embargo, esto no garantiza ninguna protección, ya que tampoco así pueden esquivar la amenaza de los distintos depredadores que acostumbran a cazar en la oscuridad. Los hámsters han desarrollado un mecanismo de defensa en este sentido, ya que poseen unas bolsas en las mejillas que consisten fundamentalmente en un agrandamiento de la boca que se prolonga hasta el hombro, que les sirven para acumular la mayor cantidad de alimentos posible antes de regresar a sus madrigueras para vaciarlas.

▼ *En este cráneo de hámster se puede observar la disposición característica de los incisivos rematados en cincel en la parte delantera de la boca, así como el diastema que los separa de los molares.*

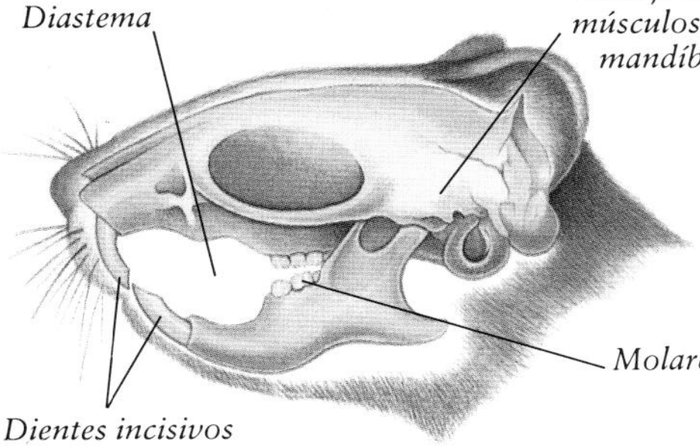

▲ *Hámster con las bolsas de las mejillas llenas de comida. En ocasiones los hámsters acumulan un exceso de comida en sus madrigueras, que puede llegar hasta la sorprendente cantidad de 91 kg.*

P/R...

● ***¿Qué ocurre si se rompe uno de los incisivos?***

Cualquier daño en los incisivos supone un potencial riesgo para la vida de la criatura afectada, sobre todo cuando vive en libertad. El diente contrario de la otra mandíbula seguirá creciendo y no se desgastará al roer, como sucede de forma natural. En consecuencia, es muy probable que llegado a este estado, sea imposible que el animal pueda comer adecuadamente. Será necesaria la intervención de un veterinario que le lime el diente para que se desgasten todos de igual manera.

● ***¿Por qué tienen irregularidad dental los conejos?***

El problema de una alineación incorrecta de los incisivos es hereditario. Así pues, antes de adquirir un conejo pequeño, hay que examinar sus incisivos. Si el animal está afectado por un problema así, habrá que estar, pendiente de acudir al veterinario cada ocho semanas más o menos, para asegurar que la criatura se alimenta adecuadamente. No se deberá utilizar a los ejemplares que sufren esta carencia para la reproducción, ya que es probable que transmitan esta característica negativa a su progenie.

● ***¿Se pega la comida en las bolsas de los hámsters?***

Puede ocurrir en ocasiones como consecuencia de haberles ofrecido un alimento poco adecuado. En tal caso, será necesaria la atención de un veterinario para hacer desaparecer la obstrucción resultante.

Capacidad de reproducción

Un rasgo que se suele considerar como una de las características principales de los mamíferos pequeños es su alta capacidad de reproducción. No obstante, los tamaños de las camadas suelen ser muy variados dependiendo de la especie. Dentro del orden de los roedores, por ejemplo, los miembros del grupo de los miomorfos (como por ejemplo los ratones) tienen camadas numerosas y su rápida capacidad de reproducción va acompasada a las condiciones favorables del entorno. Si no se los controla, su número puede llegar a alcanzar proporciones de plaga. En cambio, en grupos como los caviomorfos (entre los que se incluye la chinchilla), el periodo de gestación es mucho más largo y en cada alumbramiento nacen solamente dos o tres crías, de manera que tienen mayor posibilidad de sobrevivir en su hábitat natural de montaña, donde las condiciones medioambientales son duras pero estables.

Adaptación del cuerpo

La coloración de los mamíferos pequeños suele estar suavizada para permitirles mezclarse con su entorno. Por lo general, se puede averiguar el hábitat en el que vive un animal por su pelaje. Las criaturas originarias de zonas de desierto, como por ejemplo el hámster sirio, suelen tener un pelaje amarillento, con la parte ventral

▼ *Muchos roedores son criaturas tímidas y nocturnas que se esconden durante el día. Sus grandes ojos, como los de este hámster (recuadro), les aguzan el sentido de la vista en la oscuridad.*

▼ *Algunos roedores son ágiles escaladores, sobre todo las ratas y los ratones, que se ayudan de su larga cola para controlar el equilibrio.*

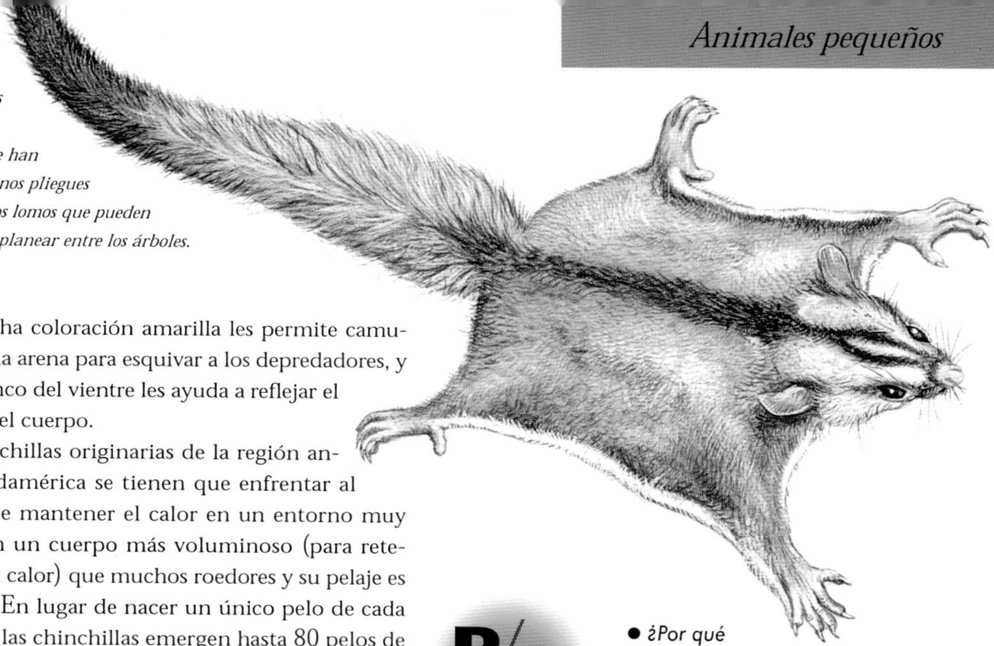

▶ *Las ardillas voladoras son mamíferos que han desarrollado unos pliegues especiales en los lomos que pueden extender para planear entre los árboles.*

blanca. Dicha coloración amarilla les permite camuflarse entre la arena para esquivar a los depredadores, y el color blanco del vientre les ayuda a reflejar el calor desde el cuerpo.

Las chinchillas originarias de la región andina de Sudamérica se tienen que enfrentar al problema de mantener el calor en un entorno muy frío. Tienen un cuerpo más voluminoso (para retener mejor el calor) que muchos roedores y su pelaje es más denso. En lugar de nacer un único pelo de cada folículo, en las chinchillas emergen hasta 80 pelos de cada uno de ellos. Pero esto casi ha supuesto su extinción, ya que se las cazaba desaprensivamente para conseguir su extraordinario pelaje que, por otra parte, es tan denso que no puede alojar parásitos, como por ejemplo pulgas. Los conejos han sido muy valorados también por su pelaje y, todavía hoy, es una característica importante, ya que son clasificados en las categorías de las razas apreciadas por su pelaje y las de animales domesticados. De todas formas, no todos los mamíferos pequeños están cubiertos de piel. El erizo pigmeo africano tiene púas que son en realidad pelo modificado.

La presencia de cola es un rasgo muy cambiante en los mamíferos pequeños, sobre todo en los roedores. Los que acostumbran a estar siempre en el suelo, como las maras y las cobayas, no tienen cola. Por otro lado, la reducida cola de los hámsters no tiene ninguna importancia funcional. En cambio, las colas grandes de los jerbos y los gerbilinos suponen un contrapeso vital y, en combinación con sus largas patas traseras, les permite saltar con destreza.

Esta característica está sobre todo acusada en las ardillas voladoras, provistas de una vistosa cola muy poblada y de unos pliegues de piel a lo largo de sus lomos que les permiten planear por el aire al extenderlos. Las ratas y los ratones poseen colas largas y escamosas muy características. En algunas especies, como por ejemplo el ratón de campo, la cola es sorprendentemente prensil y les permite sostenerse sobre ella y ayudarse para escalar enroscándola entre los tallos de las plantas.

P/R...

● ***¿Por qué algunos animales pequeños tienen más color?***

La rápida capacidad de reproducción de muchas especies conlleva la posibilidad de que surja una variante de color poco corriente como resultado de una mutación. Estos ejemplares han nacido en su entorno silvestre, sin embargo, con una cuidadosa crianza en cautividad ha sido posible crear toda la gama de colores que conocemos hoy para las líneas de reproducción domesticadas.

● ***¿Por qué la cola de mi conejo es más clara por abajo?***

Los conejos utilizan su cola, corta y algodonosa, principalmente para comunicarse, sobre todo en la época de apareamiento. El macho levanta su cola para atraer la atención de la hembra. Esta conducta se conoce como «señalización con la cola».

● ***¿Resultan ruidosos los animales pequeños como mascotas?***

Los cobayas se distinguen por emitir un chillido característico de llamada, sobre todo cuando están excitadas (por ejemplo, cuando esperan la comida) pero, por lo demás, es poco probable que este tipo de animales produzca ningún otro ruido. Las ratas y los ratones se comunican entre sí, pero sus sonidos suelen estar fuera de nuestro umbral de audición. No obstante, si se les dañan sus cuerdas vocales, es posible que sean audibles sus llamadas. Cuando esto sucede, se les suele describir como «ratones silbadores», por los sonidos que emiten. Los ruidos de tamborileo provenientes de la conejera por la noche no serán sino el pataleo de su ocupante con sus largas patas traseras contra algo como mecanismo para comunicarse con otros conejos que puedan estar próximos. Esto explica que el nombre de «Tambor» esté tan asociado a los conejos.

La responsabilidad de cuidar a un animal pequeño

HAY VARIOS PUNTOS QUE SE DEBEN CONSIDERAR antes de adquirir un animal pequeño. A pesar de que las necesidades de estas criaturas son menos exigentes que las que requiere un perro, por ejemplo, sí que es necesario invertir cierta cantidad de tiempo para cubrir sus necesidades cotidianas. Hay que tener en cuenta factores como, por ejemplo, la largura del pelaje, ya que un pelo largo requerirá un aseo más frecuente que uno que sea corto.

El espacio con el que se cuenta para su alojamiento también influirá en la elección. Animales como la mara, y también las razas gigantes de conejos, como por ejemplo el gigante de Flandes, requieren un espacio mucho mayor que los hámsters y los jerbos. Los costes de la alimentación no serán probablemente tan importantes a la hora de tomar una decisión, ya que aunque sí que habrá que comprar algún pienso especial, éste no será particularmente caro y siempre se le podrá enriquecer la dieta con algún producto de la huerta, si es que se cuenta con ella, o incluso dejando que el animal paste libremente la hierba del corral.

Los costes de la instalación en la que se aloje a los conejos o las cobayas pueden reducirse también si uno mismo se anima a construir una conejera. Pue de que el alojamiento de animales como las ardilla y las ardillas voladoras sea más especial y requier una estructura más similar a la de un gallinero pajareara.

▼ *La mara debe alojarse preferiblemente en un lugar con terreno. Al decidirse sobre una u otra especie de animal es esencial considerar el espacio con el que se cuenta.*

▲ *Los animales pequeños, como los hámsters, los jerbos y los ratones, requerirán una jaula especial, pero les durará toda la vida.*

La esperanza de vida del animal también ha d ser un punto de atención cuando se elija una mas cota. La vida de los hámsters es relativamente cor ta, normalmente no superan los dos años; en cam bio, las chinchillas, que están en el otro extremo pueden llegar a durar más de una década. La vid media de cada grupo de animales se indicará en lo recuadros de datos de interés que aparecen en cad capítulo de este libro.

Manejar animales pequeños

La facilidad de su manejo es también importante, so bre todo si se pretende adquirir una mascota con l que pueda disfrutar toda la familia. Los jerbos y otro roedores pequeños similares no son muy receptivo como animales de compañía y pueden llegar a desfa llecer en estas circunstancias. Los hámsters son bas tante dóciles y se les puede acariciar, en particula cuando se los acostumbra a cogerlos desde que so pequeños, si bien de vez en cuando pueden dar un sorpresa y morder con sus afilados incisivos. Esto mismo se aplica a las ratas y a los ratones. En cambio, los conejos y las cobayas no suelen morder nunca. No se debe olvidar que un conejo grande puede resultarle demasiado pesado a un niño y si se le cae, es posible que se produzcan fracturas graves.

Los erizos pigmeos no son recomendables para los niños pequeños, si bien es posible mantenerlos en cautividad, siempre que se tenga mucho cuidado. Los criadores suelen hacer propaganda de sus ejemplares como «a prueba rosca», es decir que los erizos son lo suficientemente mansos como para no enrollarse en una bola cuando se los coge, de manera que hay menos peligro de que pinchen con sus espinas.

Aunque no parezca una consideración tan evidente, también hay que pensar en el problema de que la mascota se pueda escapar en un momento dado. No es nada infrecuente, sobre todo en el caso de los hámsters, que pueden desaparecer de un día para otro si se nos olvida cerrar bien la puerta de su jaula. Es mucho más difícil capturar a un hámster que se haya escapado que a un conejo o una cobaya, porque puede desaparecer de la vista con gran facilidad. Los jerbos, en especial los gerbilinos, suelen suponer un problema cuando están sueltos, ya que pueden dar grandes saltos mientras se los persigue por la habitación.

P/R...

- ***¿Me puedo traer a casa una mascota que haya adquirido de vacaciones en el extranjero?***

Es una cuestión que deberá ser consultada con el Ministerio de Agricultura del país antes de comprometerse. Es posible que haya que respetar un periodo de cuarentena y contar además con un certificado veterinario. Algunas especies como el puerco espín con cresta se han incluido en la lista de la Convención sobre Comercio Internacional de Especies de la Fauna y Flora Salvaje en Peligro de Extinción (CITES), de manera que es posible que, en estos casos, haya que resolver algunos trámites más. Solicite información al respecto en el departamento ministerial pertinente que represente a la CITES.

- ***Estoy interesado en participar en muestras de animales. ¿Qué variedades me ofrecen más garantías para ganar?***

El porcentaje de posibilidades de ganar en estos concursos será mayor si se evitan variedades con un tipo de marcado específico, como por ejemplo la raza de conejos ingleses o los cobayas con un pelaje carey o blanco, aunque ¡los demás criadores están en las mismas circunstancias! Las variedades más raras son las que ofrecen más posibilidades.

▼ *Un conejo grande puede resultar demasiado pesado para que un niño lo coja con seguridad; por eso tal vez sea mejor optar por las razas pequeñas, como por ejemplo el enano holandés.*

Elegir un animal pequeño

EXISTEN VARIAS POSIBILIDADES DISTINTAS a la hora de adquirir un animal pequeño y la opción final por la que uno se incline estará influida en parte por las propias preferencias. Un buen punto de partida puede ser la tienda de mascotas más cercana. Muchos de estos establecimientos ofrecen una gama más o menos extensa de los animales más corrientes, como son hámsters, jerbos, conejos y cobayas. Es posible que exista cierta limitación en cuanto al color y, en el caso de los conejos, seguramente no estarán disponibles para su venta todas las razas. De todas formas, a pesar de que sólo se encuentren ejemplares que no alcancen los cánones exigidos para las muestras y concursos, no cabe duda de que cualquier animal puede convertirse en una excelente mascota

Aparte de asegurarse de que la criatura que se vaya a adquirir goza de buena salud, conviene decidirse por un ejemplar realmente joven para poderle domesticar con más facilidad. Tal vez en las tiendas especializadas en mascotas no sepan con certeza la edad exacta de sus especímenes como lo harían los criadores, capaces de ofrecer una información completa y concisa sobre todas sus camadas.

Si lo que se desea es adquirir una variedad poco corriente o pretende dedicarse a la cría de un animal pequeño en concreto, lo mejor es ponerse en con-

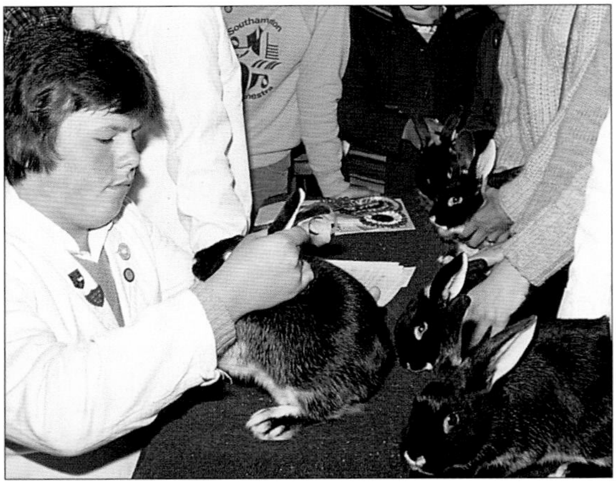

◄ *La participación en las muestras de animales puede ser el mejor modo de entrar en contacto con los criadores o incluso de adquirir un buen ejemplar. Si uno está interesado en presentar a concurso a su mascota, deberá partir de una reserva de buena calidad.*

▼ *Se deberá examinar bien al animal que se vaya a adquirir para detectar cualquier signo de enfermedad. Las indicaciones que se dan a continuación se pueden aplicar a todos los mamíferos pequeños. En caso de duda, es mejor no actuar.*

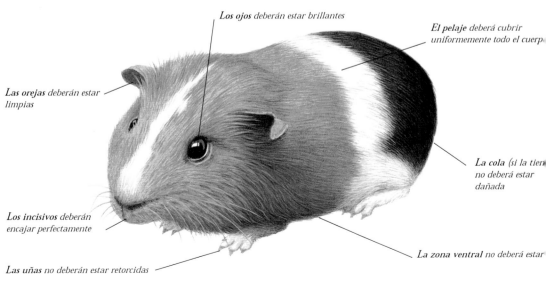

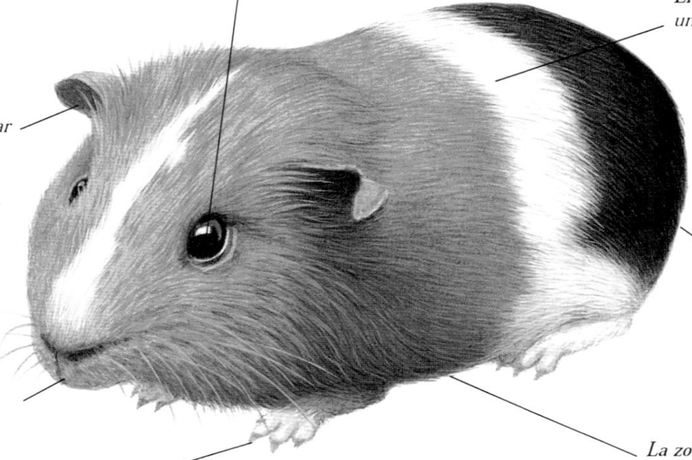

Los ojos *deberán estar brillantes*
El pelaje *deberá cubrir uniformemente todo el cuerp*
Las orejas *deberán estar limpias*
La cola *(si la tien no deberá estar dañada*
Los incisivos *deberán encajar perfectamente*
La zona ventral *no deberá estar*
Las uñas *no deberán estar retorcidas*

tacto con un criador. No estará de más consultar los anuncios del periódico local, ya que muchas veces los criadores ponen en venta la reserva de animales que les sobra, aunque, naturalmente, el mejor modo de hacer contactos será informarse en el club nacional de aficionados que esté dedicado al grupo de animales que se busca. De esta forma, se podrá contactar con los criadores de la localidad, que contarán sin duda alguna con una reserva en venta. Hoy en día, hay bastantes criadores que tienen su propia página web.

Es fundamental dejarse orientar por el consejo del criador. La mayoría de ellos se afanarán en animar a los recién llegados al gremio para que se involucren en ello y además, no sólo ofrecerán su asistencia a la hora de vender un ejemplar, sino que también le ayudarán a elegir una pareja para el animal. Tal vez uno tenga la suerte de que le ofrezcan un macho ya maduro que haya cumplido su misión pero que, en ese momento, suponga un excedente para las necesidades del criador. Un espécimen así puede ser muy valioso para crear una colección.

Apalabrar una posible compra

Si bien comprobar la fertilidad de un animal es muy difícil, evidentemente sí que hay una serie de puntos en los que conviene fijarse para garantizar que el animal que se va adquirir está sano antes de adquirirlo. Obviamente, el estado general es muy importante: el animal deberá estar lustroso, despierto y sus movimientos serán ágiles. Como única excepción a la regla pueden citarse los hámsters, que son criaturas más bien nocturnas y que, tal vez, parezcan algo aletargadas y somnolientas si se las molesta durante el día. Hay que prestar una especial atención a la piel, ya que cualquier calva o zona de piel inflamada puede ser indicio de alguna enfermedad, sobre todo en las cobayas.

Los roedores y los conejos dependen para vivir de los incisivos que están en la parte frontal de su boca, que siguen creciéndoles toda la vida. Es esencial que estos dientes encajen a la perfección para que se les desgasten correctamente.

Asimismo, es preciso comprobar en la parte trasera de su cuerpo el orificio del ano por si hubiera alguna mancha que pudiera ser signo de algún trastorno digestivo. En caso de duda, habrá que examinar también la jaula del animal para observar sus excrementos, que deberán ser duros. Muchas veces, la diarrea está asociada a la dieta que sigue el animal, pero también puede deberse a causas más graves.

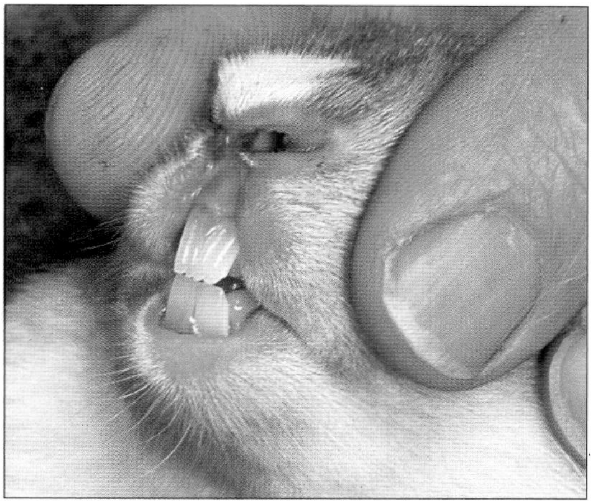

▲ *Es muy importante examinar los incisivos de los animales pequeños que se pretenden adquirir, pues si no les crecen en el ángulo correcto (un problema que puede ser congénito), el animal tendrá dificultades para comer.*

P/R...

● ***¿Cuál es la mejor época del año para comprar un conejo?***

Tendrá más oportunidades de encontrar una gama más extensa a principios del verano, pues la mayoría de los criadores no son partidarios de reproducir a sus ejemplares durante los fríos meses del invierno. No obstante, los concursos y muestras de animales se celebran a menudo en esta estación, que será el momento ideal para hacer contactos o para obtener un ejemplar reproductor maduro. Si adquiere un conejo en invierno, deberá tener mucho cuidado de no exponer al frío del exterior al animal si éste está acostumbrado a vivir en interior.

● ***¿Existe algún tipo de revista o publicación dedicada a la venta de animales pequeños diversos?***

Por lo general este tipo de información aparece en las revistas de animales, aunque si lo que desea es contar con una información más específica o hacer contactos, tendrá que consultar publicaciones a las que se accede por suscripción directa. Por otra parte, los clubes y asociaciones suelen editar publicaciones y tienen además páginas web que se pueden visitar.

● ***¿Se pueden juntar animales diferentes?***

Por lo general, no es recomendable, con la posible salvedad de los cobayas y algunas razas de conejos pequeños. Es muy posible que las ratas y los ratones se peleen fieramente si se los junta en una misma jaula. Los hámsters son poco sociables incluso con los de su misma especie. Por otra parte, las necesidades derivadas del entorno de cada animal suponen que sea imposible mezclarlos.

CONEJOS

DE TODOS LOS ANIMALES PEQUEÑOS QUE SE CUIDAN COMO MASCOTAS, los conejos son los más populares. Criaturas apacibles de aspecto simpático, en casi todas sus variedades son animales resistentes y poco exigentes en lo que respecta a sus cuidados y alojamiento. Existen más de 40 especies de conejos y liebres diferentes en todo el mundo, si bien todos los conejos domesticados que conocemos son descendientes de la variedad europea (*Oryctolagus cuniculus*), que estaba confinada en sus orígenes a la península Ibérica.

Según los vestigios, se cree que tras la última glaciación, hace unos 15.000 años, los conejos fueron extendiéndose hacia el norte, pero no llegaron a cruzar a Gran Bretaña desde el continente europeo hasta más adelante, aproximadamente hace 5.000 años. Sin embargo, en un principio, el hábitat de este país, con una vegetación de poblados bosques, no resultó propicio para ellos y no duraron mucho allí. De manera que no fue hasta después de la conquista de los normandos, en 1066, cuando regresaron a las islas Británicas. Cerca de 700 años más tarde, el conejo europeo se introdujo en Norteamérica, donde se adaptó perfectamente en convivencia con las especies de conejos americanos silvestres.

No cabe duda de que las costumbres religiosas contribuyeron en gran medida al proceso de domesticación de los conejos, un factor que ha llevado finalmente a la enorme disponibilidad de estos animales como mascotas, ya que las reglas de la vigilia que exigía la Iglesia incluían su carne dentro de la misma categoría que la del pescado y permitían su consumo durante la Cuaresma. Existen datos que indican que en los monasterios franceses se criaban conejos ya en el año 600, desde donde fueron exportados a otros países como, por ejemplo, Alemania, mucho antes de que se extendieran a estas regiones del mundo los conejos silvestres. Por otra parte, los conejos eran valorados por su piel, pues algunos datos revelan la existencia de un lucrativo comercio de pieles de conejo en toda Europa para la fabricación de abrigos y otras prendas ya en el año 1300.

El interés por la cría de conejos para su exposición no llegó hasta el siglo XIX. Hoy en día, esta afición se mantiene, en un continuo proceso de creación de nuevas razas y variedades de color. Asimismo, los conejos están entre las mascotas predilectas y, desde la década de 1980, se han convertido en animales de compañía domésticos, más allá de su condición clásica de animales de corral.

▶ *Las grandes orejas que caracterizan a los conejos los convierten en una de las especies de mamíferos pequeños más fácilmente reconocibles. Sin embargo, este rasgo se ha modificado en algunas razas como resultado de la domesticación.*

Popularidad de los conejos

NO SE SABE EXACTAMENTE CUÁNDO SURGIERON las primeras variedades de color, aunque sí que se cuenta con el dato de una pintura de Tiziano, del año 1530, en la que se retrata a un ejemplar blanco en un cuadro titulado *Madona con conejo.* Hoy en día, además de los conejos blancos, se dan a veces en el entorno natural conejos negros o con manchas; incluso es posible ver algún que otro espécimen de un tono arena.

La exposición de conejos dio sus primeros pasos en paralelo al creciente interés por la crianza y la normalización del ganado en general. Esta preocupación por la uniformidad se refleja tanto en el aspecto físico o el «tipo» de los conejos, como en su coloración, características ambas que sirven para diferenciar las distintas razas.

En esta fase fue cuando se comercializó en Estados Unidos uno de los planes más audaces en relación con la cría de conejos que contribuyó a fomentar el interés generalizado por el cuidado de estos pequeños mamíferos por primera vez. A pesar de que la familia de los

▼ *Conejo silvestre. Aunque entre la población de conejos salvajes existen varios colores, la gama es mucho más extensa entre los conejos domesticados.*

P/R...

● ***¿Ha supuesto la domesticación de los conejos algún cambio en ellos?***

La diferencia más llamativa entre un conejo silvestre y uno doméstico es el tamaño de su cerebro. Los estudios realizados han revelado que los conejos domésticos presentan una reducción de aproximadamente un 20 por ciento de su capacidad cerebral en comparación con sus parientes que viven en libertad. Dado que los conejos domésticos que viven en la casa o en el corral no se tienen que enfrentar con los constantes peligros que sí que están presentes en la naturaleza, el área del cerebro utilizada para procesar información sobre su entorno es más pequeña. Otros cambios específicos que han venido dados con la domesticación están relacionados con la longitud y manejo de sus orejas, además del tamaño global y el color.

● ***¿Cuánto pueden crecer los conejos?***

Los conejos de Angevin que se criaban en Bélgica podían llegar a alcanzar 1,5 m de longitud y pesar hasta 15 kg. Desgraciadamente, esta raza está extinguida. De todas formas, todavía existe el gigante de Flandes, también de origen belga, que se considera la raza de conejos más grande del mundo. Estos ejemplares pueden llegar a tener una longitud de 0,9 m y un peso máximo de 11 kg.

● ***¿Por qué las liebres no son tan populares como mascotas?***

Seguramente se deba a que son animales más nerviosos y activos y, tal vez también tenga que ver su gran tamaño. De todas formas, sí que se los ha llegado a mantener como mascotas.

● ***¿Cuánto se tarda en domesticar a un conejo?***

Los pequeños se adaptan enseguida y, en pocas generaciones, será difícil distinguir la progenie de los conejos salvajes de los domésticos en lo que se refiere a su actitud amistosa, sobre todo si se los acostumbra desde el destete en adelante.

● ***¿Llevan domesticándose los conejos más tiempo que otras mascotas?***

No. De hecho, la historia de la domesticación de los gatos y los perros es mucho más antigua que la de los conejos. Sin embargo, la rápida velocidad de reproducción de estos animales ha ayudado a afianzar las mutaciones espontáneas de color o piel de manea que se han establecido enseguida. Esto mismo se puede aplicar a los demás roedores.

▲ *El gigante de Flandes es descendiente directo del conejo de Angevin, la raza de conejos más grande que se haya registrado nunca. Los gigantes de Flandes tienen un carácter apacible y simpático, pero resultan demasiado voluminosos.*

Datos de interés

Nombre: conejo doméstico.

Nombre científico: *Oryctolagus cuniculus.*

Peso: 1-10 kg.

Compatibilidad: las hembras pueden convivir sin problemas, si bien existe el riesgo de que aumenten los seudoembarazos. Los machos maduros se pelean. A veces se llevan bien con los cobayas.

Atractivo: están entre los preferidos como mascotas y como animales de exhibición. Son apacibles y se adaptan para vivir tanto dentro de la casa como en una conejera en el exterior.

Dieta: piensos comercializados para conejos, comida prensada, heno, verduras y tubérculos, y manzanas.

Enfermedades: son vulnerables a diversos trastornos digestivos. También pueden contraer la mixomatosis y virus VHD.

Peculiaridades de la reproducción: se debe evitar molestar a la hembra cuando acaba de parir, pues de lo contrario es posible que desplace o que llegue incluso a atacar a las crías.

Gestación: 31 días.

Tamaño típico de la camada: de 6 a 8 crías.

Destete: 35 días.

Duración: de 6 a 7 años.

conejos está representada en Norteamérica, ninguno de los ejemplares de rabo blanco ha sido domesticado allí. Por el contrario, los posibles criadores norteamericanos se sentían más bien atraídos por la liebre belga que, a pesar de su nombre y de sus patas largas, es un verdadero conejo. En realidad, estos conejos no fueron nunca adecuados como una raza para comercializar su carne pero, sin embargo, surgieron infinidad de granjas para su cría que se convirtieron en un recurso económico para los granjeros empobrecidos, ya que la venta estaba garantizada.

Inevitablemente se colapsó el mercado, ya que la oferta sobrepasó la demanda. No obstante, la publicidad, combinada con el atractivo aspecto de la liebre belga, significó que muchas personas americanas dedicadas a la cunicultura se sintieran atraídas por la cría de conejos más por placer que por afán lucrativo.

La tendencia que existe hoy en día de mantener a este tipo de animales en casa e, incluso la introducción de la descripción de «conejo de compañía», tuvo sus inicios en las ciudades de Estados Unidos como consecuencia directa de la forma de vida urbana moderna. Se ha producido así el resurgimiento del interés por las llamadas razas «gigantes», que pueden llegar a alcanzar el tamaño de un perro, pero con la ventaja de que no hay que sacarle a pasear y que tampoco molestará a los vecinos con sus ladridos. Por otra parte, a diferencia de con los gatos, se evita el peligro de que el conejo termine siendo víctima de un accidente de tráfico.

Alojamientos de exterior

AL SER ORIGINARIOS DE REGIONES SECAS DEL PLANETA, los conejos que viven fuera de casa necesitan estar protegidos contra los elementos climatológicos, ya que, si no, es posible que puedan llegar a contraer enfermedades respiratorias muy peligrosas. Para alojar a un conejo en el exterior se precisa indiscutiblemente una conejera. En la mayoría de los establecimientos especializados en animales se vende o se puede encargar este tipo de acomodos, así que no resultará nada difícil conseguirlo. De todas formas, sí que puede haber grandes diferencias en cuanto a los materiales utilizados para su construcción y acabado. Teniendo en cuenta que las conejeras son estructuras relativamente caras, será más rentable examinar cuidadosamente todos estos factores y comprar siempre la mejor calidad que uno se pueda permitir.

▲ *Hoy en día existe una enorme gama de diseños de jaulas para alojar a un conejo. La de la fotografía puede ser una excelente solución, pues permite al animal más espacio que las tradicionales.*

P/R...

● ***¿Destruyen los conejos su habitáculo?***

Depende de cada espécimen en particular, aunque sí que existe el riesgo de que algunas partes de la conejera acaben roídas. Los salientes de madera, por ejemplo, son especialmente vulnerables a los incisivos de los conejos, pero se puede disuadir al animal de que no destroce su casa, proporcionándole bloques especiales de madera para que afile sus dientes.

● ***He visto conejeras que no están divididas. ¿Hasta qué punto es esto importante?***

Es conveniente una división cuando se pretende dejar al conejo en el exterior. De esta forma, contará con un refugio cómodo y se sentirá mucho más seguro si merodea por ahí cerca algún zorro o algún gato.

● ***¿Cuánto debe durar una conejera?***

Con cierto mantenimiento y cuidándola bien (en lo que se refiere a la reparación del embreado del techo, por ejemplo), la conejera deberá durar tanto como viva el conejo, o más.

Madera de contrachapado para barcos para los laterales, el tejado y el suelo

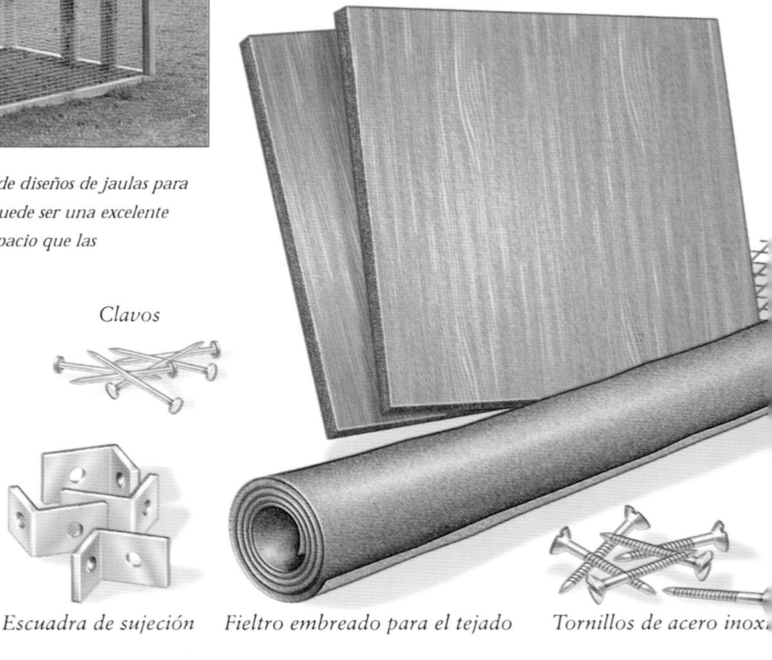

▶ *Materiales básicos que se necesitan para construir una conejera. No se debe economizar demasiado con la calidad de los materiales, ya que ello puede traducirse en eternas reparaciones desde el principio.*

Medidas de una conejera

CONEJERA PEQUEÑA

76 cm de largo x 60 cm de ancho
Adecuada para mini lop, enano holandés, polaco y similares.

CONEJERA MEDIANA

100 cm de largo x 60 cm de ancho
Adecuada para conejos chinchilla, holandeses e ingleses.

CONEJERA GRANDE

127 cm de largo x 60 cm de ancho
Adecuada para conejos gigantes ingleses, gigantes de Flandes, razas neocelandesas y similares.

La regla general consiste en dejar aproximadamente 1000 cm^2 de superficie por cada 0,5 kg de peso corporal del conejo adulto. La altura deberá ser de al menos 46 cm, para permitir que el conejo se pueda sentar irguiéndose sobre sus cuartos traseros.

Construir una conejera

Uno mismo puede construir su propia conejera sin gran dificultad empleando materiales que sean adecuados para la intemperie. En cualquier establecimiento de bricolaje se pueden conseguir todos los elementos necesarios para construir un recinto para los conejos. Tal vez, exista la posibilidad de que en la misma tienda corten todos los componentes al tamaño preciso, aunque también hay que contar con la posibilidad de tener que hacerlo uno mismo. En el primer caso, habrá que estar absolutamente seguro de que las medidas que se entreguen sean las correctas, ya que cualquier error supondrá tener que comprar de nuevo todas las tablas. Aunque se puede utilizar contrachapado en los laterales, el suelo y el tejado, la superficie visible quedará más bonita con madera machihembrada. Este tipo de madera encaja perfectamente y con ella se reduce la posibilidad de que queden huecos por los que pase el aire, si bien su ensamblaje es más trabajoso. La madera machihembrada se puede utilizar también para construir la puerta de la parte más protegida de la conejera. Por otra parte, esta clase de madera es más difícil de cortar, así que habrá que diseñar la conejera para tener que hacer el mínimo número de cortes.

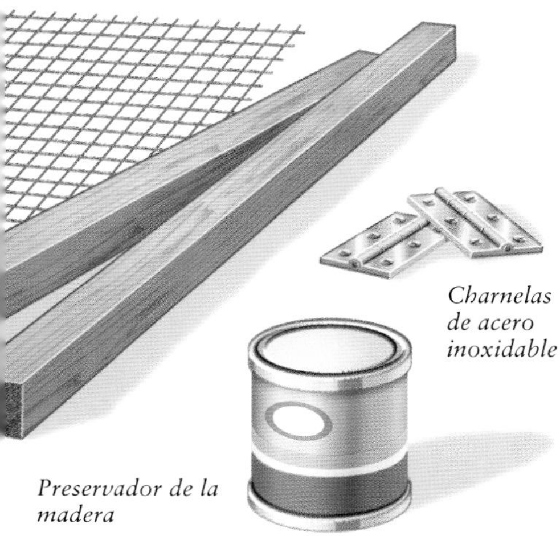

Rejilla de alambre de buena calidad

Listones para la estructura

Charnelas de acero inoxidable

Preservador de la madera

Diseño y materiales

Entre los materiales básicos para construir una conejera se incluyen madera, un preservador de la madera, una rejilla de alambre y un embreado de buena calidad para la techumbre. Además, se necesitarán tuercas, soportes, clavos y chinchetas, aparte de las herramientas apropiadas para cortar, unir y realizar el acabado de los componentes. El listón utilizado para las patas deberá tener aproximadamente 5 cm^2, y se usará el mismo grosor para los soportes de la viga transversal que conecte las patas y también para la estructura de la conejera.

Por otra parte, se necesitarán también dos piezas de madera más cortas para los soportes verticales de la división interior (*véase* más adelante). El soporte vertical frontal se utiliza como punto de contacto de los enganches de la puerta exterior.

El suelo de la conejera deberá estar hecho de madera de contrachapado gruesa, de al menos 12 mm de grosor. Es un punto débil en muchas conejeras y, a menudo, el deterioro empieza a acusarse precisamente por aquí. El tejado, de chapa de un grosor similar al que vaya a tener finalmente el tejado, deberá tener cierta pendiente para evitar que se quede estancada el agua en la parte superior. Así pues, las paredes deberán estar cortadas para respetar esta inclinación, al igual que la lámina divisoria del interior. Esta división servirá para separar la jaula en dos zonas, una para el día y otra para que el animal se retire a descansar fuera de la vista. Si se adapta una puerta corredera en esta división, la limpieza de la jaula resultará mucho más cómoda, ya que se podrá encerrar al conejo en una de las partes mientras se limpia la otra. Las paredes y la separación interior se pueden hacer con chapa de 6 mm.

La forma de empezar

Por lo general, lo más sencillo es preparar los diferentes componentes dentro de casa y ensamblarlos en el exterior. El primer paso, después de cortar todos los tablones, consistirá en tratar todas las superficies con un preservador de la madera, no tóxico y seguro, que servirá para aumentar su resistencia. Se recomienda aplicar por lo menos dos manos, dejándolas secar a fondo. Es sobre todo importante tratar los remates de la madera, ya que es precisamente por aquí por donde puede empezar a pudrirse.

◀ *Es conveniente prever una altura suficiente para que el conejo se pueda incorporar sobre sus patas traseras.*

El siguiente paso será ensamblar la estructura de la conejera uniendo los soportes del suelo y los listones verticales de las esquinas (cuya parte inferior formará las patas sobre las que se sostenga la conejera). Es aconsejable que quede cierta altura desde el suelo, en primer lugar, para evitar que la base se humedezca y, en segundo lugar, para evitar el contacto con conejos silvestres que puedan contagiar enfermedades, como la mixomatosis, o introducir parásitos, como por ejemplo pulgas, a los animales de dentro. La distancia desde el suelo más propicia es de al menos 60 cm. A continuación, se deberá colocar la sección del suelo y, después, la separación central que divida el compartimento diurno del nocturno. Esta tabla central se apoyará en un listón vertical sobre el que se ensamblarán las dos puertas en la parte frontal desde la división hasta el extremo de cada lateral.

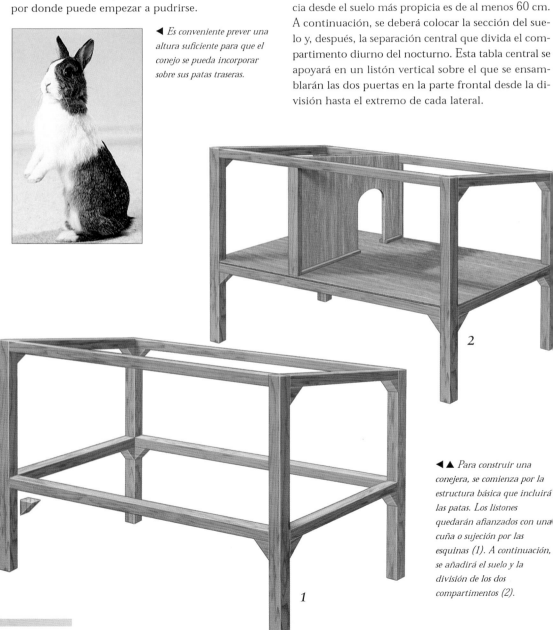

2

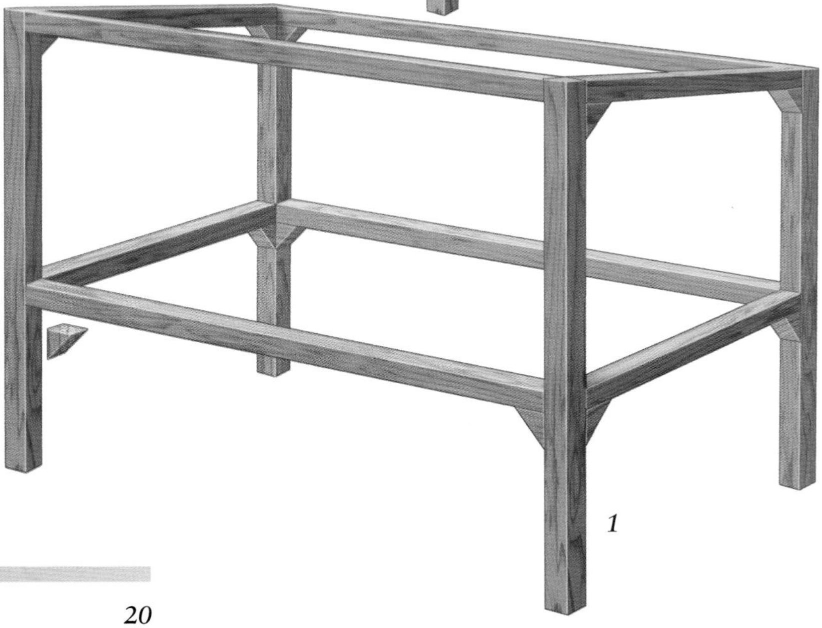

1

◀▲ *Para construir una conejera, se comienza por la estructura básica que incluirá las patas. Los listones quedarán afianzados con una cuña o sujeción por las esquinas (1). A continuación, se añadirá el suelo y la división de los dos compartimentos (2).*

Llegado a este punto, es probable que lo mejor sea trasladarse afuera. Quizá la mejor manera de que la estructura quede resistente sea atornillarla, pero también se pueden utilizar clavos, tanto para acoplar la estructura como para colocar el tejado. Esta operación se facilitará bastante si se deja que la tabla del tejado sobresalga un poco. Conviene que el alero del tejado sobresalga unos 5 cm por todos los lados. Esto servirá también para que se canalice el agua y no entre en la conejera.

Si bien la puerta del compartimento donde duerma el conejo deberá ser de madera sólida, la de la zona exterior será de rejilla con un marco de madera. Para este fin, lo mejor es utilizar una malla de 12 mm, pues impedirá la entrada de ratones que vayan a buscar comida y que podrían introducir enfermedades. Un hilo de malla de calibre 19 será lo bastante resistente.

P/R...

- ***¿Cómo puedo proteger a mi conejo de los zorros y otros depredadores?***

Evidentemente, los cierres de las puertas son un factor muy importante. No se debe confiar en enganches sencillos, pues es posible que los lleguen a quitar con una pata, dejando la puerta abierta. Conviene colocar unos buenos pestillos o incluso un candado. Por otra parte, hay que vigilar las bisagras y engrasarlas bien para que no se oxiden y se terminen rompiendo.

- ***¿Cómo hay que colocar la rejilla?***

En primer lugar, hay que cortarla de un tamaño que encaje perfectamente sobre el marco interior de la puerta. Después, con la puerta colocada sobre una superficie nivelada y plana, se fija la rejilla por la cara interior de la puerta con abundancia de chinchetas y con cuidado de que no queden sueltas ni que sobresalga ninguna punta. Trate de que la rejilla quede recta y bien tensada para que sea más efectiva. Se puede reforzar colocando un listón por todo el borde.

▼ *En este dibujo se representan los principales elementos que deben añadirse a la estructura que se haya construido. La puerta exterior más grande deberá ser de rejilla y el tejado deberá ir forrado con fieltro embreado.*

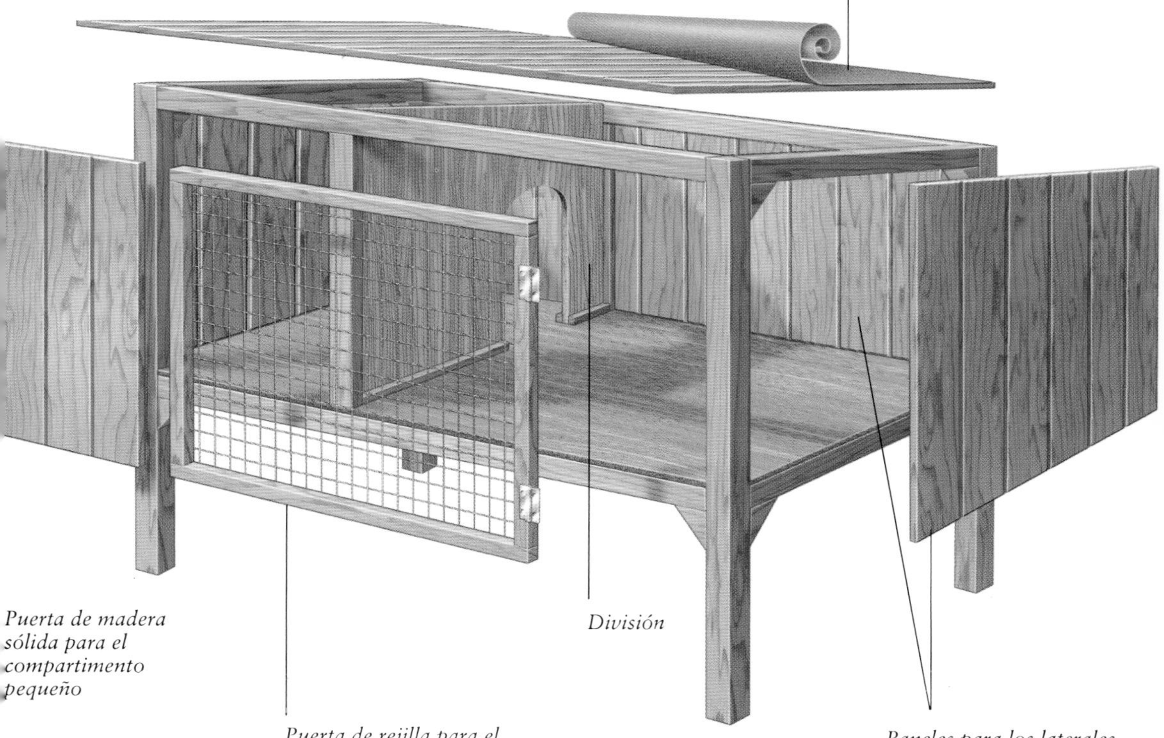

Rematado

La parte superior de la conejera irá cubierta con un fieltro embreado para garantizar que el interior se mantenga siempre seco. No conviene utilizar un material barato que se agriete enseguida al quedar expuesto a la intemperie, pues penetraría la lluvia y el agua empezaría a pudrir la madera de debajo y, por añadidura, se mojaría el lecho del animal. Un fieltro embreado de color verde creará siempre un buen efecto. Se forrará con él el tejado doblándolo por los bordes que sobresalen del tejado y se fijará por la parte de abajo con clavos de cabeza ancha. Hay que tensar la tela lo más posible, empezando desde la parte de arriba y estirándola según se avanza hacia abajo. Por lo general no se necesita reforzarla con listones, aunque no estará de más colocarlos por todos los lados para que quede mejor afianzada. En caso de que haya que superponer dos capas de fieltro por alguna razón, se debe procurar que la parte de arriba se solape con la de abajo para evitar así que se cuele el agua. Como precaución adicional, y también para impedir que el fieltro se rasgue en los días de viento, se puede colocar una cinta impermeable alrededor.

Por otra parte, resultará muy práctico colocar unas bandejas extraíbles en el suelo de la conejera para realizar la limpieza del interior con mayor comodidad e impedir que la orina del animal no quede depositada directamente en el suelo de la jaula y lo vaya corroyendo. Será relativamente fácil conseguir una bandeja de metal a través del contacto con algún fabricante de metales que aparezca en las páginas amarillas. Procure que los bordes de estas bandejas se doblen y que no queden partes afiladas con las que se pueda herir el animal. Tampoco deberán quedar huecos en las esquinas en las que se pudiera quedar atrapado.

Una opción más segura, pero menos duradera, será construir uno mismo la bandeja con los bordes de madera y la base de aglomerado revenido en

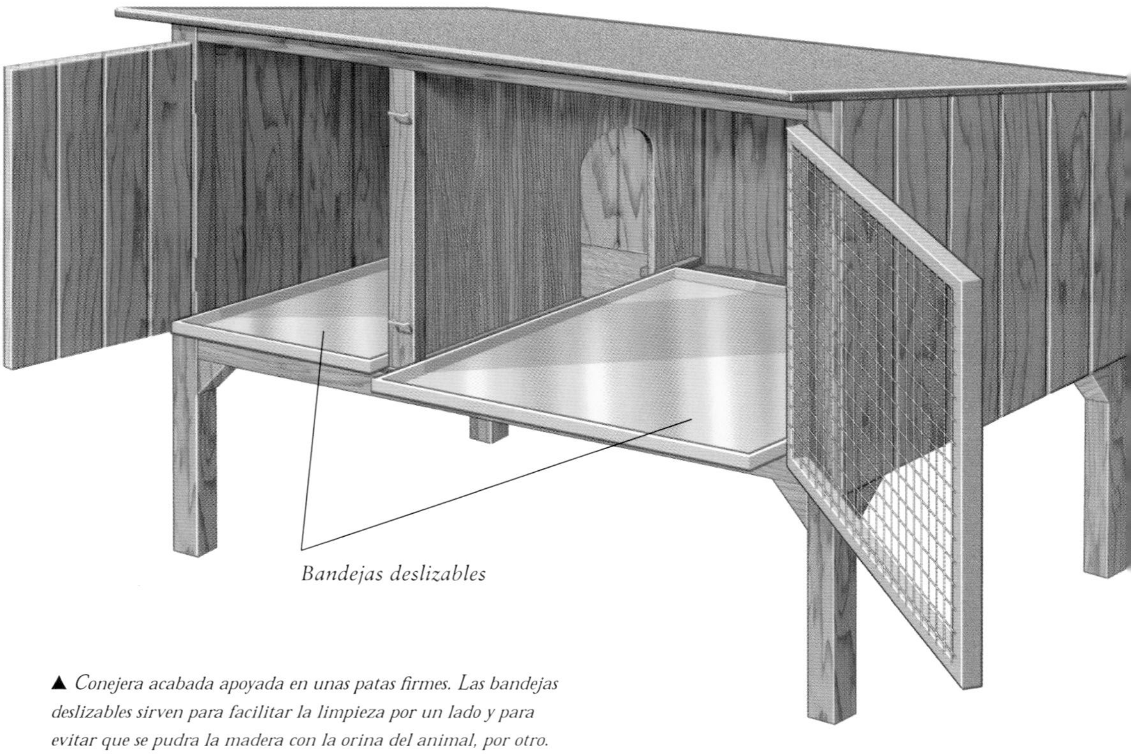

▲ *Conejera acabada apoyada en unas patas firmes. Las bandejas deslizables sirven para facilitar la limpieza por un lado y para evitar que se pudra la madera con la orina del animal, por otro. Asimismo, son fundamentales unas bisagras bien engrasadas y unos cierres seguros.*

aceite o una chapa fina. Los lados deberán tener una altura suficiente para retener el material del lecho cuando se la saque de la jaula para echar a la basura los restos. Asimismo, las bandejas deberán deslizarse de manera fácil y ajustarse perfectamente, de manera que no queden huecos y que la limpieza de la jaula no resulte aparatosa.

Colocar la conejera de exterior

- Elegir un lugar resguardado, relativamente umbrío, despejado de la dirección de los vientos predominantes. Un sitio ideal suele ser contra un muro.
- Colocar la conejera sobre bloques o ladrillos en caso de que carezca de patas, para mantenerla levantada del suelo y evitar las humedades.
- Situar la conejera lo más cerca posible de la casa, para que resulte más cómodo atender las necesidades de los animales. Por otra parte, esta posición próxima a la casa supondrá una mayor protección para ahuyentar a visitantes nocturnos como puedan ser zorros y gatos.
- Una farola o punto de luz cercano, permitirá atender mejor a los conejos cuando oscurezca.
- Se deben evitar los lugares demasiado visibles que puedan despertar la curiosidad de ladrones o gamberros.

▲ *Una conejera de exterior deberá estar colocada siempre en un lugar protegido, pero no oscuro, como por ejemplo contra un muro del terreno. Al final del verano conviene revisar la conejera y hacer las reparaciones pertinentes antes de que llegue el invierno.*

P/R...

● *¿Debería proporcionarle a mi mascota algo más de protección durante el invierno?*

Se puede colocar un plástico transparente por encima, que cubra aproximadamente la cuarta parte de la jaula, por la parte de la rejilla, para protegerle mejor de los vientos invernales. En cualquier caso, debe asegurarse de que el conejo pueda llegar hasta la botella del agua sin dificultad.

● *¿Puedo pintar la conejera?*

Se puede aplicar pintura como alternativa al preservador de la madera pero, también en este caso, hay que garantizar que el conejo no accederá a las partes pintadas. Asegúrese de que la pintura es adecuada para madera de exterior. En las zonas cálidas, si se pinta el techo de blanco, se reflejará el calor del sol y eso ayudará a conservar mejor el material.

● *Nuestro terreno está en cuesta, ¿cuál es el mejor punto para situar la conejera?*

La conejera deberá estar nivelada, de manera que si el terreno está inclinado habrá que levantar una terraza especial con ladrillos y piedras hasta conseguir una superficie plana. Sea cual sea el lugar que se elija, deberá estar bastante sombreado.

▲ *Este corral de exterior tiene una gran puerta en uno de los extremos por la que cabe perfectamente una persona. De esta forma, no habrá problema en coger al animal cuando se quiera.*

Construir un corral

Los conejos agradecerán tener abundancia de espacio y la oportunidad de hacer ejercicio en un corral. Dependiendo del lugar en el que se coloque la conejera, quizá sea posible construir un corral alrededor.

Si cuenta con el espacio suficiente, coloque una estructura de tipo pajarera e introduzca la conejera en el interior para que el conejo pueda corretear seguro del ataque de posibles predadores. En tal caso, bastará con comprar los paneles y atornillarlos para este fin, dejando uno de ellos para la puerta. De todas formas, será necesario colocar una base de ladrillo debajo de cada panel para asegurarlos y que no se vuelen con el viento. No supone un problema que el suelo consista principalmente en roca o en cemento, ya que este tipo de pavimento le servirá al animal para desgastar sus uñas al mismo tiempo que impida que pueda excavar una madriguera y escaparse. Hay que montar la conejera sobre ladrillos, si ésta no tiene patas, para evitar que la parte del suelo quede húmeda. Asimismo, conviene dejar una rampa que le permita al conejo un fácil acceso a la conejera.

Si queda espacio detrás, se puede cortar un punto de salida en la parte trasera de la conejera y colocar una rampa que la comunique con el corral. Quizá se prefiera colocar una puerta corredera para que el conejo se refugie en la conejera cuando haga mal tiempo o se quede fuera correteando libremente cuando haya que limpiar la jaula. La puerta se deberá manipular desde afuera con facilidad, con un hilo

de alambre, por ejemplo, permitiendo que se pueda abrir o cerrar con respecto al corral

Otra de las posibles alternativas consiste en instalar una puerta que se sujete con un perno vertical que se pueda bajar hasta la rampa que comunica con el corral. El inconveniente de este arreglo es sin embargo que será más difícil mantener al conejo en la conejera, ya que cada vez que se abra la puerta de la misma, el animal saldrá disparado al corral.

Es de gran ayuda poder acceder al corral, de manera que uno se pueda meter dentro para atrapar al animal si es necesario. De todas maneras, los conejos son animales que se ajustan a la rutina y enseguida aprenden cuándo se les pide que regresen a la conejera si se los acostumbra encerrándolos al atardecer, aproximadamente a la misma hora todos los días. Una puerta corredera en la parte posterior de la conejera resultará más práctica y más fácil de manipular que las que tienen la bisagra vertical.

El tejado del corral deberá ser relativamente fuerte, sin tener que añadir travesaños para asegurar que no se cae la rejilla si se sube encima algún zorro o gato. Siempre y cuando el corral esté fijamente asegurado y nivelado, no hay necesidad de anclarlo, ya que es poco probable que los posibles predadores puedan acceder a él por los lados.

◀ *Hay que enganchar una botella en uno de los lados del corral para asegurar que el animal cuenta siempre con agua potable para beber. O bien se coge la botella de la conejera o bien se coloca otra adicional.*

P/R...

● ***¿Estará seguro el conejo en nuestro terreno o conviene cerrar su recinto?***

Lo más aconsejable es mantener al conejo en un recinto cerrado. Incluso dentro de una parcela cerrada es posible que algún zorro o gato, o incluso un perro, pueda tener acceso a él. Si un animal como éstos llegara a atraparlo, moriría simplemente del impacto, aunque el ataque no fuera mortal.

● ***¿Cuándo debo dejar al conejo que corretee por el corral?***

Siempre y cuando tenga una protección suficiente en el tejado y las paredes, puede dejar que lo haga prácticamente todos los días, a no ser que sean demasiado lluviosos o de nieve. En días así, es más conveniente dejarle dentro de la conejera.

● ***Tenemos un hijo minusválido que va en silla de ruedas al que le gustaría tener un conejo como mascota. ¿Cuál sería el mejor tipo de alojamiento?***

Lo mejor es un recinto de tipo pajarera, pues el niño podrá acceder a él con la silla de ruedas y podrá tener un contacto directo con el conejo. Si le ofrece trozos de comida en la mano, muy pronto el conejo se amansará y tomará confianza. También es posible situarlo en una plataforma baja en la que el niño pueda acariciarlo fácilmente, o incluso cogerlo. El cuidado de estos animales no requiere un esfuerzo físico especial, por lo tanto un niño minusválido no tendrá ningún problema en ocuparse de su mascota. Porotra parte, será recomendable, como sucede con todos los niños del mundo, darle una responsabilidad de este tipo y que se ocupe de un ser vivo.

Conejos dentro de casa

DURANTE LA DÉCADA DE 1990 SE PUSO DE MODA en Estados Unidos adquirir conejos para tenerlos en casa como mascotas y, desde entonces, esta tendencia se ha ido extendiendo a otras partes del mundo. Tal vez la explicación haya que buscarla en el cambio de la forma de vida. Para las personas que viven en pisos o que pasan todo el día fuera trabajando, suele ser más práctico tener un conejo como mascota que cualquier otro animal. Los perros, por ejemplo, no son los animales más adecuados para encerrarlos en un piso porque si se los deja solos durante largos periodos, terminan languideciendo; en cambio, los conejos no. Además, tampoco hay que preocuparse de que molesten a los vecinos y, por otra parte, pueden llegar a ser muy amigables, sobre todo si se los tiene desde jóvenes.

A muchas personas les parece atroz el hecho de tener a un gato confinado dentro de una casa, por ejemplo, cuando no hay más remedio porque el piso o la casa está próxima a calles de bastante tráfico; en cambio, si se trata de conejos, nada impedirá que estén contentos en

P/R...

- ***¿Qué es exactamente un conejo mascota? ¿Es una raza en concreto?***

No, es el nombre que se da en general a los conejos que viven dentro de casa, sea del tipo que sea. Es una combinación de palabras que ha llegado a aceptarse de forma generalizada, tal como lo demuestran los nombres de las compañías que abastecen los alimentos para esta clase de conejos.

- ***¿Resulta más barato construir un alojamiento de interior que el de exterior?***

Debería ser así, pues es posible utilizar materiales más ligeros para los paneles y no es necesario el coste adicional de los listones para las patas o el embreado para el techo. De todas formas, no hay que pretender economizar demasiado. Si, por ejemplo, utiliza cartón para los paneles, es muy posible que el conejo destroce las paredes enseguida con sus afilados incisivos.

▼ *Las conejeras de interior deberán estar colocadas sobre una caja no muy alta, o sobre una bandeja, para evitar que el material del lecho quede desperdigado por la habitación.*

▲ *Estos pequeños conejos parecen muy plácidos sentados sobre el sofá, sin embargo, no es aconsejable dejarlos así, pues se podrían caer y dañarse.*

este mismo entorno. En determinadas partes del mundo este tipo de acomodo es mucho más propicio que el exterior, que puede resultar demasiado frío, por ejemplo, para un animal originario de la región mediterránea.

El creciente interés por los conejos como mascotas ha ido asociado a una mayor apreciación de las razas de ejemplares más grandes como la de los gigantes ingleses. Con un tamaño similar al de un perro pequeño, son una opción más segura que las razas pequeñas, ya que es más difícil que estos animales se escondan por la casa o se cuelen inesperadamente bajo los pies.

La costumbre de dejar que el animal corretee por la casa libremente todos los días un buen rato ayudará a acercarse más a su estado natural que si se lo deja encerrado en una conejera, aunque también es cierto que habrá momentos en los que será necesario confinarlo en su caseta por su propia seguridad (por ejemplo, cuando hay que meter la compra en casa y queda la puerta abierta o si se queda solo en el domicilio).

Conejeras de interior

Paralelamente a la afición generalizada de tener conejos como animales de compañía en casa, se ha desarrollado toda una gama de alojamientos de interior para ellos. Algunos se basan en el diseño tradicional de las conejeras, si bien suelen ser más bonitos ya que no hay necesidad de preocuparse por la impermeabilidad de la caseta. Las hay que incluyen elementos como rampas cortas comunicadas con la conejera, de manera que el animal puede entrar y salir como quiera (aunque también deberá estar equipada de puertas para que la conejera quede cerrada si es necesario). No obstante, no es preciso que las puertas sean de bisagra, ya que ocuparían demasiado espacio mientras la caseta estuviera abierta. La mejor opción son las puertas que se puedan levantar y separar cuando se le permita al animal dar su paseo fuera de la caseta.

De todas formas, debe asegurarse siempre de que el animal no sea capaz de forzarla y, por tanto, de escaparse, cuando se quede solo. Para evitarlo, conviene ajustar unos pestillos a cada lado de la puerta. También en este caso, no está de más colocar una rejilla en una de las partes de la caseta, ya que los conejos son criaturas a las que les gusta la intimidad y apreciarán poder retirarse de la vista en algunas ocasiones. Asimismo, no hay que olvidar colocar una base. Lo mejor es poner listones de madera alrededor (2,5 cm^2) para reducir la posibilidad de que se desparrame el material del lecho en la alfombra. Se puede colocar también una cama de paja o de serrín.

Toques finales

A pesar de que no es necesario tratar una conejera de interior con una pintura impermeable, si que es verdad que quedará demasiado tosca si se deja la madera desnuda. Así pues, siempre hay quien gusta de pintarla con un color que combine con la habitación. Se puede utilizar para ello una pintura de emulsión no tóxica. Hay que tener en cuenta que al dejar que el conejo acampe libremente por la casa, existe el riesgo de que mordisquee el exterior de la caseta y que se pueda intoxicar, aparte de deteriorar su casa. Para reducir al mínimo este riesgo, lo mejor es ofrecerle bloques de comida especiales con los que pueda desgastar sus dientes. No obstante, lo más recomendable es ser precavido a la hora de elegir la pintura. En cualquier caso, no hay ninguna necesidad de pintar el interior.

▼ *Jaula de interior para un conejo pequeño. Al dejar la puerta abierta, la mascota puede salir y entrar a placer. Obsérvese que el conejo tiene espacio suficiente para ponerse de pie.*

Hay personas a las que les gusta decorar la conejera de forma más elaborada para que parezca un mueble más. Para ello, existen varias técnicas de pintura y plantillas para estarcido. Se debe esperar a que la pintura esté bien seca antes de dejarle acceder al conejo a su nuevo hogar. También es posible introducir un junquillo de madera para decorar las puertas o cualquier otro punto, o cortar figuras de madera con una sierra de vaivén y pegarlas como adornos.

Jaulas

Como alternativa a las conejeras, hay varias posibilidades de habitáculos asequibles en el comercio. Las más fáciles de conseguir son las jaulas, disponibles en toda una gama de diseños y tamaños. Por lo general, tienen una base de plástico, que sirve para que la paja del lecho no se desparrame por el suelo, y una parte superior de barrotes unida con unos enganches a la base y que se puede separar. Los enganches metálicos suelen durar más que los

▲ *Las dimensiones de una jaula de interior deberán ser acordes al tamaño del conejo. Aunque este conejo no necesita un recinto muy espacioso, no todos los diseños sirven para las razas de conejos más grandes.*

de plástico. La parte de los barrotes puede consistir en un solo elemento, pero también es posible que se pueda levantar también una parte del techo para coger con más facilidad al animal. De esta forma, se evitará que se escape y además se le protegerá mejor ante los posibles ataques de otro animal, si es que tiene que compartir la casa con algún perro o algún gato.

La limpieza de la unidad de plástico es muy sencilla. Basta con desenganchar la parte de barrotes y vaciar el contenido de la base de plástico en el cubo de la basura. Igual de fácil será fregar el fondo de la base de plástico siempre que sea necesario, dejándola secar bien antes de volver a meter el lecho de paja.

El inconveniente de este tipo de alojamientos es sin embargo que hay que estar sacando y metiendo al conejo en su jaula, mientras que en las conejeras convencionales, el animal puede salir y entrar a su gusto una vez que se retira la puerta. Por consiguiente, habrá que ofrecerle un poco más de comida en un platito situado en la habitación, además de una ración de agua, para que el conejo salga de su habitáculo.

▶ *Se puede comprar algún objeto de goma para que lo muerda el conejo y evitar que mordisquee los muebles.*

P/R...

● ***¿Es necesario que introduzca heno en la jaula del conejo?***

Sí, es necesario proporcionárselo ya que, a pesar de que el conejo no tendrá necesidad de construir una madriguera en el heno para calentarse, le gustará poderse esconder y, por otra parte, le aportará la fibra necesaria para su alimentación.

● ***¿Es necesario colocar un lecho de heno en las dos secciones de la conejera?***

No, no es imprescindible. Bastará con colocarlo en la parte cubierta o, si no, en uno de los extremos del recinto de barrotes. De todas formas, conviene cubrir todo el suelo con virutas de madera de pino o de cedro, pues son materiales absorbentes y, además, sirven para controlar los olores, un detalle que no hay que olvidar en el interior de una casa.

● ***¿Son absolutamente necesarias las bandejas?***

Resultan realmente útiles en una conejera de interior, pues simplificarán la tarea de la limpieza. Siempre será menos aparatoso volcar su contenido en una bolsa, que barrer el suelo de la jaula en la habitación. En el caso de las jaulas, no se necesitan, pues se pueden desencajar para limpiarlas.

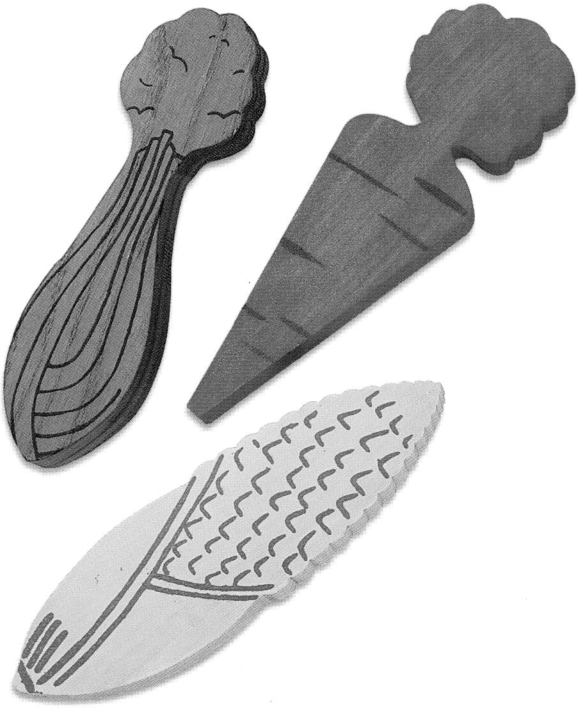

¿Dónde colocar la conejera dentro de casa?

Al decidir el lugar de la casa en el que se colocará la conejera, es importante elegir una zona en la que el animal se sienta seguro y que no quede expuesto a corrientes; por lo tanto, hay que evitar las entradas. El invernadero puede ser una buena opción, aunque no está exento de problemas ya que las temperaturas se pueden disparar en verano y llegar a ser demasiado bajas en invierno, por no mencionar la humedad.

Este tipo de inconvenientes se pueden esquivar si se elige un lugar dentro de la casa; de todas formas no hay que olvidar tomar ciertas precauciones, sobre todo si la mascota ha de estar alojada en una jaula de barrotes. Por ejemplo, no hay que colocarla nunca justo enfrente de una ventana, ya que la incidencia de los rayos del sol en los días calurosos podría poner en peligro la salud del animal. La mejor posición es al lado de una pared.

Tal vez haya que introducir algunos cambios en la casa para acomodar a la nueva mascota. Lo primero de todo es decidir si se le limitará el espacio a una sola habitación o se le dejará merodear por toda la casa. En principio, es bastante más sensato restringirlo a una sola habitación, para que el conejo la pueda reconocer como su territorio y, por otra parte, para que sea más fácil entrenarlo para que haga sus necesidades.

El problema principal al que se enfrenta cualquier dueño de un conejo es la necesidad que tienen estos animales de roer, un hábito que puede llegar a suponer accidentes mortales, por ejemplo si les da por morder un cable suelto. Así pues, no se debe dejar jamás ningún cable a la vista y tomar siempre la precaución de esconderlos detrás de los muebles o las alfombras, por ejemplo. Conviene adoptar la costumbre de desenchufarlos cuando no se necesiten y retirarlos del alcance del animal. Dentro de una habitación puede haber algunos

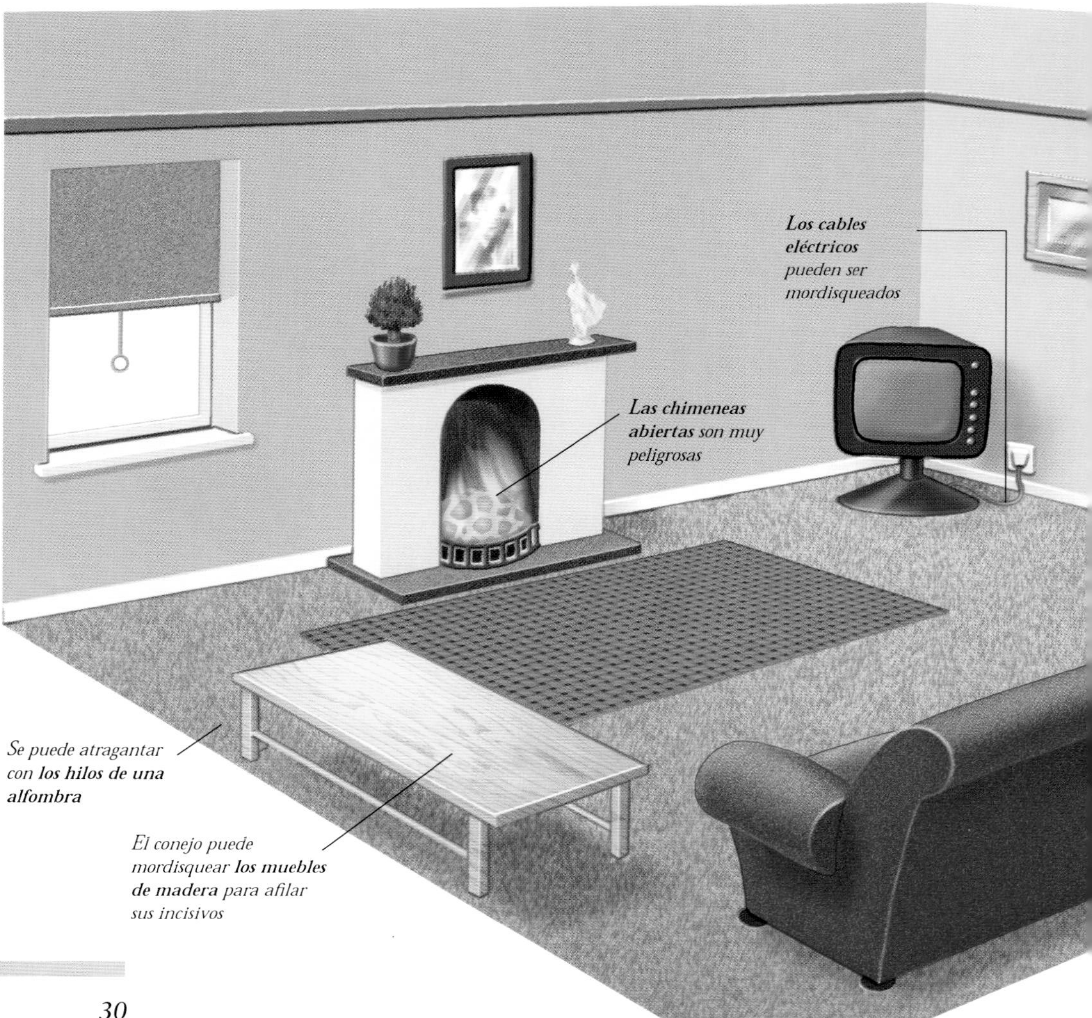
Los cables eléctricos pueden ser mordisqueados
Las chimeneas abiertas son muy peligrosas
Se puede atragantar con *los hilos de una alfombra*
El conejo puede mordisquear *los muebles de madera* para afilar sus incisivos

peligros más, como por ejemplo las alfombras, pues los conejos son muy aficionados a roerlas, especialmente si se quedan solos un rato, y es posible que las fibras con las que están hechas sean dañinas para ellos. Por eso, más vale proporcionar al conejo siempre una fuente de forraje adecuada en forma de heno, para que disminuya así su instinto de mordisquear materiales inadecuados.

Si vive en la casa algún perro o gato, entonces habrá que mantener al conejo seguro fuera de su alcance. Los perros son cazadores por instinto y los gatos tienden a atacar a las criaturas más débiles.

Puede que sea recomendable una valla en las escaleras para evitar incursiones mal intencionadas al piso de arriba. Asimismo, más vale no animar al conejo a que visite la cocina, sobre todo cuando se está cocinando. Es posible que al andar por ahí, obligue a dar un traspié con el consiguiente riesgo de que se caiga la olla hirviendo encima de él o de uno mismo.

Las plantas de interior pueden pinchar o ser venenosas
Habrá que proteger el paso a las escaleras con una barrera
Las puertas deberán permanecer cerradas
Si se caen desde el sofá, se pueden dañar

P/R...

● *¿Será seguro acomodar al conejo en el cuarto de la plancha?*

Puede que sea una posibilidad, siempre y cuando la temperatura no fluctúe demasiado (quizá no sea tan fácil regularla cuando estén en funcionamiento aparatos como la secadora). En cualquier caso, es crucial asegurarse de que los cables están fuera de su alcance y, por encima de todo, tomar siempre la precaución de que quedan cerradas las puertas de la lavadora y de la secadora para impedir que se pueda colar dentro.

● *¿Qué debo hacer si el conejo se queda enganchado en un cable eléctrico?*

Lo primero de todo habrá que desenchufar o desconectar el aparato para protegerse tanto usted como al animal. Después, trate de sacarle el cable de la boca. Si la cubierta de plástico hubiera quedado dañada, tendrá que sustituirlo.

● *¿Es posible que el conejo se coma las plantas?*

Si, es algo muy posible, así que hay que garantizar que quedan fuera de su alcance. Muchas plantas, como los bulbos y las euforbiáceas, pueden ser tóxicas; otras entrañan otros peligros diferentes, como es el caso de los cactus.

▲ *Si se pretende que un conejo utilice un rincón para hacer sus necesidades, hay que facilitarle siempre el acceso a él. La presencia de algunos excrementos puede ser un primer estímulo para que utilice una caja como letrina.*

◀ *En esta fotografía de la izquierda se presentan los muchos peligros potenciales que puede encontrar un conejo en una habitación sin estar vigilado. Lo mejor es colocar la jaula del conejo contra una pared y en un lugar donde no le dé directamente la luz del sol.*

El sistema digestivo de los conejos

EL SISTEMA DIGESTIVO DE LOS CONEJOS DIFIERE bastante del de un ser humano y está adaptado a sus hábitos de alimentación especializados para sacar el máximo provecho de los alimentos que ingieren los conejos, que consisten enteramente en sustancias vegetales. Dado que el valor nutritivo de la materia vegetal es relativamente escaso, los conejos tienen que ingerir grandes cantidades de comida para satisfacer sus necesidades. Sin embargo, al igual que otros herbívoros, como las ovejas o las vacas, no cuentan con las enzimas necesarias que actúan en una primera etapa crucial del proceso digestivo para descomponer la celulosa de las paredes celulares vegetales.

En su lugar, el sistema digestivo de los conejos se basa en la acción beneficiosa de bacterias y protozoos que desempeñan esta tarea y, para ello, está adaptado de una forma única. Cuando el conejo ingiere el alimento, éste pasa a través del estómago y el intestino delgado hasta el ciego, que es un tubo cerrado situado en la unión entre los intestinos, grueso y delgado que termina en el apéndice. En el ciego se descompone parcialmente la comida (sobre todo la pared celular vegetal), gracias a la acción de microbios antes de pasar al intestino grueso y ser excretada por el cuerpo en forma de unas deposiciones blandas de color pardusco que producen por la noche. A continuación el conejo consume de nuevo estos excrementos previamente digeridos; este proceso se denomina refección. En esta fase de segundo paso por el sistema digestivo se absorben completamente los nutrientes y los restos continúan su camino a través del intestino grueso, donde el agua es reabsorbida por el cuerpo. Después de este proceso, los excrementos del animal consisten en unas bolitas duras y redondas.

Por consiguiente, el animal vuelve a ingerir la comida que él mismo ha digerido antes para aprovecharla mejor. Por otra parte, los microbios presentes en el tracto digestivo son también importantes para la fa-

▼ *El sistema digestivo de un conejo está adaptado para soportar la ingestión de sustancias vegetales y poder descomponer las duras paredes celulares de la celulosa.*

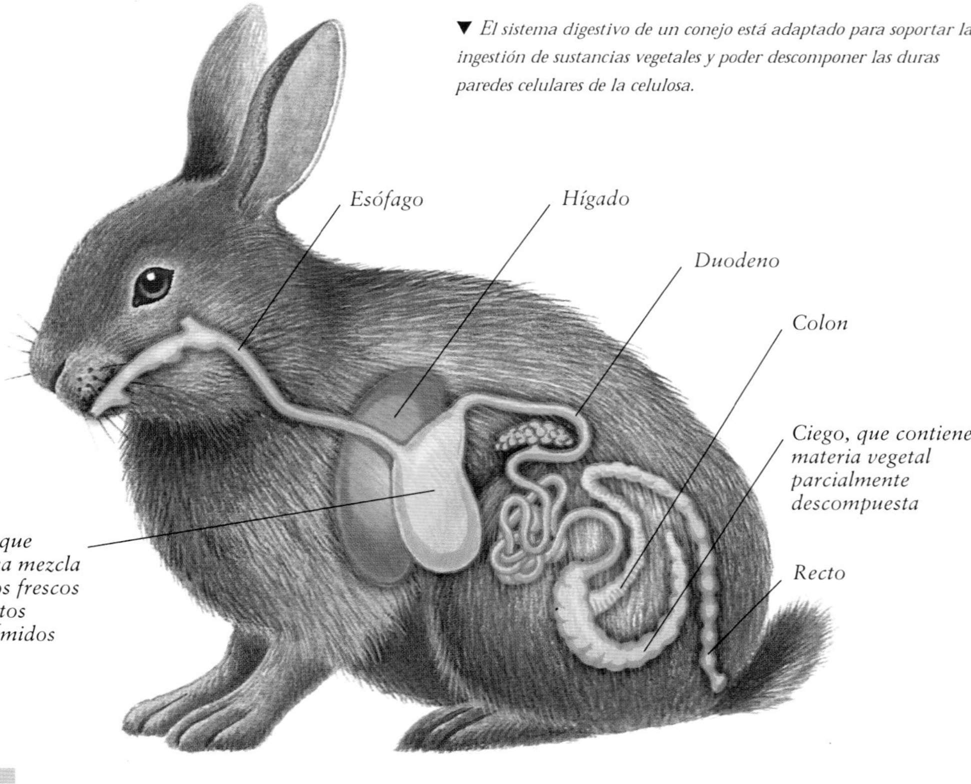

bricación dentro del organismo de determinadas vitaminas esenciales, como por ejemplo la vitamina B12. El sistema digestivo del conejo está delicadamente equilibrado, de manera que cualquier cambio en la dieta puede afectar a los microbios presentes en él.

▲ *Los conejos se benefician de una dieta equilibrada. Esta pareja de conejos está comiendo su ración de comida, que consiste en un preparado deshidratado a base de cereales y verduras, con un complemento de hojas frescas.*

Dieta y salud

Al adquirir un conejo nuevo, es enormemente importante enterarse bien de la alimentación a la que está acostumbrado. De no ser así, la tensión que supone el ser trasladado a un nuevo entorno, sumado a un cambio en la dieta, puede desembocar en consecuencias fatales. La mayoría de los criadores son conscientes del problema y seguramente estarán dispuestos a proporcionar cierta cantidad de comida; aunque si se cuenta con los datos necesarios, uno mismo la podrá comprar.

Los cambios en la dieta del conejo deben realizarse de forma paulatina, preferiblemente durante un periodo de una semana o más, de manera que se pueda ajustar a ello su flora intestinal. Esto no sólo se aplica a los alimentos deshidratados, sino también a los alimentos frescos. Bajo ningún concepto se dejará suelto por un prado de hierba fresca y primaveral a un conejo que haya pasado todo el invierno dentro de su conejera. Igual de peligroso puede ser el tratamiento de una indisposición relacionada con el tracto digestivo, pues los antibióticos, a la vez de destruir a los microbios nocivos, pueden dañar la delicada flora bacteriana y, ello puede suponer dar vía libre a otras infecciones.

P/R...

● *Tengo entendido que un probiótico puede favorecer el sistema digestivo de un conejo. ¿Qué es exactamente?*

Es una preparación que contiene bacterias beneficiosas que pueden reforzar de forma eficaz la acción de las que ya están presentes en el tracto digestivo. En las tiendas de animales se pueden comprar formulaciones especiales de este tipo para animales pequeños, que se administrarán al animal siguiendo el prospecto, por lo general mezcladas en el agua.

● *¿Cuándo son más vulnerables a los cambios de la dieta?*

Parece ser que los conejos jóvenes, desde el momento en el que empiezan a comer comida sólida, en torno a las cuatro semanas, hasta que cumplen aproximadamente las 12 semanas de vida, son especialmente susceptibles a los cambios repentinos en la dieta. Esto se debe a que el componente microbiano de su sistema digestivo aún no está totalmente formado en esta etapa.

● *¿Cómo cambio de preparado de comida deshidratada?*

Mezcle un poco de la comida nueva con el preparado al que está acostumbrado su conejo. Después, vaya aumentando gradualmente la cantidad del preparado nuevo al mismo tiempo que reduce el porcentaje del antiguo, hasta reemplazarlo totalmente.

La alimentación de los conejos

TODOS LOS CONEJOS SILVESTRES pacen y mordisquean vegetales con sus afilados incisivos y su dieta natural tiene un bajo contenido en energía. En épocas anteriores, la dieta que se ofrecía a los conejos domésticos imitaba en gran medida este patrón y consistía básicamente en las verduras de la temporada complementadas con tubérculos, como por ejemplo zanahorias, y heno, para aportar la fibra necesaria a su dieta. Sin embargo, no se incluían semillas de cereales.

A consecuencia de la mayor demanda de conejos de rápido crecimiento para el aprovechamiento de su carne y de los avances en el campo de la nutrición, los preparados especiales se fueron desarrollando con gran rapidez. Dentro de todos ellos, los piensos para conejos dan como resultado un crecimiento más rápido y satisfacen además todas las necesidades nutritivas que mantienen sano al animal. Asimismo, se puede emplear este tipo de preparados para combatir enfermedades, ya que es posible fabricarlas con la in-

▲ *Para los conejos de orejas caídas lo más recomendable es un plato de barro para evitar que se le pringuen las orejas con la comida. No se deben poner los comederos justo debajo de la botella de agua.*

▶ *Selección de preparados mixtos para los conejos. Los piensos contienen todos los ingredientes necesarios para que el animal se mantenga sano. Los preparados granulados son convenientes tanto para la época de cría como para un mantenimiento. Las golosinas (derecha) sólo se ofrecerán de vez en cuando.*

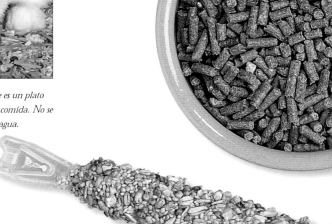

P/R...

● ***¿Cómo se debe guardar una bala de heno?***

Lo importante es mantenerla seca. Tal vez prefiera dividirla y guardar cada porción en sacos de papel. Asegúrese de que está fuera del alcance de posibles roedores intrusos que la puedan contaminar ya que, si así fuera, habría que tirarla.

● ***¿Pueden comer los conejos paja en lugar de heno?***

Es menos sabrosa y no tan suave para fabricarse un lecho (también es posible que le pinche y le haga algunas heridas, por ejemplo). No obstante, existe la posibilidad de obtener paja ablandada y tratada con un desinfectante no tóxico, para crear un lecho hipoalergénico.

● ***¿Cuál es el mejor método para mantener la comida del conejo seca?***

Guárdela en un contenedor con tapa adecuado. Los sacos se pueden meter dentro de cubos de metal, donde estén fuera del alcance de roedores. Una pala le servirá para llenar fácilmente el cuenco de comida. Procure no verter la comida nueva sobre la antigua, ya que el animal se comería la que está ya pasada.

clusión de fármacos que sirven para prevenir una enfermedad conocida como coccidiosis.

Comida deshidratada

La corriente actual para alimentar a los conejos caseros consiste en una dieta a base de cereales, que sustituye a la que incluía solamente pienso. Este tipo de dietas incluye diversos ingredientes, como maíz en copos (o *cornflakes*), alfalfa, avena y trigo, además de pequeñas cantidades de otros ingredientes como guisantes secos triturados e incluso hierbas deshidratadas. Aunque se ha utilizado la algarroba en estas mezclas, hoy en día varios fabricantes la han descartado por la sospecha de que pueda ser nociva para los conejos, ya que se puede quedar depositada en la garganta o, posiblemente, más abajo del tracto digestivo.

Los ingredientes y porcentajes concretos pueden variar de un preparado a otro, tal como se especificará en el paquete. Es mejor comprar una mezcla con marca que las que se venden a granel, ya que así se puede tener la certeza del nivel de suplemento de vitaminas que contiene el paquete. Por otra parte, estará visible la fecha de caducidad. Es una falsa economía comprar una bolsa grande que posiblemente no dé tiempo a gastar antes de la fecha de caducidad.

Se debe ofrecer el alimento deshidratado al animal en un cuenco de barro que pese para evitar que lo vuelque. A veces los conejos manifiestan este comportamiento si se aburren. Hay que procurar proporcionar al conejo comida suficiente para satisfacer sus requisitos diarios en función de la cantidad recomendada por el fabricante. Se debe desechar la comida que queda acumulada en el fondo del recipiente, donde se puede deteriorar.

Si el conejo está alojado en un recinto de exterior, no hay que olvidar colocar el recipiente que contenga la comida deshidratada alejado de la rejilla, para garantizar así que no hay riesgo de que se pueda mojar el contenido con el agua de lluvia.

Una dieta equilibrada

Al igual que cada vez se confía más en los alimentos completos para mascotas como perros y gatos, los preparados para conejos van teniendo día a día una mayor aceptación. Sin embargo, se ha comprobado que no resulta tan beneficioso para estos animales de compañía. No cabe duda de que es muy fácil colocar un poco de comida del paquete en el comedero, sobre todo si viene escrito en el paquete que eso es una dieta completa. Es posible que en un sentido estrictamente nutricional sea cierto, pero en lo que se refiere a los hábitos alimenticios regulares del conejo es algo engañoso, ya que los preparados deshidratados ofrecen una ración de calorías mucho más alta que la que sería necesaria en su entorno natural. Es muy probable que la mayoría de los conejos que sólo tienen la oportunidad de acceder a comida desecada engorden enseguida. No sólo se estropeará su aspecto sino que además se acortará su vida.

Si bien la comida seca proporciona un componente vital para la dieta del conejo, ésta deberá estar complementada todos los días con verduras y vegetales. El heno es importante para aumentar la cantidad del alimento que ingiere el animal. Por una parte, tendrá el efecto de reducir su apetito al llenar el tracto digestivo. Por otra, según los estudios realizados, se ha demostrado que el heno de buena calidad contribuye a reducir la incidencia de trastornos entéricos, así como a disminuir la tendencia a morderse el pelo, una conducta que se considera relacionada con la escasez de fibra en la dieta. La calidad del heno que se le ofrece al conejo es muy importante. No ha de tener polvo ni moho. En las tiendas de animales se puede encontrar heno especial, envasado en bolsas, aunque si se tiene espacio, una bala resulta mucho más económica.

Verduras

Los conejos se pueden alimentar con muchos tipos de plantas diferentes, como ocurre con los cobayas. Quizá se cuente con la posibilidad de plantarlas uno mismo en el jardín, con lo que no sólo reducirá el coste que acarrea la alimentación de un animal, sino que también se garantizará que recibe el máximo beneficio de alimentos frescos recién recogidos, en ausencia de pesticidas. Algunas de las plantas que se consideran malas hierbas forman parte del forraje tradicional del conejo.

Hay una serie de cultivos que crecen durante todo el año. En cualquier manual se podrá encontrar información sobre el momento del año más propicio para sembrar cada tipo de cultivo específico. Por ejemplo, durante los meses de invierno en los que escasean otro tipo de verduras, normalmente se pueden conseguir tubérculos como los nabos. En lo que se refiere a las zanahorias, habrá que lavarlas bien y pelarlas antes de ofrecérselas cortadas al conejo. Estos alimentos son perecederos y por eso convendrá colocarlos en un comedero para que el conejo los pueda encontrar mejor. Por otra parte, así se podrá retirar fácilmente lo que no se coma sin tener que rastrear todo el lecho. Conviene suministrarle alimentos frescos todos los días y retirar los restos cada 24 horas para que no se enmohezcan.

El heno que se proporcione a los conejos de Angora deberá ir en una redecilla especial para que lo vayan comiendo, pues si se cubre el suelo con él (como es el caso en los demás conejos, que lo utilizan para formar su cama), se le enredará entre el pelaje.

Plantas beneficiosas y peligrosas

Dentro de las plantas silvestres, hay algunas que pueden ser beneficiosas para los conejos y otras que les pueden resultar venenosas. A continuación, se enumeran las principales.

PLANTAS BENEFICIOSAS
Llantén, trébol, diente de león, pan y quesillo, zuzón, cardo, pamplina, malva, tusílago, milenrama. También la caléndula y el áster.

PLANTAS PELIGROSAS
Todos los bulbos, hierba cana, alheña, tejo, dedalera, codeso, lila, altramuz, helecho, ranúnculo.

Otros elementos de la dieta

Generalmente, se suele ofrecer también a los conejos un bloque de minerales que les resulta enormemen-

▼ *Las hierbas deberán formar parte de la dieta regular de un conejo. Si no se tienen a mano en el propio jardín, siempre se podrá recurrir a alguna tienda de animales que las vendan.*

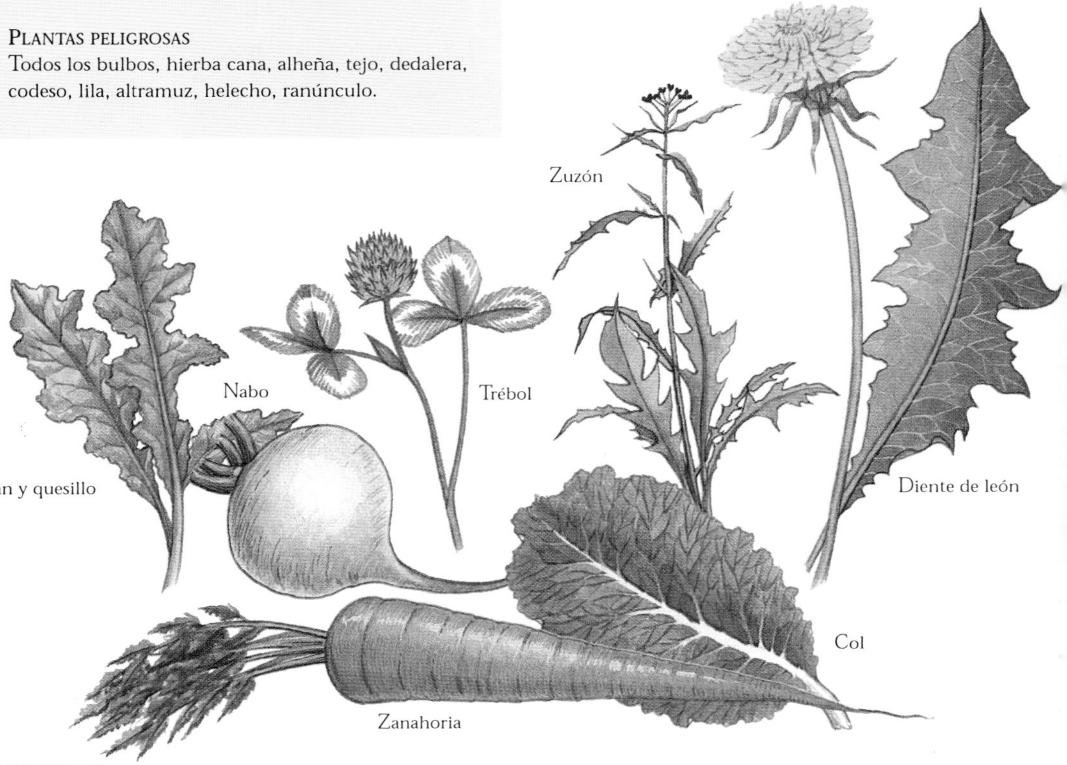

te saludable. Otra forma de ayudarles a que mantengan sus dientes en buen estado, con la ventaja adicional de disuadirles de que mordisqueen la madera de la conejera, es ofrecerles cortezas duras y muy tostadas, que se pueden conseguir fácilmente con pan integral horneado a fuego lento. Naturalmente, se deberá esperar a que se enfríe antes de dárselo. No obstante, a diferencia del bloque de minerales, habrá que reemplazarlo a los pocos días, sobre todo si se humedece, ya que se puede estropear enseguida.

Algo que no se debe olvidar nunca es la ración de agua fresca, administrada de forma que no se desparrame ni que gotee por el suelo del habitáculo del conejo. El empleo de un recipiente abierto no es en absoluto la mejor opción, ya que el agua se ensuciará inevitablemente con la paja y el heno de la jaula. Lo más recomendable es un bebedero especial que se pueda enganchar a los barrotes de la jaula y que esté fijo a la altura conveniente para que el conejo pueda beber de la boquilla sin dificultad.

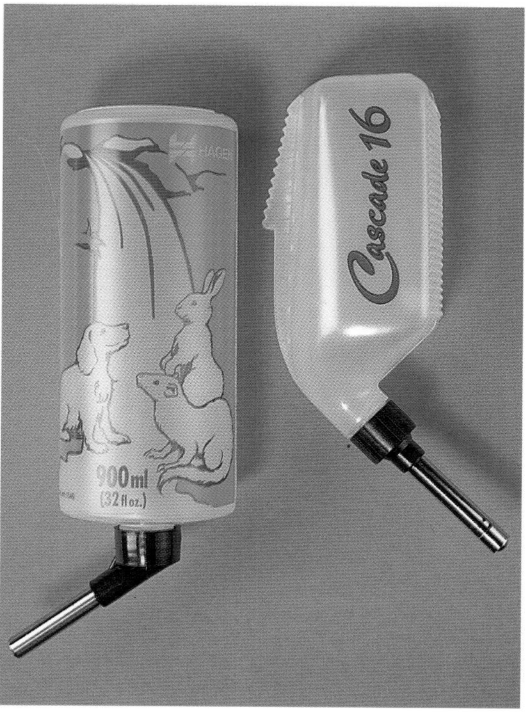

▲ *Un bebedero sirve para proporcionar agua limpia al conejo. Aquí se muestran dos modelos de los muchos que existen. La mayoría de los conejos saben beber de ellos por instinto, pero, de todas formas, convendrá comprobar que no tienen problemas.*

P/R...

● ***¿Hay zonas determinadas en las que no se deben coger plantas para el conejo?***

Evite coger plantas de los lados de la carretera y de zonas en las que es posible que se hayan utilizado herbicidas y plaguicidas. Tampoco es recomendable coger plantas de recintos por los que pueda haber excrementos de perros y siempre habrá que tener la precaución de lavar bien lo que se recoja.

● ***¿Qué precauciones he de adoptar cuando hiele?***

Procure no llenar la botella del agua hasta arriba, ya que el agua congelada ocupa más volumen y si no se prevé este espacio, es muy probable que se agriete el bebedero cuando hiele y que después supure el agua. Tras una helada, conviene agitar la botella para asegurar que corre el agua. A veces se puede quedar un trozo de hielo en el acero inoxidable de manera que el conducto quede atorado.

● ***Mi conejo se dedica a desenganchar la botella de agua, que siempre termina por el suelo. ¿Cómo puedo evitarlo?***

Sustituya el alambre con el que se sujeta la botella por otro que rodee el bebedero completamente y retuerza los extremos asegurándolos bien atándolos a la jaula. El conejo dejará enseguida de hacerlo al darse cuenta de que ya no puede desenganchar la botella.

▲ *Los bloques de minerales sirven por un lado para complementar la dieta y, por otro, para que el animal mantenga sus incisivos en buen estado. Estos bloques se pueden encontrar en cualquier tienda de animales y bastará con colocarlos en la jaula.*

Manejo y transporte de un conejo

LOS CONEJOS QUE ESTÁN ACOSTUMBRADOS a que los cojan y los acaricien desde pequeños son obviamente mejor compañía que los que no son mansos. Así pues, a la hora de elegir un conejo como mascota infantil, es particularmente importante inclinarse por un ejemplar joven que pueda llegar a acostumbrarse poco a poco a su nueva vida.

Hay que tener cuidado con los conejos maduros que necesitan un hogar, ya que si se les ha descuidado, es bastante probable que se resientan de ser manejados. Por mucho que los conejos habitualmente sean criaturas apacibles, pueden llegar a manifestar una fuerza y agilidad sorprendentes si se empeñan en evitar que los cojan. Por otra parte, sus garras pueden producir fuertes arañazos y es posible también que muerdan alguna vez. Si se los deja caer al suelo en tales circunstancias, aunque sea a corta distancia, la caída puede llegar a ser fatal.

Para domesticar a un conejo se deben seguir tres pasos básicos. Para empezar hay que recluirle en su habitáculo, mucho mejor dentro de la conejera que en el corral; primero, se coloca la mano izquierda sobre el hombro del animal y la derecha, sobre los cuartos traseros (suponiendo que la persona sea diestra) para apaciguarlo; después, se levanta al conejo deslizando la mano derecha por debajo del cuerpo y apoyando el resto del cuerpo con la izquierda y, por fin, se saca al animal de su conejera con mucho cuidado de sujetarlo también por debajo. Al tenerlo entre los brazos

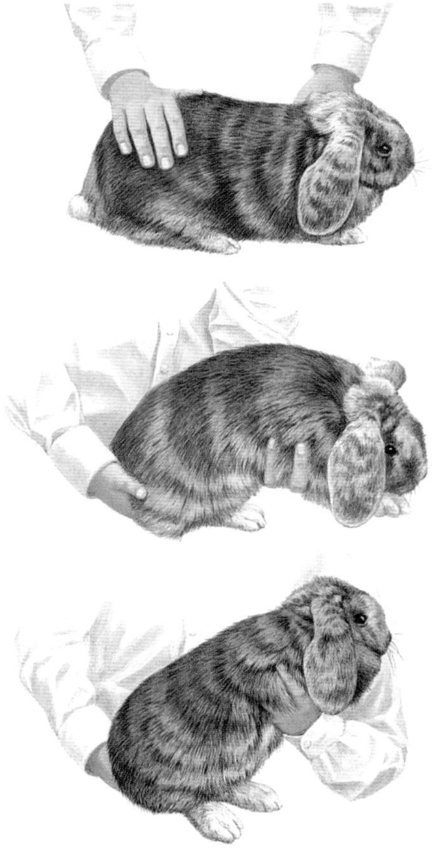

1

2

3

▲ *Los conejos no suelen forcejear si se sienten seguros y bien sujetos. De todas formas, no está de más el uso de manga larga para evitar posibles arañazos.*

◀ *En el texto se explican los tres pasos para coger a un conejo. Hay que acostumbrarlos a ser cogidos por el ser humano desde pequeños, sobre todo si se trata de razas grandes.*

se le deberá coger como a un bebé para que se sienta seguro.

El momento de levantarlo es el más peligroso, pues su tendencia será forcejear. Hay que procurar que los cuartos traseros no le queden colgando, ya que la reacción sería similar. Si es un niño el que lo coge, conviene vigilarlo, tanto para darle seguridad como para evitar accidentes. Asimismo, no está de más evitar que el niño tenga los brazos descubiertos cuando coja al animal, ya que cualquier arañazo que produzca puede ser motivo de que los suelten repentinamente.

Cuando se transporta un conejo hay que tener siempre mucho cuidado de no hacerle daño. Según el mito, hay que coger a los conejos por las orejas, pero, ni que decir tiene que es un método que le resultará muy doloroso al animal. Si el conejo se muestra reacio a que lo cojan o está muy nervioso, posar las manos sobre sus orejas le ayudará a calmarlo, pero desde luego no se debe pretender que soporten todo su peso.

Transporte de mascotas

En caso de que haya que transportar al conejo a otro lugar, por ejemplo desde la conejera al corral, lo mejor es llevarlo en un medio de transporte que sea totalmente seguro, una vez que haya sido atrapado. Las cestas de viaje que se venden para gatos son también las más idóneas para llevar conejos, exceptuando las que están hechas de cartón, sobre todo si se trata de conejos grandes. No solamente es posible que se terminen venciendo por el peso, sino que además es muy probable que el conejo se orine como consecuencia del cambio y que se ablande el cartón. Hay que forrar la jaula de transporte con heno para que no resbale. El uso de trozos de periódico no es una buena opción, ya que si se mojan, la tinta puede mancharle la piel. La jaula deberá ir en la parte más refrigerada del vehículo, como por ejemplo debajo del asiento frontal, donde no baile demasiado. Por otra parte, aquí tampoco le dará el sol. Jamás se debe alojar al animal dentro de su jaula en el maletero del coche, ya que la temperatura podría llegar a ser tan alta que podría llegar a asfixiarle, sin contar con la toxicidad de los humos de escape que pueden colarse a este compartimento.

P/R...

- ***¿Es realmente necesaria una jaula de transporte para sacarle y meterle del corral?***

No es nada raro que uno pueda dar un traspié y que el conejo asustado salga corriendo, por ejemplo, si se tropieza con un perro por el camino. ¡Los accidentes son habituales hasta en las casas más organizadas! Es innegable pues que la mejor opción es una jaula de transporte.

- ***¿Cuándo puede morder un conejo?***

Es algo que sucederá si se pone la mano cerca de su boca o si se lo coge de forma incorrecta cuando está asustado. Si se le da de comer de la mano y se deja un dedo suelto, también es muy probable que muerda.

- ***¿Son más amistosos los conejos de exposición que los demás?***

Verdaderamente, uno de los atributos más importantes con el que deben contar los conejos para exposición es su carácter manso y que se dejen acariciar por personas completamente extrañas durante el examen del jurado, aunque es simplemente cuestión de acostumbrarlos.

▲ *Una jaula de transporte bien ventilada permite trasladar al conejo de forma segura, ya sea de la conejera al corral o en un viaje más largo, como por ejemplo a una exhibición o al veterinario.*

La limpieza y el aseo

LOS CONEJOS SON UNAS CRIATURAS realmente limpias y se los puede entrenar con el fin de que aprendan a utilizar un rincón para hacer sus necesidades. Dentro de la conejera es muy probable que se habitúen a utilizar un espacio determinado como letrina, de manera que se puede limpiar puntualmente esta zona todos los días con una paleta, bastando realizar la limpieza general del resto de la jaula una vez a la semana. El hecho de poder encerrar al conejo en una parte de la conejera mientras se lleva a cabo esta operación simplificará mucho las cosas. Otra alternativa es colocar al conejo a una cesta de transporte. Se pueden vaciar las bandejas del suelo de la conejera en un cubo de basura y cepillar bien el suelo para desprender la suciedad que quede incrustada.

▲ *Limpieza de una conejera. Una vez trasladado el conejo, se pueden utilizar una pala y una paleta para retirar y rascar la suciedad incrustada (arriba) y después rociarla con un desinfectante seguro (abajo). Habrá que dejar que se seque bien antes de recomponer la conejera con el lecho de heno, el agua y la comida.*

Es muy importante limpiar la jaula de forma regular, sobre todo en los meses de más calor, ya que, si no, es muy probable que ronden por la zona moscas molestas. Por otra parte, un lecho sucio hará vulnerables a los conejos de una enfermedad llamada quemadura de conejera, cuyos signos son heridas e inflamación en el corvejón, con la resultante pérdida de pelo.

También habrá que reponer de forma regular el agua de la botella, al igual que la comida del cuenco, pues de no ser así, pronto aparecerán algas verduscas en el agua. En tal caso, se deberán eliminar enseguida con un cepillo especial para botellas, también útil para limpiar el interior de la botella y la boquilla del pitorro. Si se añade detergente para platos al agua de lavado, se facilitará el trabajo, pero habrá que enjuagar bien la botella después con agua limpia.

Hay que ser muy precavido en cuanto a los desinfectantes que se utilicen, asegurándose de que no afecten negativamente a la salud del animal. Los desinfectantes son eficaces sobre todo cuando se ha limpiado previamente la superficie y conviene dejarlos en contacto con ella durante unos minutos en lugar de aclararlos enseguida. El lecho ideal para una conejera consiste en virutas de madera de buena calidad (pero no serrín, pues podría irritarle los ojos), colocando encima una capa de heno. Es necesario que haya suficiente heno para que el conejo se haga su cama. Por otra parte, este tipo de material satisfará el aporte de fibra que requiere su dieta.

Aseo

La mayoría de los conejos requieren pocos cuidados especiales, con la excepción de las razas de pelo largo, como son los lop de Cachemira y los de Angora, para los que hay que estar dispuestos a invertir un buen rato todos los días en componer su imagen. Si el pelo se queda enmarañado, será prácticamente imposible deshacer los nudos y habrá que cortarle el pelo deteriorándose por tanto el aspecto del animal. Además, los enredones, sobre todo en los cuartos traseros, predisponen al animal a la picadura de insectos. Existen diversos instrumentos especiales para el aseo de estos

P/R...

● *¿Cómo debo lavarle las orejas al conejo?*

Conviene inspeccionar las orejas con regularidad, sobre todo en las razas de orejas grandes, ya que se les pueden ensuciar. La forma de avarlas consiste en aplicar un paño húmedo, pero sin insistir acia dentro, ya que eso les podría producir una grave esión.

¿Existe algún tipo de alimento que se recomiende para ortalecerles en la época en que pierden el pelo?

e suele recomendar el zuzón para ello, pero en términos enerales, una dieta bien equilibrada que contenga todas las itaminas y minerales necesarios será suficiente para que el nimal supere este periodo de debilitamiento.

¿Merece la pena darle un suplemento?

i se garantiza que el conejo recibe una dieta equilibrada con n preparado de comida deshidratada complementado con s vitaminas y los minerales necesarios, no tendrá mucho entido utilizar un suplemento. Todo lo contrario, un exceso n la dieta puede ser hasta negativo.

Las razas de conejos de pelo largo necesitan cuidados diarios. Jtilice un peine o un cepillo para arreglarle el pelaje, firme pero uavemente, asegurándose de quitar todos los enredos. No olvide epillar la parte inferior del cuerpo.

Cepillar de vez en cuando el suave pelaje de un conejo durante nos minutos, sobre todo durante la muda, servirá para nantenerlo limpio y en buen estado.

animales, entre los que se puede mencionar un cepillo de púas giratorias y no rígidas, con el que se pueden deshacer los nudos sin desprender el pelo ni causarle dolor. Los cepillos de cerdas naturales también resultan muy útiles ya que no electrizan el pelo.

Durante la muda se les caerá una mayor cantidad de pelo, por lo que en esta etapa es particularmente importante cepillarlos para separar el pelo viejo, sin importar que queden más feos. Evidentemente, este cambio se produce en la primavera, momento en el que los conejos cambian el denso pelaje de invierno, aunque también es normal que se les caiga de forma abundante al final del verano. En la época de muda no se los puede exhibir, pues su aspecto normalmente inmaculado queda bastante deslucido.

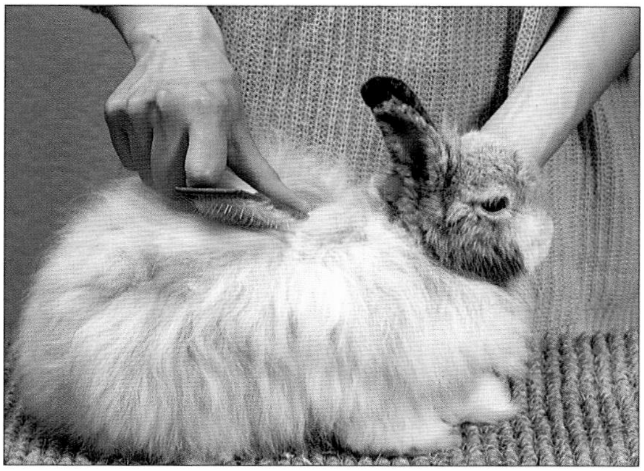

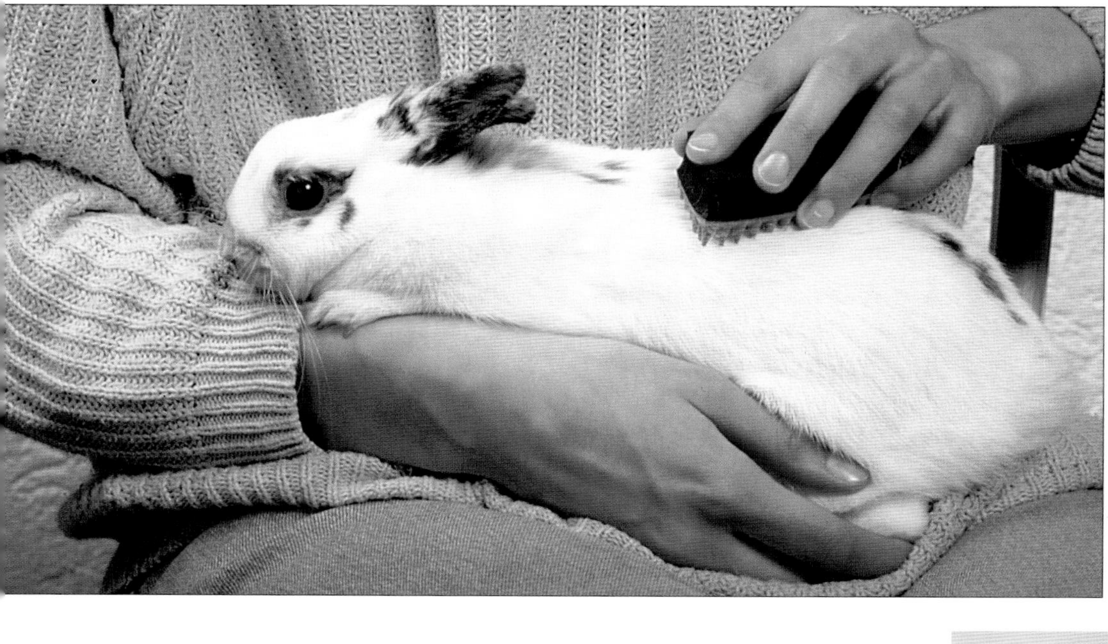

La reproducción de los conejos

LOS CONEJOS SE REPRODUCEN CON GRAN RAPIDEZ, POR eso, teniendo en cuenta que la hembra puede muy bien alumbrar diez o más crías (llamados gazapos), antes de lanzarse a la cría de conejos, conviene asegurarse de que las crías contarán con un hogar cuando nazcan. En ocasiones, puede haber sorpresas cuando lo que se suponía que eran dos hembras resulta ser una pareja de macho y hembra. Es posible juntar a las hembras en un mismo recinto sin problemas, sobre todo si comparten la conejera desde pequeñas, aunque también entrará en juego el riesgo de que se produzcan pseudoembarazos (*véase* página 44). Los machos, en cambio, tienden a ser más violentos y pelearse a medida que van siendo maduros y, por consiguiente, hay que alojarlos solos.

La edad de madurez sexual depende principalmente del tamaño de la raza, de manera que las más pequeñas, como por ejemplo los conejos holandeses, son capaces de reproducirse ya desde las 18 semanas de vida, mientras que las de conejos gigantes no alcanzan la madurez sexual hasta aproximadamente las 28 semanas. Las hembras maduran antes que los machos, así que si falla el primer apareamiento, es muy probable que el caudal de esperma del macho sea todavía insuficiente. Para criar por primera vez, el éxito estará garantizado en la mayoría de los casos, si se espera a que los conejos cumplan entre los cinco y los seis meses aproximadamente.

La distinción de ambos géneros es mucho más fácil en edad madura que cuando son jóvenes, ya que los genitales externos están ya totalmente desarrollados a esta edad. El escroto del macho, que aloja los testículos, está situado delante de la apertura del pene que, a su vez, está muy próximo al ano. Asimismo, se pueden observar las bolsas inguinales, que son glándulas olorosas sin pelo, pequeñas, a cada lado y encima del pene. En las hembras, la apertura de los genitales es más bien de tipo rendija que redondeada y carece del abultamiento que forman los testículos y las bolsas inguinales de los machos. Una vez alcanzada la madurez, existen otros signos que pueden ayudar a distinguir ambos sexos, como por ejemplo el abultamiento de la barbilla en los machos, que recibe el nombre de papada, y asemeja la forma de una doble barbilla.

Ciclo de reproducción

Son varios los factores que influyen en el ciclo de reproducción de los conejos, siendo uno de los más importantes la exposición a la luz. Por eso, los conejos inician su actividad reproductora a comienzos de la primavera, y ésta decae de nuevo a finales del verano cuando los días son más cortos. Gracias a esto, las crías nacen en un momento en el que tienen más posibilidades de sobrevivir.

Los conejos presentan un ciclo de reproducción poco habitual en comparación con la mayoría de los mamíferos. Las hembras no ovulan en un ciclo regular, sino que lo hacen sólo como respuesta al apareamiento, li-

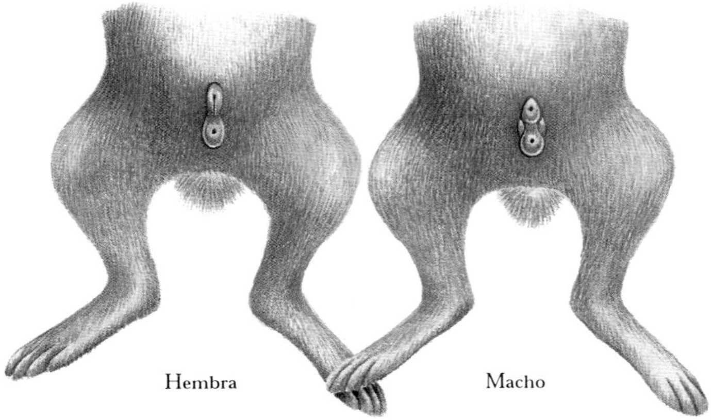

◀ *Es relativamente fácil distinguir el sexo de los conejos cuando son adultos por la zona hinchada del escroto del macho, aunque puede ser más difícil en los jóvenes. En el momento del destete, el macho tiene un orificio con forma circular, mientras que el de la hembra presenta una forma en V. En caso de duda, se puede acariciar suavemente para provocar la erección del pene.*

erándose los óvulos del ovario entre nueve y trece horas después. Según esto, existe la máxima probabilidad le éxito, ya que tanto el óvulo como el espermatozoide oinciden en el mismo momento en el tracto reproluctivo. Si no se produce la cubrición, entonces se dearrollarán nuevos folículos en los ovarios en un par de lías, durante los cuales la hembra se mostrará recia al apareamiento. En otras ocasiones, sin mbargo, su predisposición se manifestaá a través de la rojez e inflamación de u vulva. Será pues el momento de rasladarla al recinto del macho y dearla allí unos 30 minutos, durante os cuales tendrá lugar el apareaniento. A veces se recomienda voler a juntar a la hembra con el maho para que la cubra de nuevo.

Los aficionados a la cunicultua para exhibición suelen tener en us instalaciones un mayor número le hembras que de machos, porque ın solo macho puede cubrir con éxito ıasta cinco hembras diferentes cada senana. Por consiguiente, el macho es muy mportante para garantizar la buena calidad global de la granja, pues su papel en el programa de reproducción es mucho más activo. En la mayoría de las granjas se alojan dos líneas sanguíneas diferentes que se oueden cruzar entre sí. Para establecer un plan de cría s crucial mantener un registro preciso en el que se apunten los distintos parentescos.

▼ *Ciclo de reproducción de un conejo y de desarrollo de la cría.*

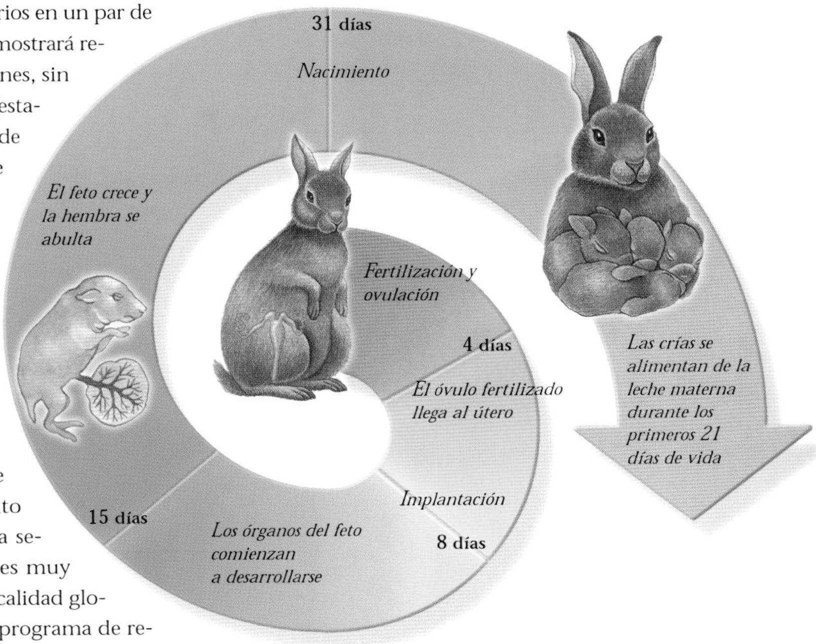

▼ *El apareamiento de los conejos supone un breve encuentro. Tendrá lugar en cuanto se los junte en una misma jaula, suponiendo que la hembra esté receptiva.*

P/R...

● ***¿Es posible meter al macho en la jaula de la hembra, en lugar de al revés?***

No es algo recomendable, ya que al sentir la invasión de su territorio es probable que la hembra ataque al macho.

● ***¿Cuál es la probabilidad de que mi coneja quede preñada tras el apareamiento?***

Dado el ciclo de reproducción coordinado que se da entre la hembra y el macho, la probabilidad es muy alta. En ocho de cada diez apareamientos nacen crías.

● ***Mi conejo se desploma ante la hembra. ¿Quiere decir que el apareamiento no ha tenido éxito?***

No. Todo lo contrario. Es bastante normal que el macho se deje caer justo después de cubrir a la hembra. Asimismo, es posible que ambos griten durante el apareamiento, pero no debe ser nada que deba causar alarma.

Confirmar un embarazo

- En primer lugar, coloque a la hembra sobre una superficie firme, en la que no se resbale. Si no está relajada, será más difícil examinarla.
- Palpe con suavidad y con mucho cuidado la zona del vientre justo enfrente de la pelvis con los dedos juntos y el pulgar por los laterales del abdomen.
- Si está preñada, podrá detectar una serie de bultos del tamaño de una canica en el útero, que está justo ahí. Se trata de los embriones en desarrollo. Su tamaño será mayor que el de los excrementos en forma de bolitas, con los que se podrían confundir.

P/R...

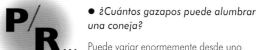

- ***¿Cuántos gazapos puede alumbrar una coneja?***

Puede variar enormemente desde uno solo hasta 22, aunque ambos extremos son muy raros. Típicamente, cabe esperar el nacimiento de seis a ocho crías. Las conejas que alumbran en edad joven por primera vez suelen tener camadas más reducidas, al igual que las de razas más pequeñas, como la de los enanos holandeses.

- ***¿Es posible la cría de conejos a través de inseminación artificial?***

Sí. Se puede decir que los conejos han sido los pioneros en esta técnica que se ha aplicado después en otros mamíferos. La fertilidad está prácticamente garantizada en estas circunstancias, aunque por lo general sólo se emplea en las granjas comerciales. Por otra parte, es un método que puede ser útil para la reproducción de razas particularmente raras.

- ***Pensé que mi coneja estaba preñada al observar que le habían crecido las mamas y que se dedicaba a construir un nido, pero no ha nacido ningún gazapo. ¿Por qué ha sido?***

Lo más probable es que se tratara de un falso embarazo. Es algo que puede ocurrir a veces cuando la producción hormonal de las estructuras conocidas como *corpora lutea* (que se forman tras la ovulación) puede dar lugar a la manifestación de los síntomas una gestación. Es posible un pseudoembarazo aunque no tenga lugar el apareamiento.

▲▶ *Dos tipos de cajas de anidar para cuando la coneja está a punto de parir. Aquí contarán con intimidad y se sentirán seguras, factores realmente importantes para que la madre no abandone ni ataque a sus crías.*

◄ La hembra fabricará un nido para sus crías a base de la pelusa que saque de su propio cuerpo. Es una conducta natural que se manifestará cuente o no con una caja para anidar. El pelo le volverá a nacer.

▼ Gazapos recién nacidos. Adviértase el corto tamaño de las orejas en esta etapa. Los conejos nacen ciegos e indefensos. Las zonas oscuras de la piel indican los puntos en los que el pelaje será negro.

Periodo de gestación

Aunque la hembra esté acostumbrada a compartir el alojamiento, se la deberá trasladar a una conejera para ella sola durante el periodo que dure el embarazo. Al cabo de 10 a 14 días, será posible determinar si el apareamiento ha tenido éxito o no, siguiendo las instrucciones indicadas en la página 44. De todas formas, no será posible determinar el número de crías con certeza. Una vez que se haya valorado que está preñada, deberá regresar a su recinto. Si no está preñada, convendrá volverla a aparear.

Los signos externos de un embarazo se pondrán de manifiesto al cabo de 24 días desde la cubrición, momento en el cual se inflamarán las glándulas mamarias, en comparación con las de una hembra que no está embarazada. En tal caso, habrá que reducir al mínimo manejarla para evitar el riesgo de un aborto espontáneo. Es aconsejable proporcionarle una caja de anidar o similar, en la que pueda preparar el acomodo para sus crías. Cuando se aproxime el alumbramiento, empezará a desprender pelusa de su pelo interior para crear un colchón sobre el heno de la caja de anidar.

En esta etapa, la hembra necesitará comer más, ya que el último tercio del embarazo es el periodo de máximo crecimiento de los fetos. Algunos criadores gustan de añadir a su dieta algunas hojas de frambuesa al final del embarazo, en la creencia de que esto garantizará un feliz parto. Típicamente, la gestación dura aproximadamente 31 días, si bien los gazapos pueden nacer en cualquier momento entre los días 29 y 34. Más allá de este intervalo es muy probable que las criaturas nazcan muertas.

Nacimiento

Normalmente, los gazapos nacen en la madrugada y tardan en venir al mundo más o menos una hora. Es bastante extraño que se produzcan dificultades, comúnmente asociadas con un tamaño anormalmente grande de los fetos. Si se sospecha que sea éste el caso y que la hembra parece realmente molesta y agotada, lo mejor será avisar al veterinario con urgencia. Una simple inyección de oxitocina será suficiente para resolver el problema, aunque dejará de haber garantía de que las crías nazcan con vida. En raras ocasiones, puede ser necesaria una cesárea.

Si bien se debe vigilar de cerca a una hembra que va dar a luz de forma inminente, no se debe interferir cuando todo marcha normalmente. En particular, no se debe inspeccionar el nido para averiguar cuántos gazapos hay porque la reacción de la madre será abandonar a sus crías, o incluso atacarlas, si detecta en ellas un olor distinto. Si es absolutamente imprescindible hacerlo, habrá que distraer a la madre con comida y después sondear el nido, valiéndose de un lápiz que haya sido frotado con la paja del nido y en la piel de la hembra previamente. Es de esperar que esto no le moleste.

La cría

Aunque nacen como criaturas totalmente indefensas, los gazapos crecen enseguida. Entre los cuatro y los siete primeros días, les empieza a crecer el pelo de forma evidente. Transcurridos otros dos o tres, se les abren los ojos y, luego, los orificios de las orejas. Las orejas, relativamente pequeñas al nacer, también empiezan a desarrollarse rápidamente. Los gazapos seguirán mamando de la madre hasta más o menos las siete semanas de vida, pero habrán abandonado el nido antes, aproximadamente a las tres semanas.

Por lo general, no se suelen dar problemas durante el periodo de lactancia. En caso de que la madre pasara por alguna crisis que le impidiera dar de mamar a sus hijos, los gritos de angustia de los pequeños hambrientos pondrían en alerta enseguida a su cuidador. La causa más corriente de que esto ocurra es una infección de las mamas o mastitis. Al principio las glándulas mamarias están irritadas y doloridas y, a medida que avanza la infección, es bastante habitual que la zona del pezón se ponga azul. Muchas veces, esta enfermedad se describe como «mama azul» por esta razón. La mastitis exige tratamiento urgente por lo que es preciso llevar al animal al veterinario con urgencia, no solamente en favor de su propia salud sino porque también se puede evitar así que el cuidador se tenga que encargar posteriormente de alimentar él mismo a los conejitos. Conviene tener a mano leche de vaca y caseinato de calcio durante este periodo por si fuera necesario darles el biberón.

Si la coneja ha alumbrado a una camada numerosa, tal vez sea aconsejable separar a una parte de los gazapos para que los críe otra hembra que haya parido en torno a la misma época. Lo idóneo es que haga esto en el curso de diez días tras el nacimiento. No obstante, en principio, no tiene por qué suponer ningún problema si se hace a las tres semanas si se considera necesario. De todas formas, si la coneja cae enferma, no será lo más propicio recurrir a las madres adoptivas, pues siempre estará el riesgo de que se contagie el mal. En cualquier caso, será más conveniente trasladar a los más pequeños, ya que la posibilidad

P/R...

● *¿Es cierto que los conejos pueden llegar a cometer actos de canibalismo con sus propios hijos?*

Es algo que ocurre rara vez tras el nacimiento. Se ha sugerido que la hembra mata a sus crías en estas circunstancias con el fin de volverse a aparear y producir una camada más grande. Asimismo, si se molesta demasiado a la madre, se puede provocar esta misma conducta.

● *¿Por qué es tan difícil criar a los conejos huérfanos?*

Seguramente, no hayan recibido las defensas inmunológicas presentes en la primera leche, o calostro, que les puede proteger frente a infecciones hasta que se forme su propio sistema inmune. Al alimentar artificialmente a un gazapo, también es mayor el riesgo de que contraiga neumonía de aspiración.

● *¿Qué tipo de leche debo utilizar para el biberón?*

La leche de vaca tiene un contenido en proteínas demasiado bajo, de manera que habrá que añadir caseinato cálcico, en una proporción de 14 g por cada 296 ml, aumentando la ración hasta 20 g. Caliéntelo hasta la temperatura corporal y alimente a los conejitos con un cuentagotas.

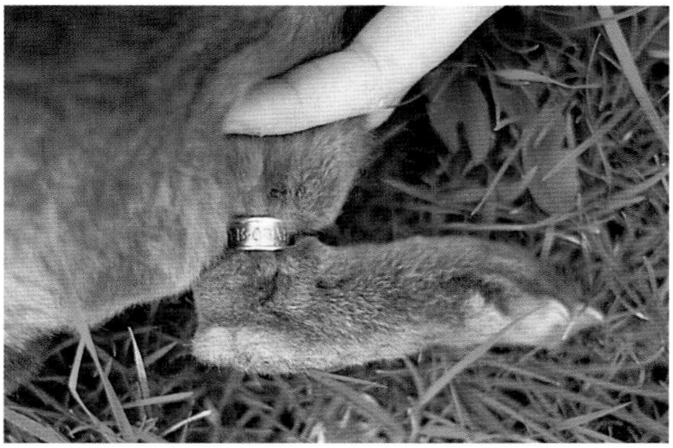

▲ *Este conejo tiene un anillo o banda en una de sus patas traseras. Existen diferentes tipos y tamaños de estos accesorios para las distintas razas de conejos.*

de que sean aceptados es mayor. Se los debe colocar junto a sus nuevos compañeros de camada y dejarles tiempo para que se asienten y, para disimular su olor, se deberá separar a la hembra del nido durante una hora. Esto no causará ningún daño a ninguno, ya que los conejos alimentan a sus crías sólo una vez al día, y cada toma dura tan solo tres minutos. Durante las primeras tres semanas de vida más o menos, los gazapos se alimentan exclusivamente de la leche materna. La madre necesitará ingerir mucho más líquido durante este periodo por las subidas de leche. La mayoría de los conejos necesitan 10 ml de agua por cada 100 g de peso corporal al día, pero la cantidad se eleva a 90 ml durante la lactancia.

Destete y anillado

A medida que los conejitos comienzan a ingerir alimentos sólidos, se los puede animar a que coman un preparado mixto con un alto contenido en proteína. Se les puede ofrecer ya algunas verduras, aunque éstas no deben constituir una parte principal de su dieta. Si se tiene la intención de anillar a los conejos para presentarlos a concursos y exposiciones, habrá que hacerlo entre las seis y ocho semanas de vida. No se debe retrasar la puesta de esta etiqueta, pues enseguida le crecerá la pata.

La hembra tiene capacidad de aparearse otra vez mientras sigue dando de mamar a sus crías, pero conviene esperar al destete.

◀ *Los gazapos se desarrollan con gran rapidez. Esta camada de conejos de orejas caídas está a punto de separarse de la madre, momento en el que habrá que aumentar la ración de comida y agua para ellos.*

Cuidados sanitarios de los conejo

LOS CONEJOS SUELEN SER ANIMALES SANOS, sobre todo, una vez que se han establecido en su entorno. Requieren relativamente pocos cuidados de rutina en lo que se refiere a su salud, aunque sí que es aconsejable vacunarlos. No obstante, no estará de más observarlos todos los días, por si se advirtiera algún signo extraño que pudiera ser indicio de una enfermedad inminente. Tal vez el conejo no esté comiendo como acostumbraba o esté menos activo. Quizá haya cambiado la consistencia de sus excrementos o se pueda escuchar su respiración. Si se detecta un problema a tiempo, mayor será la posibilidad de que el tratamiento tenga éxito.

El foco de una infección puede ser muy diverso, siendo unas patologías más evidentes que otras. Es importante estar atento para prevenir cualquier problema y salvaguardar el bienestar del animal. El lecho donde duerma, por ejemplo, es un punto de especial interés. Los conejos son bastante susceptibles a los trastornos respiratorios, por lo que el material del lecho debe es tar limpio y sin polvo en la mayor medida posible Cuidado con el heno barato, no solamente puede es tar pasado, sino que es posible que contenga ademá plantas potencialmente mortales, como la hierba cana que pueden envenenar al animal.

Se debe mantener bien limpio el suelo del recint donde viva el conejo, ya que si se acumula en él l orina, el gas de amoníaco que se desprenda puede ata car a la envoltura del tracto respiratorio del animal dejarlo expuesto a las infecciones. Asimismo, es fun damental ofrecerle siempre comida fresca y tener l costumbre de retirar la que no se coma que pued terminar pudriéndose o enmoheciéndose. Por otr parte, cualquier conejo salvaje puede ser portador d enfermedades, de manera que habrá que tomar la pre caución de mantenerlos alejados de la mascota. La moscas se sienten atraídas por los espacios sucios.

Son posibles las lesiones oculares o enfermedades como la mixomatosis
Una costra con prurito en las orejas es signo de la presencia de ácaros
Las secreciones nasales o la fatiga en la respiración son signo de una infección respiratoria
Las calvas pueden indicar embarazo, una pelea o tiñ
Es posible que los dientes estén dañados o que sea necesario limarlos
Las uñas no deben crecer demasiado
Se debe examinar la parte inferior de los cuartos traseros, punto en el que se puede exteriorizar la infección
La presencia de una mancha en el orificio anal o excrementos de consistencia blanda pueden ser indicio de diarrea

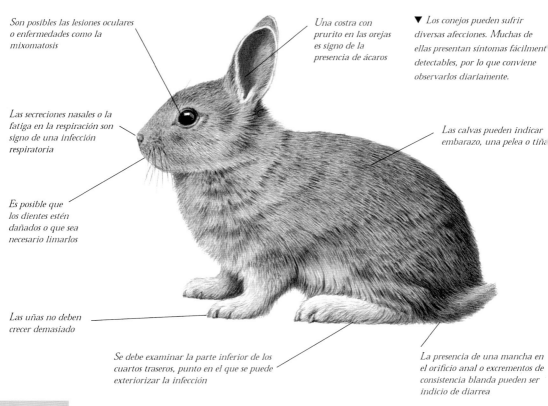

▼ *Los conejos pueden sufrir diversas afecciones. Muchas de ellas presentan síntomas fácilment detectables, por lo que conviene observarlos diariamente.*

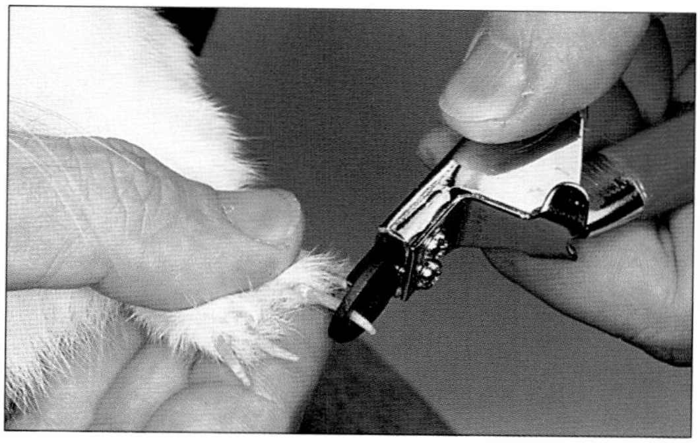

▲ *Se debe utilizar un cortaúñas especial en lugar de tijeras para cortar únicamente la punta en la que desaparece la vena rosada. En caso de hacerlo mal, se producirá una hemorragia.*

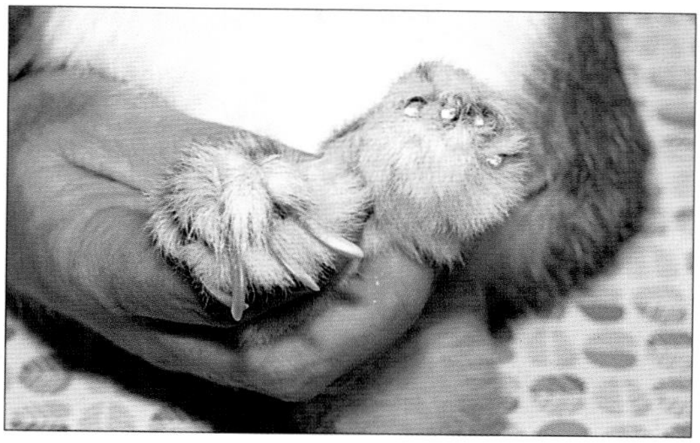

▲ *Las uñas de la pata derecha de este animal han sido cortadas correctamente con un cortaúñas de guillotina. Compárelas con las de la izquierda, que están sin cortar.*

Algunas razas, como la de los conejos rex, son especialmente susceptibles a los problemas respiratorios en estas condiciones, ya que el pelaje que les cubre es relativamente fino en la parte inferior de sus patas traseras. Así pues, se les pueden formar pequeñas ampollas que se infectarán invariablemente con bacterias estafilococos. La quemadura de conejera, causada por una mancha en el pelo que después infecta la piel, puede llegar a ser un problema más común en animales maduros que suelen pesar más. Enseguida, se extenderán estos puntos inflamados pasando a ser grandes zonas de infección con tendencia a la invasión de bacterias. Llegado el caso, no habrá más remedio que recurrir a un tratamiento veterinario para salvar al conejo enfermo. Se puede evitar si la conejera está limpia.

Cortar las uñas

Con frecuencia, es necesario cortar las uñas al conejo, ya que éstas crecen tanto que pueden suponer un verdadero defecto. En caso de duda sobre cuándo y cómo hay que realizar esta operación, lo mejor es consultar a un veterinario. Se trata de un procedimiento relativamente sencillo, en particular cuando el conejo tiene las uñas claras, ya que estará patentemente visible el suministro de sangre a la uña (de manera que se puede evitar hacer el corte por ahí).

Normalmente, en estas tesituras, se coloca al conejo sobre una mesa con buena iluminación y la ayuda de otra persona que lo sujeta. Después, se trabaja cada pata con un cortaúñas especial. En caso de que se le cortara una uña demasiado, debe presionar suavemente la punta durante un minuto más o menos con un poco de algodón humedecido para restañar rápidamente la herida.

P/R...

● ***Me parece que mi conejo de raza enano holandés tiene una oclusión de los dientes. ¿Cuál es el mejor remedio para ello?***

Desgraciadamente, este problema en concreto está bastante extendido en la raza de los enanos holandeses. El afilado de los incisivos es una tarea que más vale reservar al veterinario, pues se deberá hacer con el ángulo correcto para asegurarse de que el conejo pueda seguir comiendo sin dificultad.

● ***En una exposición oí a un criador que hablaba de la Pasturella. ¿Qué es exactamente?***

Es una bacteria que suele ser la causa más común de las enfermedades respiratorias. En algunos casos, los síntomas son relativamente menores, como moqueo y lagrimeo, mientras que en otros, puede causar neumonía y una muerte súbita. Depende sobre todo de la cepa de la bacteria y la resistencia del conejo. Los casos leves, descritos como «obstrucción nasal» pueden remitir a veces sin tratamiento. A menudo, este tipo de enfermedades se manifiestan cuando el animal está más débil, por ejemplo cuando muda su pelaje.

● ***¿Se puede curar fácilmente la obstrucción nasal?***

Puede ser muy difícil ya que, a pesar de que existen antibióticos específicos para superar la infección, muchas veces tan sólo hacen desaparecer los síntomas, y la bacteria Pasturella sigue presente en las cavidades nasales del conejo. El riesgo de infección es mayor en los conejos que están alojados dentro de la casa, ya que las bacterias responsables se propagan en los espacios limitados a través del estornudo.

▶ *El moqueo es un signo de que el animal sufre una obstrucción nasal, que en muchos casos puede ir acompañada también de estornudos.*

Problemas parasitarios e intestinales

NO RESULTA EN ABSOLUTO SORPRENDENTE, dado su delicado tracto digestivo, que los conejos sean vulnerables a los trastornos intestinales. Éstos pueden venir dados por bacterias, como por ejemplo *Escherichia coli*, virus y parásitos. El signo más evidente de este tipo de enfermedades es la diarrea, que puede estar asociada a manchas de sangre en los casos más agudos, cuando la envoltura del intestino queda gravemente dañada. La diarrea puede afectar a conejos de cualquier edad, siendo especialmente propensos los más pequeños.

En tales casos, se debe acudir inmediatamente a la consulta del veterinario. Normalmente, el tratamiento comenzará por una terapia de fluidos que servirá para proteger los órganos vitales frente a los efectos de una deshidratación, e irá acompañada habitualmente por un fármaco idóneo, como loperamida, para detener la diarrea. Los antibióticos se prescriben únicamente en los casos más graves, ya que es posible

▼ *El veterinario examina el abdomen de un lop francés plateado palpándolo suavemente. Puede resultar un método eficaz para determinar diversos problemas intestinales.*

P/R...

● ***Las orejas de mi conejo segregan una especie de cerumen y el animal no deja de rascarse. ¿Cuál puede ser la causa?***

Lo más seguro es que se trate de la presencia de ácaros. Esta microscópica plaga puede haber penetrado a través del lecho causándole inflamación y una grave irritación. Se recomienda el tratamiento con flores de azufre en polvo de forma inmediata, ya que si los ácaros llegan hasta el oído interno, ello afectará al sentido del equilibrio del animal. Por otra parte, habrá que desinfectar la jaula.

● ***¿Qué se debe hacer ante la picadura de una mosca?***

Lo mejor es prevenirla. Hay que asegurarse de que la piel del conejo no está sucia para que no atraiga a los insectos que pueden dejar en ella sus larvas. Es posible que algunos gusanos lleguen incluso a formar túneles en su piel produciendo toxinas mortales. Tras la picadura de una mosca, es aconsejable acudir al veterinario para asegurarse de que no ha dejado sus larvas dentro y para vendar apropiadamente la herida y evitar que vuelva a hacerlo.

que resulten ineficaces en ciertos casos y pueden llegar incluso a empeorar los síntomas. Para estimular de nuevo su apetito, después de haber padecido una diarrea, se les puede ofrecer un desayuno de cereales empapados en agua para que se ablanden e ir introduciendo poco a poco de nuevo su dieta habitual a medida que se vaya recuperando.

Coccidiosis

Una de las causas más importantes de la diarrea y motivo de mortalidad en los conejos es una afección parasítica conocida como coccidiosis, que se puede manifestar de dos formas diferentes, según afecte al intestino o al hígado (coccidiosis hepática). Se han identificado al menos ocho tipos diferentes de parásitos *Eimeria* responsables de la coccidiosis que afecta al tracto intestinal de los conejos, presentando algunas cepas efectos más graves que otras. Algunas producen diarreas muy graves que pueden desembocar en casos fatales, mientras que otras producen un efecto más leve, que se traduce normalmente en un retraso en el crecimiento. Para determinar el tipo de parásitos en concreto, es necesario realizar un examen de las heces, de acuerdo con el criterio del veterinario.

Dado que los coccidia se pueden propagar fácilmente, muchos alimentos preparados contienen sustancias farmacológicas conocidas como coccidiostatos que ayudan a prevenir la enfermedad. Con todo, esto no garantiza en absoluto que el animal esté libre de caer enfermo. Siendo así, no habrá más remedio que aplicar un tratamiento con sulfamidas y una terapia de líquidos.

La causa de la coccidiosis hepática es una especie de *Eimeria* denominada *E. steidae*. Desgraciadamente, estos casos no se pueden controlar con coccidiostatos, aunque por otra parte, la enfermedad no suele ser mortal. Se manifiesta como una inflamación del hígado y a menudo supone un retraso en el crecimiento. La coccidiosis se contagia a través de los excrementos que contaminan el entorno del animal y es muy difícil de eliminar. El riesgo es mayor en granjas de conejos comerciales en las que los conejos están hacinados.

Cisticercosis

Una afección parasítica más corriente aún en los conejos de granja es la que se conoce como cisticercosis, asociada a la solitaria. Estos parásitos maduran en el tracto intestinal de perros y sus larvas microscópicas quedan alojadas en sus heces, que, a su vez, contaminan la hierba. Si un conejo come de esta hierba, la consecuencia es que la solitaria empieza su desarrollo formando normalmente un quiste en el abdomen o el hígado. Un crecimiento excesivo puede ser mortal, si bien los síntomas se detectarán mucho antes. La conclusión es pues que no se debe dejar que el conejo paste en un prado por el que pueda haber excrementos de perros.

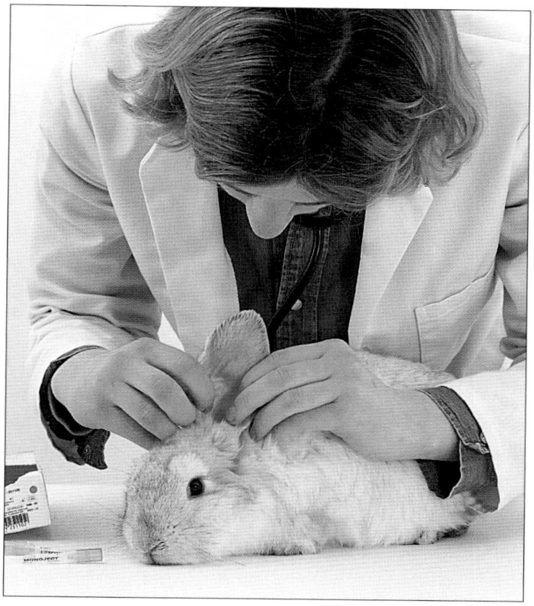

▲ *Esta veterinaria examina las orejas de un lop francés plateado. Estos animales son propensos a la invasión de ácaros, pudiéndoseles formar costras inflamadas en el canal auditivo.*

Trastornos de la dieta

Una enfermedad que afecta a la porción inferior del tracto digestivo y que tiene una incidencia cada vez mayor es la enteropatía mucoide, también conocida como impacción cecal. Se observa sobre todo en los conejos jóvenes, poco después del destete. Se desconoce la causa exacta, si bien los especialistas sugieren que una dieta con alto contenido en proteínas puede agravar la enfermedad, si es que no es su causa directa. Los conejos que padecen esta afección pierden el apetito y beben mucho más de lo normal. Una vez más, para tratar este tipo de enfermedad, será preciso acudir a la consulta del veterinario. Este trastorno se puede detectar fácilmente porque el ciego, en la parte derecha del abdomen, se pone duro. Un cambio en la dieta, con mayor cantidad de fibra, será beneficioso, aunque es muy normal la mortalidad en estos casos, sobre todo, si están asociados a neumonía.

Enfermedades víricas y otras afecciones

EXISTEN DOS ENFERMEDADES VÍRICAS PRINCIPALES en los conejos para las que no existe tratamiento una vez contraídas. Por consiguiente, es preciso que los conejos estén adecuadamente vacunados siguiendo las instrucciones del veterinario.

Mixomatosis

La causa es el virus de la viruela, que proviene de Sudamérica y que produce tan sólo una leve patología en las especies nativas de allí. Sin embargo, cuando el virus fue introducido en Europa y en Australia durante la década de 1950 como medio para controlar la población de conejos salvajes, el resultado fue una mortalidad a gran escala. Desde entonces, los ejemplares que viven en libertad han desarrollado inmunidad contra la enfermedad, mientras que los domésticos siguen siendo vulnerables a ella.

Una de las formas de propagación del virus es a través del contacto entre un conejo silvestre y uno doméstico. Otra forma de transmisión son las pulgas de conejo, que se alojan en las orejas del animal, y también a través de los mosquitos, sobre todo en las zonas más templadas. Entre los síntomas se incluyen abultamiento de la cabeza y ojeras y desemboca normalmente en ceguera.

Enfermedad hemorrágica vírica

En 1984, se registro por primera vez en China una enfermedad que no había sido descrita hasta el momento y que fue motivo de un alto índice de mortalidad en las granjas de conejos de aquel país, para extenderse después al resto del mundo. Ataca al hígado y es fulminante. Conocida hoy en día como enfermedad hemorrágica vírica (EHV), se ha identificado como su causa principal del calcivirus, que es enormemente infeccioso y se puede propagar fácilmente por contacto directo entre los conejos. Al igual que la mixomatosis, también puede ser transmitida por pulgas y moscas.

La EHV presenta un ciclo de incubación increíblemente corto, de manera que los conejos afectados mueren al cabo de uno o dos días de su exposición al virus. El único síntoma discernible suele ser una pequeña secreción de sangre por la nariz y, a veces, por el orificio anal. Cuando los conejos afectados tienen más de dos meses, suelen manifestarse signos de nerviosismo más aparentes, que demuestran ser fatales también. No obstante, hoy en día se cuenta con una vacuna bastante segura. En los conejos de riesgo, suele ser necesario administrar una vacuna de recuerdo cada seis meses.

Fracturas de huesos

Los conejos pueden sufrir lesiones óseas, como por ejemplo una fractura a raíz de una caída. Es bastante corriente la rotura de la tibia de la pata delantera y, por lo general, el tratamiento de este tipo de lesiones suele ser bastante complicado. La fijación interna (por inserción de un tornillo quirúrgico) es el mejor procedimiento, pero se trata de una operación cara. Otro método corriente consiste en entablillar la pata, pero no siempre es efectivo, en parte porque la piel del conejo es muy flexible y, en parte, porque tratará de quitársela.

▼ *Este conejo de diez semanas de vida padece de mixomatosis, una enfermedad vírica incurable. El periodo de incubación suele durar entre siete y catorce días.*

P/R...

• Me han recomendado zumo de piña para el tratamiento de bolas de pelo. ¿Es algo eficaz?

Intente que el animal afectado consuma diariamente aproximadamente 10 ml de zumo de piña fresco, utilizándolo en combinación con salvado triturado, por ejemplo. Seguramente, le resultará beneficioso por la presencia de una enzima llamada bromelina que puede descomponer la bola de pelo directamente.

• ¿Por qué es más probable que muera de bolas de pelo una coneja preñada?

La razón hay que buscarla en parte en que la futura madre se despelucha ella misma para crear el nido y en esta operación es posible que ingiera su pelo en grandes cantidades. La presencia de bola de pelo en su estómago se traducirá en una mayor dificultad para obtener suficientes nutrientes para satisfacer las demandas para el desarrollo de sus hijos. Este estado recibe el nombre de toxemia del embarazo.

• ¿Por qué me ha sugerido el veterinario que castre a mi coneja, que vive en casa?

Porque las hembras que no crían presentan un riesgo mucho mayor de que se les formen tumores malignos en el útero. La castración de los machos, en cambio, responde a razones de conducta.

▼ *La única protección posible contra la mixomatosis es la vacunación. No tiene tratamiento, de modo que si la contrae el animal, habrá que realizarle la eutanasia.*

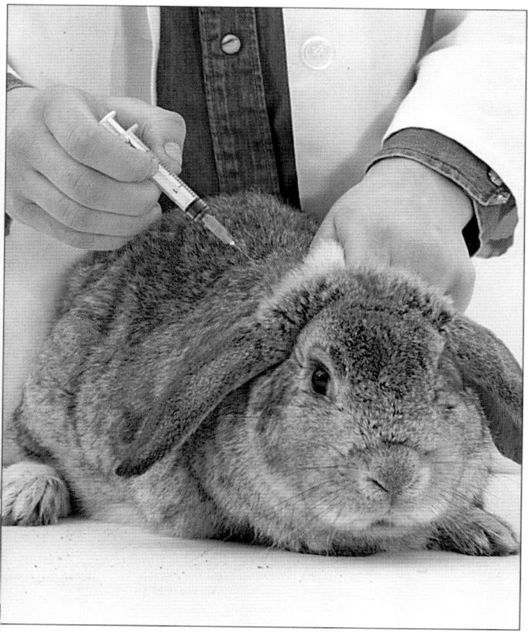

▲ *Este conejo rex está mudando su piel. Es algo normal, pero durante este periodo los conejos resultan especialmente vulnerables a las enfermedades.*

Una fractura más grave es la localizada en las vértebras lumbares al final de la espalda. El animal perderá la consciencia durante un lapso de tiempo y, una vez que la recupere, es muy probable que sus extremidades traseras se queden paralizadas, siendo también evidente la incontinencia. En estas circunstancias, poco más se puede hacer, siendo la eutanasia la opción más caritativa.

Mordisqueo del pelaje

Sobre todo en el caso de los conejos de Angora, el mordisqueo de la piel puede llegar a convertirse en un problema mortal, no por la cantidad de pelo que quede retirada, sino por el bloqueo que ello puede producir en el estómago y, más abajo, en el tracto intestinal. Las consecuencias pueden ser fatales si el pelo se aglomera. El tratamiento tradicional consiste en administrar 20 ml de aceite de parafina líquido por vía oral con una jeringuilla (que podrá facilitar el veterinario), dos veces al día, durante una semana. Para desatascar la obstrucción será positivo masajear la zona del estómago unos minutos frotando suavemente la región del vientre.

Un seguro para el conejo

Al haberse extendido más y más la afición por los conejos como mascotas, han surgido una serie de compañías de seguros para mascotas que ofrecen pólizas específicas para conejos. No será ninguna tontería en los casos en los que el conejo presenta una lesión importante, como por ejemplo una fractura como consecuencia de una caída. El seguro puede ser también un recurso útil para cubrir el coste del diagnóstico como, por ejemplo, una radiografía con la que se valore el estado general del animal.

Creación de razas de conejos

EL NÚMERO DE RAZAS DIFERENTES DE CONEJOS ha aumentado enormemente en los últimos 150 años y todavía siguen desarrollándose otras nuevas. Sin embargo, existe bastante confusión entre lo que es una raza y lo que se considera una variedad. Una raza es un tipo de conejo definido por determinadas características reconocibles, como son el tipo de pelaje, las orejas y el tamaño. Todos estos rasgos se combinan para crear un aspecto diferenciado. Pueden existir además diferentes variedades de la misma raza, en función de las diferencias en la coloración. Por ejemplo, la raza de los conejos holandeses se puede identificar claramente por el diseño tan característico que presenta su pelaje, pero, en la actualidad, existen ocho variedades de color reconocidas, además de la tricolor para esta raza.

Patrón de la raza

Las características de una raza están establecidas según el patrón oficial para dicha raza, que es el que emplean los jurados. En las exposiciones y concursos, no se examina a un conejo comparándolo con los demás conejos, sino que se le juzga en función de un canon ideal para su raza, tal como se describe en el patrón pertinente. De vez en cuando se revisa este patrón, tras la consulta exhaustiva con criadores y jueces y, asimismo, se pueden incluir nuevos patrones para nuevas razas que hayan alcanzado cierto nivel de popularidad. Los puntos para premiar una característica en particular vienen dados por el criterio considerado para cada raza en concreto. Así pues, es posible que el diseño del pelaje sea más importante en algunos casos que la calidad o la textura que tenga.

A pesar de que ha habido iniciativas para crear un patrón internacional consensuado para cada raza, sobre todo dentro del continente europeo, por ahora no existe un acuerdo global a nivel universal. Ni siquiera se puede hablar de que exista un acuerdo general en cuanto a las distintas razas, ya que, por ejemplo, la Asociación de Criadores de Conejos norteamericana reconoce razas para exposiciones, como la de los conejos lanudos de Jersey, desconocidas hoy por hoy en Europa. Y por el contrario, las razas europeas no se corresponden con las norteamericanas.

Clasificación

Las razas de conejos se clasifican de diversas formas. En Gran Bretaña se dividien tradicionalmente en las razas apreciadas por su pelaje y las apreciadas por su belleza o «fancy». Las razas que han tenido una importancia comercial por su pelaje entran dentro de la primera categoría, mientras que las que han sido desarrolladas esencialmente para su participación en las muestras de animales, como la de los lop enanos, se incluyen en el segundo grupo. En el caso de las razas apreciadas por su pelaje, el jurado se fija sobre todo en la calidad de la piel más que en el aspecto general.

Dentro de la categoría de los conejos de pelaje, se puede establecer otra clasificación, rex y satinados. Dentro de ambos grupos (que han nacido como resultado de cambios en la estructura de la piel), se puede hablar de toda una gama de colores y diseños, que siguen creándose y aumentándose.

◀ *La domesticación ha supuesto una enorme variedad de tamaños entre las diferentes razas de conejos, mucho más rica que en cualquier otro tipo de animales de compañía.*

Para lanzarse al mundo de las muestras de animales, hay que partir de una reserva de buena calidad, buscándola en un criadero de confianza. Para empezar, lo mejor es ponerse en contacto con la organización de cunicultura nacional del país, donde se facilitará la información necesaria sobre contactos y clubes especializados en la raza solicitada en concreto. La búsqueda por Internet también puede ser muy provechosa, sobretodo para conectar con aficionados de otros países.

La mayoría de los criadores estarán siempre encantados de colaborar con los recién llegados y dispuestos a dar consejos sobre el tipo de apareamientos más recomendable para los conejos que les compren. No hay que perder de vista que, normalmente, se considera que las hembras han llegado al final de su ciclo reproductor a los tres o cuatro años de vida aproximadamente, momento en el cual las camadas son más reducidas; en cambio los machos pueden engendrar durante mucho más tiempo. Por lo tanto, lo más propicio será empezar con hembras jóvenes y un macho más maduro y de buena calidad.

▼ *Los concursos y muestras de animales han contribuido al desarrollo de las razas al ser eventos realmente competitivos. Este ejemplar negro plateado ha sido merecedor de varios premios.*

P/R...

● *¿Cómo puedo enterarme de las fechas en las que se celebran muestras de animales en mi zona?*

Los boletines que publican las sociedades de cunicultura suelen contener este tipo de información, al igual que las revistas especializadas en este tema. Si quiere participar, deberá conseguir una solicitud en la secretaría de la exposición y devolverla antes de la clausura, junto con el importe de la entrada.

● *¿Cuáles son las razas más apropiadas para un niño?*

Por lo general, se recomiendan conejos pequeños, como por ejemplo el holandés y el mini lop, no sólo por su tamaño sino también por su carácter apacible. Los conejos holandeses son tradicionalmente los favoritos y se los puede encontrar en todo un abanico de colores. De todas formas, no son la mejor opción para presentarlos a muestras de animales, pues es bastante difícil su reproducción con las manchas exactas que se exigen en los concursos. Los mini rex son también cada vez más populares, sin duda alguna por su suave pelaje. Otras de las razas que se recomiendan como mascotas son la de los polacos y los enanos holandeses, pero no son tan amistosos como las razas de orejas gachas. Las razas de pelo largo, sobre todo los conejos de Angora y los lop de Cachemira y cabeza de león, que exigen un aseo diario, no son en absoluto una buena elección para un niño.

Razas y variedades de conejos

APARTE DE LA DIVISIÓN que establecen los británicos entre las razas apreciadas por su piel y las que lo son por su belleza, no se puede hablar de un sistema universal de clasificación para las razas de conejos. Aun existen bastantes de ellas que son demasiado locales y poco corrientes fuera de su región de origen, en cambio otras, como la holandesa, han sido merecedoras de una fuerte aceptación internacional.

ALASKA

Esta raza en particular proporciona un buen ejemplo para ilustrar las dificultades que surgen a la hora de clasificar a las razas de conejos. Se cree que es originaria de Alemania, donde se expuso por primera vez en el año 1907. No obstante, es posible que existieran algunas cepas en Francia e Inglaterra durante este periodo como

P/R...

● ***¿Por qué este conejo recibe el nombre de Alaska siendo completamente negro?***

La pretensión primitiva de los que crearon a esta raza era conseguir un ejemplar que tuviera un pelaje negro con las puntas del pelo blancas, es decir con un aspecto similar al del zorro ártico cuando se viste con su abrigo de invierno. Aunque, evidentemente, no lo consiguieron, se conservó el nombre elegido.

● ***He oído hablar a los expertos en una exposición sobre las manchas del gigante mariposa ajedrezado americano. ¿Cómo son?***

Consisten en manchas de un color oscuro que cubren la zona que abarca desde las comisuras de la boca hasta el hocico. Se exige que sean simétricas, de modo que asemejen la forma de una mariposa. Además, deberá haber un lunar en cada mejilla, unos círculos que rodeen los ojos y una franja que recorra la espalda hasta la parte superior de la cola. Finalmente, se dibujarán dos extensas manchas en cada lomo.

● ***¿Es verdad que el gigante ajedrezado americano desciende del gigante de Flandes por un cruce con una liebre blanca silvestre?***

Esto no es más que una leyenda, sobre todo si se tiene en cuenta que es imposible que conejos y liebres se mezclen de forma natural. Por otra parte, la liebre blanca es excepcionalmente rara, así que la posibilidad de que cualquier raza de conejos haya evolucionado a partir de este origen es muy remota.

● ***El conejo de Alaska es muy parecido al Habana. ¿Están emparentados?***

Es muy probable que los Habana hayan participado en el desarrollo de los Alaska. La prueba está en el hecho de que los animales de ambas razas presentan el mismo cuerpo robusto y redondeado y un cuello corto.

◀ *El lustroso pelaje negro de los conejos Alaska les hace inconfundibles. Esta raza de conejos participó en el desarrollo de los conejos rex.*

resultado de la evolución del cruce entre conejos silvestres negros e himalayos, que probablemente fueran cruzados con argentados. El linaje británico, que fue reconocido en un principio con el nombre de nubia, se extinguió durante la década de 1930. Estos conejos pesaban aproximadamente 2,3 kg, un peso ligeramente mayor que el de los del tronco francés. Hoy en día, los conejos de Alaska se han desarrollado hasta alcanzar un peso medio de 3,2 a 4 kg.

El color brillante y lustroso de su pelaje les hace inconfundibles, con un cuerpo bastante fornido. No se les ve el cuello y su cabeza es bastante ancha, pero achatada.

AMERICANO

Dentro de las diversas razas que se crearon en Esta-los Unidos, destacó en primer lugar la de los conejos imericanos que fue expuesta en el año 1917. Se creó n California y, en un principio, todos los ejemplares ran azules. No obstante, pronto empezó a aparecer en as camadas algún que otro individuo blanco y, hoy en lía, ambas variedades están reconocidas para los con-ursos de animales. La coloración azul deberá presen-ar un tono metalizado oscuro y ubrir todo el cuerpo de forma iniforme e intensa, siendo el pelo nterior bastante denso. La varie-lad en blanco tiene los ojos rosa-los, pero comparten las demás ca-acterísticas con los azules. Los nachos deberán pesar aproxima-lamente 4,5 kg y las hembras pe-an típicamente 0,45 kg más.

GIGANTE AJEDREZADO AMERICANO

El origen de esta raza se puede tra-ar en Alemania, país desde donde e exportó a Estados Unidos en tor-o al año 1910. No se conoce exac-amente cómo nacieron, probable-nente a través del cruce de gigantes e Flandes con lops (conejos de rejas caídas) ajedrezados, una ombinación en la que el ingre-iente flamenco sirvió para reducir l tamaño de las orejas de los lop.

Llamados a veces gigantes ame-canos, estos conejos son bastan- voluminosos y pueden llegar a pesar 5 kg o más, si bien los machos suelen ser más ligeros que las hembras. Asimismo, su aspecto hace pensar que también participaron de algún modo en la creación de esta raza las liebres belgas, que estaban bastante extendidas a principios del año 1900 en Estados Unidos. Su cuerpo es alargado y arqueado desde el suelo.

El gigante ajedrezado americano es una de las razas cuya reproducción supone todo un desafío, si lo que se pretende conseguir son las manchas correctas. Estas son similares a las de conejo inglés, pero con ausencia de una línea nítidamente definida. Están reconocidas para la raza dos variedades de color, en negro y en azul. Tienen el pelo corto y poblado, característica que realza las manchas de color en contraste con el pelaje predominantemente blanco. Uno de los rasgos más atractivos de estos conejos es el círculo oscuro que rodea cada uno de los ojos.

▼ *Las manchas oscuras alrededor de los ojos del gigante ajedrezado americano deben ser simétricas y no solaparse con otras manchas negras de la cara.*

Angora

Mientras que la mayoría de los conejos tienen pelo, en el caso de los conejos de Angora no se puede hablar de pelo sino de lana. La estructura del pelaje es muy diferente a la de otros conejos en virtud del suave pelo interior aislante que los cubre que, en lugar de quedarse corto como en otras razas, les crece bastante y se funde con el pelo protector exterior que les cae lacio por encima.

Los conejos de Angora constituyen una de las razas más antiguas y es probable que se hayan criado en Gran Bretaña desde principios del siglo XVII. Más adelante, pasaron de contrabando a Francia algunos ejemplares, en el año 1723, para terminar en Alemania, en 1776, donde se han desarrollado ligeras variantes de la raza. El nombre de

▲ *Ejemplar de conejo inglés ahumado que presenta distintos matices de color en su cuerpo como consecuencia de la diferente cantidad de pigmentación de su lana.*

▼ *El pelo que cubre el hocico indica el verdadero color de un conejo de Angora mucho mejor que el del resto del cuerpo. Cuando son pequeños, presentan un tono algo más oscuro.*

«Angora» fue dado a la raza por su semejanza con los animales de pelo largo originarios de Turquía que llevan este mismo nombre, sobre todo gatos y cabras.

La versión inglesa tradicional del conejo de Angora pesa aproximadamente 2,7 kg y, aunque produce menos lana al año que sus parientes, su calidad es superior. Los de Francia pesan aproximadamente 3,6 kg y las versiones alemanas, 4 kg más o menos. Los conejos de Angora de Francia se pueden distinguir por las calvas de las orejas. Por lo general, se les arranca el pelo, en lugar de raparlo, como ocurre con los conejos de Angora ingleses.

El peculiar pelaje de estos conejos requiere unos cuidados especiales. No se les debe alojar en conejeras corrientes, sino en jaulas con el suelo de alambre para que no se les quede enredada la paja del lecho en el pelo. Tampoco se les debe bañar cuando se ensucian, ya que al tener un pelo de tanta densidad, tardan demasiado en secarse y corren el peligro de una hipotermia. Por otra parte, es muy posible que se les enrede mientras se les seca.

La abundancia de pelo puede provocar otros problemas adicionales, sobre todo durante los meses del verano, en los que los conejos de Angora son especialmente vulnerables a los golpes de calor. Por consiguiente, independientemente de que se quiera o no usar su lana, es necesario raparlos aproximadamente cada tres meses, cuando el pelo les haya crecido más de 7,5 cm. Para ello, se emplearán unas tijeras de punta redonda, cortando con cuidado el exceso de pelo.

Un sólo ejemplar puede producir más de 0,9 kg de lana al año, si bien en el caso del conejo de Angora inglés, más pequeño, la cantidad no suele llegar a los 340 g.

El color tradicional asociado a todas las formas de conejos de Angora es el blanco con ojos rosados, aunque existen en torno a una docena de variedades diferentes, entre las que se incluyen colores sólidos como azul y negro, y las versiones chinchilla y ahumada, con las puntas del pelo oscuras. El hecho de tener las puntas oscuras altera su aspecto cuando se mueven o al peinarles.

La aceptación de los distintos colores varía, como siempre, de un país a otro. Se trata de una raza muy popular entre los círculos de aficionados, a pesar de los sacrificados cuidados que supone. Con frecuencia, es merecedor de los más altos honores en este tipo de acontecimientos.

P/R...

● ***¿A qué edad se le puede cortar el pelo a un conejo de Angora por primera vez?***

Las crías de los conejos de Angora nacen con menos profusión de pelo que los adultos, pero les crece enseguida, de manera que se los puede rapar por primera vez en torno a las siete semanas de vida.

● ***Tengo una pareja de conejos de Angora y parece que se aparean, pero sin éxito, ¿por qué?***

A menudo la explicación está en la barrera física que crea el propio pelo del conejo. Por eso la mayoría de los criadores prefieren raparlos antes de aparearlos. Conviene también cortarles el pelo que cubre sus genitales y las mamas con unas tijeras de punta redonda y también con mucho cuidado a las hembras que están preñadas, para garantizar así que no tendrá ninguna dificultad en el parto y que las crías puedan succionar la leche sin problemas.

● ***¿Es importante la longitud del pelo en los círculos de las exposiciones?***

Sí, es una característica importante. El pelo deberá tener una longitud mínima de 6 cm, preferiblemente más. No obstante, se los valora principalmente por la calidad de su lana, su densidad y su textura.

▼ *El aseo de un conejo de Angora se debe realizar con cariño, de otra forma es posible que se le haga daño al animal con los tirones.*

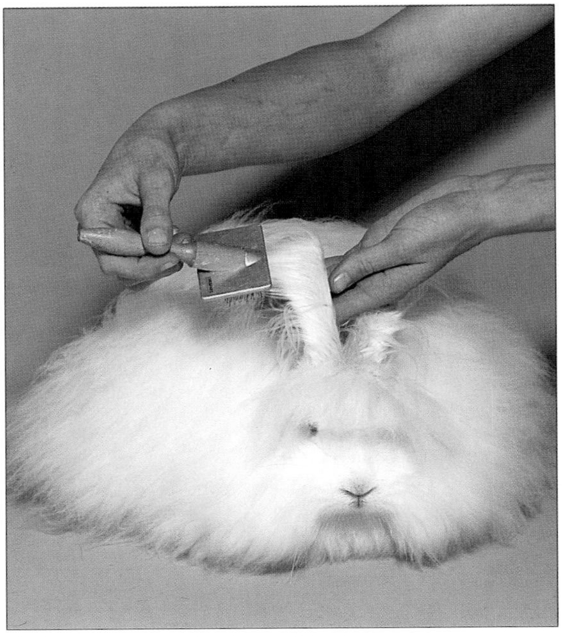

GRUPO DE LOS ARGENTADOS

El grupo de los argentados consiste en cuatro variedades diferentes cuyo origen se puede trazar en la región de Champaña, en Francia. El nombre de argentado significa «plateado» y da cuenta del tono característico de las puntas de su pelo. El conejo argentado de Champaña fue descrito por primera vez en 1631, aunque se desconoce cuáles fueron sus ancestros. El patrón exigido para esta raza fue establecido en 1912. Su característico aspecto viene dado por un cambio en la coloración de las puntas del pelo interior que se hace notar como la primera muda. El argentado de Champaña tiene un pelo interior de un color azul pizarra oscuro, que se transforma en blanco plateado en las puntas. El contraste que se produce en el pelaje viene dado por el color del pelo interior situado contra el pelo de protección negro y largo. En lo que a los concursos se refiere, el tono del pelaje debe ser uniforme. Cualquier mechón de pelo negro estropeará el efecto general. El conejo argentado de Champaña es el más grande de las cuatro variedades, con un peso de aproximadamente 3,6 kg.

Otras variedades son el argentado azul, con un tono azul lavanda, en lugar del pelo negro, y una textura de pelaje más suave. Asimismo, se pueden observar algu-

● ***¿A qué edad comienza a aparecer la coloración característica?***

Por lo general aparece a las seis semanas de vida aproximadamente, reemplazándose el pelo de la muda por el pelo pigmentado en las puntas tan característico de esta raza. Normalmente, estos conejos tardan en adquirir su pelaje de adulto, que es cuando tienen en torno a seis meses.

● ***¿Qué posibilidades de éxito tiene una liebre belga en una exposición?***

En lo que se refiere a la preparación, no habrá mucho problema, si bien habrá que entrenarla para que sepa adoptar la postura sentada que se pide en los concursos y con la que se realza su figura esbelta y alargada al dejar ver sus patas delanteras. No es tan difícil y tampoco ha de sorprendernos que se incluyan entre los principales ganadores de los concursos.

▼ *Aunque la esbelta y elegante figura de la liebre belga recuerda bastante a la de las liebres auténticas, no podemos hablar más que de un conejo. Se cree que entre sus ancestros se incluyen los conejos de la Patagonia, hoy en día extintos, y los gigantes de Flandes. Aquí se presenta una versión en negro y tostado.*

Los conejos de Beveren tienen un denso y suave pelaje que suele ner una longitud de más de 2,5 cm. Suelen pesar aproximadamente kg. En la fotografía se muestra un ejemplar azul.

as diferencias en cuanto a la complexión, teniendo el ar-entado azul una figura más compacta. El argentado iarrón es muy parecido al argentado azul en lo que al ta-iaño y el aspecto se refiere, con un peso de 2,7 kg apro-imadamente. Probablemente sea el más raro del gru-o, presentando su pelaje un matiz marrón plateado. En alidad, la reserva que conocemos hoy es una recrea-ión de la línea que se extinguió en la década de 1940.

En correspondencia más próxima a su forma ori-inal, la variedad del argentado crema es la versión iás pequeña de este tipo de conejos, con un peso que o supera los 2,3 kg. En este caso, el pelo interior na-anja tiene el extremo de las puntas de un tono blan-o cremoso, con el pelo de protección naranja, lo que ea un imponente efecto de amarillo plateado, sobre odo cuando el pelaje queda plano.

EIGE

os conejos que presentan este color tan original fue-on reproducidos por primera vez en Gran Bretaña urante la década de 1920 para desarrollarse después n los Países Bajos durante la siguiente década. Lo ue hace que esta peculiar raza sea tan atractiva es el echo de presentar una coloración azul pastel claro an delicada en las puntas en cierta cantidad de pelo, obre todo en la cabeza. La cepa original se extinguió n Gran Bretaña y no se volvió a introducir hasta la écada de 1980, con el nombre de Isabela. Se trata e conejos de tamaño medio (de 3,2 kg) y una com-plexión bastante cuadrada. Se desconoce su origen, pero su figura recuerda a la de los Habana.

LIEBRE BELGA

Fueron contemplados en Gran Bretaña por primera vez en 1874, y pronto creció su demanda en Estados Unidos, en el fenómeno que llegó a conocerse como el *boom* de las liebres belgas (*véase* páginas 16-17). La variedad tradicional asociada con esta raza es la forma agutí, descrita como «libre de color». No obstante, la variedad agutí ha sido sometida a una reproducción selectiva. El cruce con conejos de Beveren ha producido una bella coloración castaña combinada con una determinada banda de color oscuro en cada pelo.

En la versión en negro y tostada, el marcado oscuro se restringe a la parte que está en contacto con el cuerpo. También existe una forma albina de ojos rosados, habitual sobre todo en Gran Bretaña. El pelaje cae de forma lacia y brillante, remarcando la pose atlética de estos conejos. Su peso es de aproximadamente 4 kg.

BEVEREN

Esta raza tiene el nombre de una ciudad cercana a Amberes, Bélgica, en la que fue creada. Su color tradicional era el azul. Fueron exportados por primera vez a Gran Bretaña en torno al año 1915, y más adelante a Estados Unidos, donde se les llamó en un principio Sitkas. Otros colores son las variedades en azul, en blanco con los ojos rosados, en negro y en chocolate. Entre las nuevas adquisiciones se incluyen la versión en lila, creada en Gran Bretaña en la década de 1980, y las variedades de patas más oscuras, aunque muchas veces se consideran como una raza aparte.

Razas de conejos blancos

Las tres razas de conejos blancos que existen hoy en día son de origen europeo, siendo la más antigua la de los blancos de Holot, que se crió por primera vez en 1902. Sus ancestros tienen algo que ver con el emparejamiento de conejos con manchas, incluyendo el holandés. El conejo blanco de Holot se puede distinguir por los anillos negros alrededor de los ojos, así como por sus pestañas negras. Suelen pesar 4 kg más o menos, y tienen una complexión bastante cuadrada, aunque también existe la versión enana.

El conejo blanco de Bouscat fue criado a comienzos de la década de 1900 en la zona de Gironda, en Francia, a partir del cruce entre Angoras y gigantes de Flandes blancos de ojos rosados, con la participación además del argentado de Champaña. Se trata de ejemplares más voluminosos que los blancos de Holot, siendo las hembras (hasta 7 kg) un poco más pesadas que los machos. El conejo blanco de Bouscat presenta un color blanco puro y, en las zonas donde el pelo está más poblado, presenta un aspecto escarchado, como consecuencia del pelo de protección más grueso que se distribuye por todo su pelaje, de aproximadamente 3 cm de longitud. Su cabeza presenta una forma característica, ancha a la vez que redondeada.

Bélgica es el hogar de los blancos de Termonde, que se derivan de reservas de conejos de Beveren y gigantes de Flandes. Estos conejos se corresponden en tamaño al blanco de Holot, pero su cuerpo es alargado, sus ojos, de color rubí, y su pelaje, sedoso y corto.

Gigante inglés

Desarrollado durante la década de 1940, el gigante ir glés desciende de la misma reserva que el gigante d Flandes. Los criadores pretendían aumentar el tamañ del conejo de Flandes y crear una nueva variedad, y que en Gran Bretaña tan sólo se reconocía la varieda de tono gris acero de esta raza en las exhibiciones d animales. La consecuencia inmediata fue la importa ción de gigantes de Flandes de Estados Unidos, dor de se había creado una gran variedad de colores. Cor tinuó después el interés por la nueva raza durante cerc de una década. Sin embargo, luego declinó y no fu hasta el año 1981, cuando se realizaron nuevas tenta tivas para promocionar al gigante inglés. La raza es ho en día ligeramente más pequeña que la de sus parien tes flamencos; los machos presentan un peso mínim de 5,6 kg y las hembras, al menos 6,1 kg.

Son animales amistosos, cada vez más populare como mascotas, si bien hay que prever un espaci más o menos grande para ellos si se los va alojar den tro de casa (*véase* página 19). Dadas las circunstan cias, se han creado diversas variedades, entre las qu se incluyen colores como el negro y el azul, además d los azules y los blancos con ojos rosados. Otras va riedades son las del gris conejo, de pelaje marrón cla ro con las puntas negras, y la de gris acero, en la qu

▼ *La papada, el pliegue de piel bajo la barbilla, está claramente visible en este ejemplar macho de blanco de Bouscat. Las orejas miden hasta 18 cm y forman una V cuando están erectas.*

a coloración marrón está reemplazada por el gris. Por l momento, el gigante inglés no ha despertado un nterés tan fuerte como el gigante de Flandes.

/IARRÓN DE LA LORENA

ᵎsta es una de las razas pequeñas menos extendidas, de rigen francés. Su peso oscila entre 1,5 y 2,5 kg . Presenta na coloración muy similar a la del conejo Deilenaar, al er marrón castaño con las puntas negras y el pelo inteior amarillento. No obstante, tiene una figura más redondeada y elegante, con el pelaje más corto y poblado.

AMARILLO DE BORGOÑA

)tra raza francesa antigua es la de los conejos amariros de Borgoña, que empezaron a conocerse en Euopa a principios del siglo XX, aunque todavía hoy no e puede decir que estén muy extendidos. Es una raza elativamente grande, con un peso de hasta 5 kg. Su olor natural presenta un tono amarillento, que se reaja bastante en el pelo interior. Su pelaje es relativaente largo y suave gracias a la abundancia de pelo nterior. Sus ojos están rodeados de pelo de un tono rácticamente blanco.

La forma gris parda del gigante inglés se puede distinguir erfectamente por el tono pardusco de su piel, siendo este color articularmente evidente en la proximidad del cuello.

Pareja de gigantes ingleses negros, de 14 y 5 semanas de vida. Tras el destete estos animales se desarrollan rápidamente, como curre con otras razas grandes.

P/R...

• ¿Viven menos tiempo las razas grandes de conejos, como el gigante inglés, que las razas pequeñas, como ocurre con los perros de pedigrí?

En el caso de los conejos no parece que haya una diferencia significativa. Lo que sí es cierto es que algunas líneas de reproducción viven más que otras.

• He visto dos ejemplares de conejos amarillos de Borgoña que me han parecido más bien rojos. ¿Varía tanto el color en esta raza?

El color amarillento que distingue a esta raza es muy característico. Lo que ocurre es que los criadores han realizado cruces con conejos rojos de otras razas, que han afectado al tono del pelaje de los conejos amarillos de Borgoña, el cual ha quedado más rojizo.

▲ *Hembra de conejo californiano con su camada. Al igual que otras razas de conejos apuntados, como los himalayos, las crías presentan un pelaje más claro que se va oscureciendo con la edad.*

CALIFORNIANOS

La raza de los conejos californianos nació en la década de 1920 a manos de un criador estadounidense. A pesar de que fue creada con fines comerciales para granjas, hoy en día participa habitualmente en las exposiciones de animales. Fue desarrollada a través del cruce entre blancos neozelandeses e himalayos, con la contribución de conejos chinchilla. La nueva raza derivada de ello no fue reconocida por la Asociación de Cunicultura Americana hasta el año 1939 y no se la conoció en Europa hasta la década de 1960.

Se trata de una raza apuntada, es decir que las puntas o extremidades (las patas, la cola, las orejas y la nariz) son oscuras, en nítido contraste con el color blanco del resto de su cuerpo. Tienen los ojos rosados. En la actualidad existen cuatro variedades diferentes de conejos californianos, dependiendo del color de sus extremidades. La forma más extendida es la que viste un color negro en dichas partes; en cambio, las variedades en chocolate, azul y lila no han recibido una completa aceptación universal entre los jurados de las exposiciones y concursos. Están más extendidos en Gran Bretaña, donde se los comenzó a criar.

En Estados Unidos, se prefiere una ligera variante en cuanto al tipo, con una figura corporal más alargada. El peso es más o menos variable y suele estar comprendido entre 4 y 4,5 kg. El conejo californiano es un animal fornido, con unos robustos cuartos traseros, pero no por ello deja de ser una criatura apacible, lo que le ha hecho merecedor de una gran aceptación en los círculos de entendidos.

CHINCHILLA

Esta raza recibe su nombre por la coloración de su piel, similar a la del roedor conocido con el mismo nombre. Su origen es un misterio ya que el criador francés al que se debe su nacimiento afirmaba que era el resultado del cruce entre himalayos y azules de Beveren, algo que parece poco probable si se atiende a las reglas de la genética. Para ser más exactos, el estudio genético de los primeros apareamientos entre chinchillas reveló la participación de otras razas como, por ejemplo, conejos cibelina y ardilla. Esta raza se hizo enormemente popular entre los criadores comerciales ya que se podía aprovechar la piel de estos animales para su venta desde los cinco meses, mucho antes que en cualquier otra raza.

El rasgo principal del conejo chinchilla es la ausencia de una pigmentación roja o amarilla en el pelo. El pelaje es denso, con un pelo interior de color azul que cubre todo su cuerpo. En contraste, el pelo de protección, más largo, es blanco con las puntas claramente negras, ayudando ello a crear su aspecto característico. La zona ventral es completamente blanca. Los conejos chinchilla constituyen una raza de tamaño bastante pequeño, con un peso medio comprendido entre 2 y 3 kg típicamente.

Se han creado además otros colores, aunque son raros. En determinado momento, llegó a ser muy corriente en Francia la crianza de la versión en marrón a gran escala. En Gran Bretaña, en cambio, era más corriente otra forma con las puntas azules. Paralelamente, en América se creó otra variedad de la raza, el conejo chinchilla americano, aunque sigue siendo desconocido en Europa.

Durante la década de 1920 se creó el gigante chinchilla, siendo el peso máximo permitido para estos ejemplares de 5 kg. La pigmentación de su pelaje es muy parecida a la de los chinchilla, si bien es algo más oscura de forma general. Los cruces que se han llevado a cabo después de éstos (conocidos como gigantes chinchilla en Estados Unidos) con gigantes de Flandes han llevado a la creación de otra raza en este país, conocida como gigante chinchilla americano, que pesa cerca de 7 kg, una medida que lo coloca a la cabeza de su grupo.

Tal fue el impacto de los conejos chinchilla que incluso desplazó a los tipos que se producían en los inicios del programa de reproducción de chinchillas, como apoyo para producir otras razas, en especial la de los elegantes Chifox, con un pelaje de 6,5 cm de largura. Los Chifox eran una combinación entre chinchillas y Angora, con la forma del cuerpo semejante a la de un zorro. Aunque hoy en día parecen extinguidos a todas luces, es posible que vuelvan a crearse en el futuro, ya que de vez en cuando es posible que nazca algún gazapo chinchilla con el pelaje largo, indicando su sangre de conejos de Angora.

P/R...

- ***He oído hablar del término Apoldro en relación con los conejos chinchilla. ¿Qué significa?***

Es el nombre que se le da a una recreación moderna del chinchilla marrón, desarrollado originalmente en los Países Bajos y que se volvió a reproducir más tarde, en 1981, en Gran Bretaña, utilizando chinchilla y habana.

- ***¿Son buenas mascotas los conejos chinchilla?***

Sí y quizá se los minusvalore en este sentido. Su tamaño relativamente pequeño, combinado con su complexión compacta y su carácter apacible los convierte en unas criaturas muy populares. Tienen muchos adeptos entre los aficionados, por lo que no será muy difícil conseguir un ejemplar.

- ***¿Existe alguna otra forma local de chinchilla?***

Existe una versión más grande de chinchilla en Alemania, que recibe el nombre de chinchilla German Grosse. De todas formas, sigue siendo un animal más ligero que el gigante americano, ya que tiene un peso aproximado de 5,4 kg. En Suiza no existe división entre las razas normal y gigante, sino que hay una raza de tamaño intermedio.

▼ ▶ *Los conejos chinchilla constituían una raza apreciada por su pelaje, denso y suave y con diferentes bandas de color en cada pelo. La calidad del pelaje se puede apreciar comprobando las bandas de color (recuadro).*

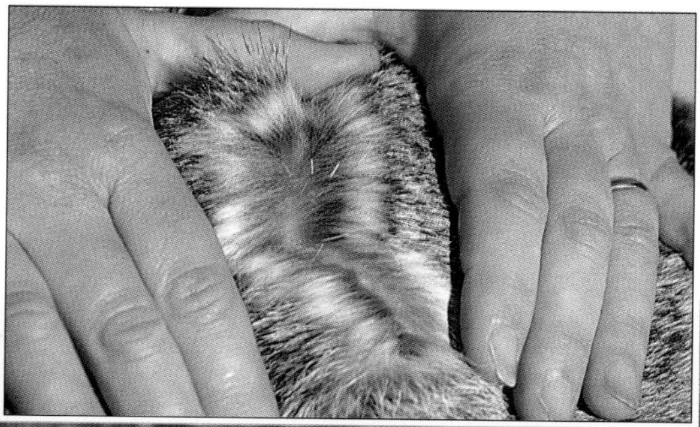

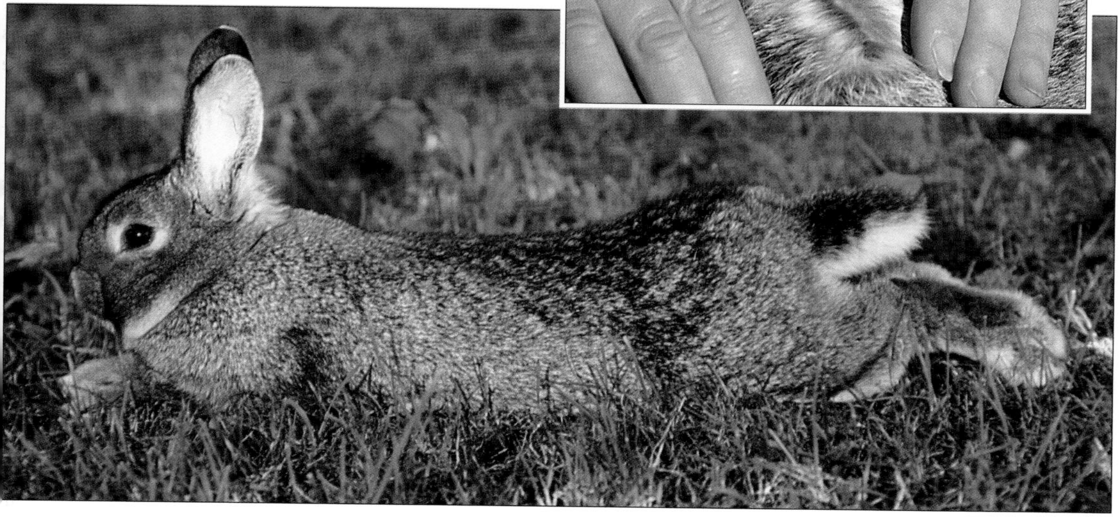

DEILENAAR

La atractiva raza de conejos Deilenaar proviene de Holanda. Para su creación se utilizaron conejos chinchilla, neozelandeses rojos y liebres belgas. Los conejos de Deilen fueron reconocidos en su país de origen en 1940, pero su progreso fue bastante lento como consecuencia de la Segunda Guerra Mundial. Por fin, obtuvieron reconocimiento en Gran Bretaña en la década de 1980; no obstante, continúan siendo bastante desconocidos en otras partes del mundo. Estos animales están cubiertos de un bello pelaje pardo rojizo con pigmentación negra variable en las puntas. Pueden pesar hasta 3,5 kg. Tienen un aspecto robusto y sus orejas no deben exceder los 13 cm de longitud.

HOLANDÉS

A pesar de lo que pueda indicar su nombre, el conejo holandés es originario de Bélgica, ya que es descendiente de una vieja raza denominada Brabacon. El patrón exigido para este tipo de conejos es muy preciso y consiste en una mancha blanca simétrica que cubre

P/R...

- ***¿Puedo cruzar a un conejo holandés azul con otro negro?***

Esta combinación puede ser estupenda a corto plazo, pero hay que evitar repetirla durante varias generaciones ya que, al final, la tendencia es que se produzcan ejemplares azules con pelajes excesivamente oscuros.

- ***Tengo un conejo holandés negro y su pelaje ha adquirido un tono herrumbroso. ¿Por qué? ¿Recuperará el color habitual?***

Da la sensación de que se le ha aclarado la piel por exposición a los rayos del sol. Siendo así, es poco probable que recupere el tono negro hasta que no mude el pelo. Ésta es la razón por la que los conejos de exposición deben estar alejados del sol en todo momento. No obstante, a veces este efecto de aclarado puede producirse de forma natural antes de la muda.

▼ *El color del pelaje es muy importante en los conejos Deilenaar de exposición. Cualquier matiz amarillento o gris supondrá un defecto, al igual que un tono más pálido en las patas traseras.*

▲ ▶ *Los conejos holandeses han llegado a ser enormemente populares, no sólo por su tamaño idóneo y por su aspecto, sino también por su carácter apacible y simpático. En la fotografía se muestra un ejemplar holandés negro (arriba) y un ejemplar holandés amarillo (recuadro).*

toda su cara entre los ojos hasta la parte de la garganta y acaba en ángulo hacia la zona de las orejas. En el cuello no deberá estar pigmentado, al igual que el resto de la parte delantera, incluyendo las patas, que deberán ser blancas. La parte trasera tiene el mismo color que la parte coloreada de la cabeza y las orejas.

Hoy en día los conejos holandeses tienen una complexión redondeada y pesan entre 2 y 2,3 kg. Actualmente, su pelaje es corto y poblado con bastante brillo, pero en el pasado era más bien largo y de una textura sedosa. Las manchas con las que nazcan estos conejos estarán presentes toda la vida, de manera que es probable que un ejemplar que posea las correctas cuente con una larga vida de éxitos en los concursos.

Se ha llegado a desarrollar toda una gama de colores, un hecho que se suma a los alicientes para elegir esta raza. De todas formas, la versión tradicional en blanco y negro sigue siendo la favorita. Es preciso que las partes negras no estén contaminadas con ningún matiz pardo ni mechón blanco, ya que es esencial la uniformidad. Este tipo de defectos es muy corriente en la variedad de conejos holandeses azules, pues sus extremidades suelen ser más pálidas que el resto del cuerpo. Por lo general, es preferible un tono azul intermedio. El holandés chocolate también adolece con frecuencia del mismo defecto; deben presentar un color marrón oscuro e intenso distribuido de forma igualada por todo el cuerpo.

Están reconocidas tres variedades de conejos holandeses grises, siendo el más común el gris acero, de un gris oscuro con las puntas en un tono metálico bien definido. La forma del gris pardo es similar pero presenta un pelo interior marrón. Todos estos tipos pueden variar bastante en cuanto a la intensidad de la coloración. Un defecto frecuente que suele estropear el efecto de uniformidad es un tono más rebajado en las mejillas. También hay la versión en gris claro.

La versión en amarillo es la más clara de las ocho variedades que existen para esta raza. Se puede confundir con la variedad carey al tener a veces ciertos matices de un tono más oscuro. Los ejemplares con un pelaje carey presentan un fondo de color amarillo y sombras negras por las orejas y las mejillas, así como en las caderas. Dichas zonas no deberán estar manchadas.

El holandés tricolor guarda cierto parecido con el carey, pero se considera una raza aparte. Fue creado por el apareamiento de conejos arlequín y holandeses, sin perder de vista que el primero es descendiente del holandés carey. Se trata de una variedad muy rara, porque es difícil de conseguir

INGLÉS

La raza de los conejos ingleses es una de las primeras que se consideró como *fancy* originalmente. Los primeros datos escritos que se tienen datan del año 1849, momento en el que gozaba de gran popularidad, antes de pasar a la oscuridad un siglo después. El diseño que presenta el pelaje de estos animales es muy característico. Es predominantemente blanco, en contraste con ciertas partes oscuras tradicionalmente negras. Las orejas deberán tener un negro azabache, sin ningún mechón blanco, y los ojos estarán rodeados por un círculo también negro. La mancha negra que cubre la parte del hocico y la boca recibe el nombre de mariposa por su forma especial. Por último, las manchas de la cabeza se completan con un lunar negro en cada mejilla.

En el cuerpo una línea negra lo recorre entero desde detrás de las orejas hasta la cola, llamada rabadilla, y tiene además una serie de lunares negros que salpican los dos lomos. Estos puntos, que forman lo que se denomina marcas de cadena, se extienden desde la base de las orejas y van aumentando de tamaño a medida que se aproximan a los lados. Asimismo, deberá haber una mancha en cada pata y también en los seis pezones, en el vientre.

Uno de los mayores desafíos que supone esta raza es que no hay seguridad de que se reproduzca. El apareamiento de dos conejos ingleses da como resultado camadas en las que tan sólo la mitad de las crías nacen con marcas similares. El resto será negro o lo que se ha venido a llamar «charlies», que presentan tan sólo parte de las manchas características de la raza (normalmente tan sólo una pequeña zona oscura en la cara y las orejas).

Son animales muy atractivos, cubiertos de un pelo corto y denso que realza el diseño de sus manchas, al mismo tiempo que su cuerpo bien proporcionado contribuye también con su belleza. Los conejos ingleses pesan aproximadamente 3,2 kg).

GIGANTE DE FLANDES

Es el conejo más grande que existe en el mundo hoy en día, si bien es más pequeño que el Angevin, ya extinguido, del que proviene. Los machos deberán pesar al menos 5 kg y el peso mínimo de las hembras es

P/R...

- ***¿Debería ofrecer como mascotas a los charlies nacidos de ingleses?***

No, ya que pueden participar perfectamente en el programa de crianza. El emparejamiento entre un charlie y un ejemplar inglés con las manchas correctas aumenta la posibilidad de que nazca un espécimen perfecto, más que si se unen dos conejos ingleses. El nombre de «charlie» se deriva probablemente de la mancha que recuerda al bigote de Charlie Chaplin. En cambio, si aparea a las crías de un color puro, no se producirán ejemplares con las manchas correctas.

- ***¿Cuáles son las faltas más habituales en el caso de los conejos ingleses en lo que se refiere a las manchas?***

Es bastante corriente la presencia de mechones blancos en la rabadilla que recorre su espalda, aunque la parte más difícil de reproducir para ajustarse al patrón exigido son las manchas en cadena.

▲ *El negro es el color tradicional de los conejos ingleses. El pelo corto que cubre a este tipo de conejos ayuda a realzar sus manchas negras.*

◀ *Conejo inglés carey. Esta variedad de la raza fue creada más tarde y fue seguida de las versiones en azul, gris y chocolate.*

▼ *Los gigantes de Flandes tienen una complexión fornida. Al comparar a los machos y las hembras en edad madura, se puede apreciar una diferencia en el tamaño de la cabeza entre ambos. Las orejas forman una V perfecta cuando están levantadas.*

5,4 kg. Los gigantes de Flandes de exposición actuales pueden pesar 6,3 kg y se han llegado a registrar incluso ejemplares de hasta 9,5 kg; pero es realmente el tamaño de estos conejos, más que su peso, lo que impresiona a los jurados. El peso debe corresponderse con la complexión corporal del animal, más que ser un signo de obesidad. En los concursos, se penaliza cualquier tendencia hacia la obesidad.

Conocidos en su lugar de origen, Bélgica, como Vlaamse Reus, estos conejos empezaron a tener importancia en la década de 1850, en la región próxima a la ciudad de Gante, en la que predomina el idioma flamenco. Los primeros ejemplares de esta raza eran de color arena, siendo también comunes los ejemplares en gris acero. Hoy en día, existe una gama mucho más amplia de colores, aunque no todos están reconocidos en el ámbito internacional. Los gigantes de Flandes blancos, con los ojos rosados, se han puesto de moda en lo últimos años, pero suelen ser algo más pequeños que los de los colores tradicionales. Otras variedades son los azules y los negros. La versión en gris deberá ser de un color relativamente oscuro.

Zorro

Los conejos zorro tienen sangre de la raza de los chinchillas. Así pues, el conocido zorro plateado proviene de un cruce entre chinchillas y negros y tostados. Los criadores pretendían mejorar el diseño de la pigmentación de las puntas, de manera que se puede decir que el marcado de estos conejos se corresponde actualmente en gran medida con el de su ancestro tostado. El gen chinchilla provoca la pérdida de la pigmentación tostada, dando lugar a un pelo de protección más largo con las puntas plateadas en contraste con el negro. La raza fue llamada en un principio zorro negro, pero con la llegada de otras versiones, por ejemplo en azul, y después lila y chocolate, el nombre dejó de ser el apropiado.

La calidad del pelaje es muy importante. Deberá ser suave, sedoso y poblado, de una longitud media de 2,5 cm. La característica pigmentación en las puntas deberá estar presente en el pecho y los lomos extendiéndose también sobre las patas. Asimismo, estará presente en el dorso, con un matiz algo más oscuro por lo general. Los ojos están rodeados por círculos de pelo más claro, al igual que en el interior de las orejas. Tanto el vientre como la pare inferior de la cola son blancos. Estos conejos pesan por término medio de 2,5 a 3,2 kg.

El zorro plateado americano no comparte los mismos ancestros que los linajes europeos; en realidad, se trata de una raza distinta, creada a partir del cruce de plateados con gigantes ajedrezados americanos de color puro. Fueron reconocidos por primera vez en el año 1925 y tienen el aspecto de una versión en grande del plateado, con un peso comprendido entre 4 y 5,4 kg. Se han desarrollado las variedades del zorro plateado americano tanto en negro como en azul, con la presencia de pigmentación en las puntas por todo el cuerpo. El zorro suizo (*véase* página 87) también tiene un origen diferente.

Gigante mariposa

La raza francesa es similar a la inglesa, pero su tamaño es considerablemente más grande, con un peso de aproximadamente 5,4 a 6 kg. En lugar de la cadena de manchas en los lomos, presentan

P/R...

• *¿Cómo son las manchas guisante y de triángulo del zorro plateado?*

La mancha de guisante describe la forma de la mancha blancuzca que está justo enfrente de la base de cada oreja. Asimismo, hay un pequeño triángulo de color similar en la base del cuello. Los círculos que rodean los ojos, que deben presentar un contorno uniforme, también son importantes en los concursos. Todos estos rasgos suben la puntuación en estos acontecimientos.

• *¿Es fácil reproducir a los conejos mariposa, en contraposición a los ingleses?*

No. También en este el emparejamiento puede dar lugar a las mismas tres posibles variantes que se dan con los conejos ingleses (*véase página 68*). Los especímenes con las manchas defectuosas se llaman charlies (*véase página 68*).

• *¿Por qué les preocupa a los criadores que los conejos mariposa tengan una figura relativamente alargada?*

Es una característica que contribuye a enfatizar su peculiar marcado, tanto en la parte del dorso como en los lomos. Las manchas de los lados deberán estar bien separadas para que se pueda considerar al animal como un ejemplar de exposición.

• *¿Cómo se llegó a asociar el nombre de zorro con estos conejos?*

La razón es que el aspecto de su piel era muy parecido al del zorro gris norteamericano.

▼ *En Gran Bretaña, donde fue creado en la década de 1920, el zorro negro recibe hoy el nombre de zorro plateado; en cambio, en Norteamérica es llamado marta plateado.*

unas manchas más extensas. Por otra parte, los demás rasgos, como son las manchas negras de los ojos y la mariposa que marca su hocico (a la que se debe su nombre), son idénticos a los del conejo inglés.

El gigante mariposa fue criado en un distrito de Lorena, cuando pertenecía a Alemania, a finales de la década de 1800. Surgió de una combinación de gigante de Flandes y una línea de lop franceses, cruzados con conejos con manchas. Así pues, también recibe el nombre de gigante lorenés.

A pesar de que el desarrollo de la raza tuvo lugar en Francia, la reserva se extendió sobre todo por Alemania, donde se los empezó a conocer como Geutsche Riesenschecke. Fueron exportados a Estados Unidos a principios de la década de 1900, estableciéndose así los cimientos para la creación del gigante ajedrezado americano.

Una reciente adquisición al grupo de los conejos mariposas es la versión holandesa, conocida como Klein Lotharinger. Estos conejos, que pesan normalmente 3,2 kg, fueron el fruto de la unión de gigantes mariposas con enanos holandeses. Existe toda una gama de variedades de color, incluyendo la forma tricolor. La raza goza de una popularidad cada vez mayor, en particular en su país de origen desde que fue reconocido en el año 1975.

Glavcot

La raza glavcot existía en las formas plateada y dorada, y llegó a su punto álgido durante la década de 1920, en Gran Bretaña, país donde fue creada. Sin embargo, ninguna de las dos variedades llegó a alcanzar gran popularidad y tan sólo la de los dorados se normalizó en 1934. Enseguida, ambas quedaron extinguidas, aunque en la década de 1970, se volvió a recrear la dorada a partir de una mezcla de conejos de Beveren, siberianos y Habana. Volvieron a ser expuestos en 1976. Es una raza relativamente pequeña y exquisita que pesa aproximadamente 2,5 kg.

▼ *Aunque la versión en negro es la forma más común del gigante mariposa, se han creado también otros colores, entre los que se incluyen el azul, el marrón y el ámbar, así como combinaciones como gris acero y gris conejo.*

▼ *Los conejos de Glavcot constituyen una de las razas de conejos que se dan únicamente en un color, descrito como dorado. Estos ejemplares no son especialmente comunes.*

ARLEQUÍN

El conejo arlequín es descendiente del Brabacon y, asimismo, tiene un ancestro común con el holandés tricolor. Participó en una exposición por primera vez en Francia, en el año 1887, con el nombre de japonés.

Todas las manchas de su pelaje deben contraponerse; por ejemplo, si una oreja es negra, la otra deberá ser naranja de manera que las manchas que cubran la cabeza estén invertidas con respecto a las de las orejas. Este mismo patrón se prolonga hasta las patas. Su piel es sedosa, fina y poblada. Aparte del negro, existen las variedades en azul, marrón o lila, que se pueden combinar con el naranja. Los conejos en los que el color anaranjado está sustituido por blanco se llaman conejos urraca.

HABANA

Los conejos Habana nacieron en los Países Bajos en el año 1898. Más adelante, se desarrolló un nuevo linaje en Francia a partir del apareamiento de himalayos y conejos salvajes. En Gran Bretaña se los conocía como Ojos Fieros, debido al reflejo color rubí que resalta nítidamente con el rico pelaje color chocolate oscuro de esta variedad.

En el año 1916, se introdujo desde los Países Bajos a Estados Unidos otra variedad más de los Habana, cuyo pelaje carecía de ese reflejo púrpura. También se puede hablar de otra versión más grande que llegó a existir pero que hoy ha desaparecido, con un peso medio de aproximadamente 2,7 kg.

Los conejos Habana han participado en el desarrollo de otras muchas razas, entre las que se incluyen el conejo de Marburg, en Alemania, a partir del cruce con azules de Viena, y la raza de origen inglés que se ha venido a llamar lila. En los Países Bajos, la raza equivalente se llama Gouwenaar, en cuyas camadas aparecen de forma sorprendente ejemplares de este color al lado de otros ejemplares. Se parecen bastante a los Habana en lo que se refiere a la complexión, rechoncha y robusta, con la cabeza ancha y los cuartos traseros redondeados. Tanto el conejo lila, conocido primitivamente con el nombre de lavanda de Essex, como el conejo de Marburg, presentan un suave color azul pastel, si bien el segundo se desarrolló en un tono bastante

▼ *En lo que se refiere a su complexión, los conejos Habana son rechonchos y tienen los cuartos traseros redondeados. Su piel debe ser densa y brillante.*

▼ *El conejo arlequín presenta un tipo de pelaje muy peculiar. Los colores deberán estar claramente definidos, ya que en los concursos se considera como un fallo que los colores se fundan unos con otros. Los arlequines pesan entre 2,7 y 3,6 kg.*

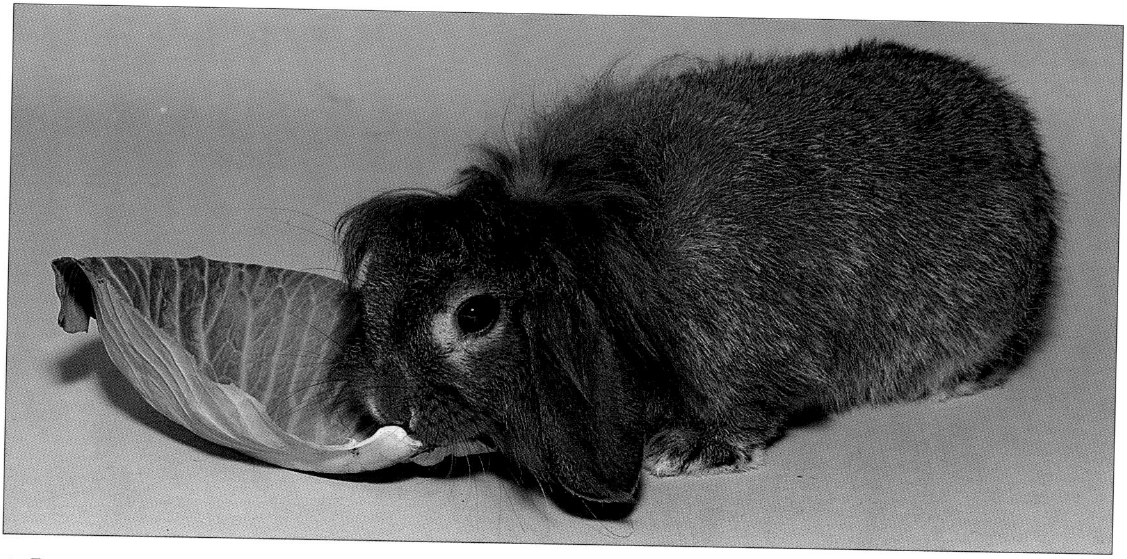

▲ *Ejemplar de conejo cabeza de león de orejas gachas y pelaje agutí. El nombre se debe a los largos mechones que cubren su cabeza, que asemejan la melena de un león.*

P/R...

• ¿Por qué se le llama también tiznado egipcio al conejo himalayo?

Es porque la crianza de estos conejos estaba muy extendida en Egipto, refiriéndose el apodo de tiznado a la parte oscura del pelaje que cubre su cabeza.

• ¿Tienen melena las hembras cabeza de león?

Muchas hembras presentan trazas de una melena, pero ambién las hay que la van perdiendo a medida que son naduras. Por lo general, es preferible elegir hembras con nelena, si lo que se espera es que transmitan este rasgo a su rogenie. El resto del pelaje deberá ser relativamente corto, n ausencia de pelo largo en las orejas.

• La camada de himalayos que me ha nacido tiene las xtremidades más blancas que la madre, ¿es normal?

í, es lo normal. Se trata de un marcado poco habitual ensible a la temperatura. Esto quiere decir que las crías acen con un blanco puro. Las manchas más oscuras, que uelen estar presentes en la cara, las patas y la cola, tardan arias semanas en aparecer completamente.

¿Existe la forma gigante del himalayo?

n la Europa continental existe una línea que pesa proximadamente 4 kg, que tiene un carácter muy apacible y ue puede convertirse en una mascota perfecta.

más oscuro desde que fue reconocido en Alemania durante la década de 1920.

Himalayo

El origen de esta raza se debe trazar en oriente, probablemente en China, donde fue creado antes de ser introducido en Gran Bretaña durante la década de 1800. Por otra parte, existen datos escritos sobre conejos salvajes con un marcaje similar en Rusia, por lo que en algunos países son llamados también rusos. A pesar de que son más corrientes los conejos himalayos con marcas negras, también los hay en azul, lila y chocolate. Los himalayos son criaturas muy tranquilas.

Cabeza de león y lanudo de Jersey

Creado en Bélgica durante la década de 1990, el conejo cabeza de león es una de las razas más recientes, que, no obstante, ha obtenido enseguida una gran aceptación en muchos países de todo el mundo. Con un peso de aproximadamente 1,6 kg, estos conejos fueron creados a partir de conejos zorro suizo enanos y enanos holandeses con el objetivo de crear una raza enana de pelo largo.

En Norteamérica, se había creado ya el conejo lanudo de Jersey, en Nueva Jersey, que fue reconocido como raza en el año 1988 y participó en el desarrollo del conejo de cabeza de león en este país. Su pelaje tiene una textura más lanosa que el cabeza de león y requiere mayores cuidados. Ambas razas tienen un tamaño similar y se crían en toda una gama de colores.

Lop

La familia de los lop (orejas caídas) se caracteriza porque tienen las orejas gachas que caen a los dos lados de la cabeza. Este tipo de conejos apareció por primera vez a principios de la década de 1800. Tenían las orejas enormes y eran los ancestros de lo que se conoce hoy en día como lop inglés. Pesaban más de 9 kg y la longitud de sus orejas era de más de 63,5 cm, con una anchura de 11,5 cm. Los lop ingleses actuales son más pequeños en general y es corriente verlos en las exposiciones.

En Francia, su cruce con gigantes de Flandes a mediados de la década de 1800 dio lugar a un lop de orejas más cortas. Los lop franceses pesan típicamente unos 5,4 kg. Sus orejas presentan una forma de herradura y la corona de la cabeza es arqueada. La coloración agutí es la más extendida en esta raza, aunque existen otros colores. Más adelante, los criadores ale-

▼ *El lop francés tiene una figura robusta que ha llegado a ser descrita como cúbica. Dentro de esta raza son corrientes los tonos grises, como por ejemplo el del lop gris azulado.*

P/R...

• *¿Cómo hay que medir las orejas de un lop?*

Primero, hay que levantar suavemente la punta de una de las orejas contra el comienzo de la escala de la regla y seguir hasta la cabeza del conejo. Después, se mide la distancia desde la punta de una oreja hasta la otra pasando por la cabeza. La anchura se mide en la parte más ancha.

• *¿Existe algún tipo de precaución que deba tener con un lop inglés?*

Hay que asegurarse de que tiene bien cortadas las uñas de las patas delanteras pues, si no, se podrían hacer heridas en las orejas; y, como siempre, un entorno limpio es fundamental.

• *He visto unos mini lop de seis semanas hace poco que tenían las orejas erectas. ¿Es lo normal?*

Depende. En un principio no se les empiezan a caer las orejas hasta las cuatro semanas de vida, pero puede llegar a tardar hasta tres meses. De todas formas, cuanto antes se le caigan mejor, ya que puede suceder que no se les lleguen a agachar.

manes emparejaron a estos lop con conejos que tenían manchas, con el resultado final de lo que conocemos hoy como lop alemán, bastante más pequeño que el francés, con un peso de aproximadamente 3,2 kg, pero con una complexión corporal robusta similar, el cuello corto y la cabeza ancha.

La raza de conejos lop de Meissen tiene también un origen alemán y nació en la ciudad de Meissen a partir del cruce entre lop alemanes y plateados, con la participación de argentados de Champaña, ya avanzado el siglo. Las crías nacen con un pelaje liso y su pigmentación plateada característica tan sólo se manifiesta a partir de las cinco semanas de vida en adelante. Su color tradicional es el negro, aunque también se han reconocido otras variedades, incluyendo el azul y el marrón. Las orejas deberán caer gachas sin presentar ninguna arruga. Los conejos de Meissen se caracterizan por tener una especie de cresta en el punto en el que se unen las orejas al cráneo y sus orejas acaban en una punta redondeada. El peso para esta raza varía bastante, aunque normalmente oscila entre 4 y 5 kg. Son considerados los más raros del grupo.

El atractivo aspecto de los lop, con sus orejas carnosas, ha supuesto el reciente afán por parte de los criadores de crear otras razas de un tamaño más pequeño, tanto para exposiciones como para su venta como mascotas. Así, a principios de la década de 1950, se intentó crear un lop enano u holandés en los Países Bajos, inicialmente, a través del cruce de un lop francés con un enano holandés. Sin embargo, no se llegó a conseguir, pues la progenie resultante tenía las orejas erectas. Para corregir el detalle, se utilizaron lop ingleses pero, todavía, un alto porcentaje de las crías presentaba el defecto de tener una oreja gacha y la otra levantada. Se tardó más de 12 años en estabilizar la característica. En el año 1968, se llevó a Gran Bretaña y, un año después, a Estados Unidos. Hoy en día, este tipo de conejos existe en una gran variedad de colores y es muy popular.

A principios de la década de 1980, surgió en Gran Bretaña una variante del lop enano con el pelaje largo, probablemente por la influencia genética del de Angora. Estos conejos han evolucionado en lo que conocemos hoy en día como el lop de Cachemira. Más adelante, se creó también la versión conocida como lop de Cachemira gigante, aunque aún está pendiente su reconocimiento para exposiciones.

▲ *El lop enano se clasifica hoy en día entre las razas más populares para cualquier aficionado a las mascotas, tanto por su simpático aspecto como por su tamaño y su carácter amistoso. Se presenta en la fotografía un ejemplar de color gamuza fuliginoso.*

Los lop de Cachemira requieren un aseo más concienzudo que cualquier otro lop debido a su pelaje largo y poblado. También hay que mencionar el pelaje rex que se ha introducido en la sangre de los lop, que ha dado lugar a lo que se conoce en Norteamérica como lop aterciopelado, ya que su pelaje es suave y delicado.

En los Países Bajos se ha seguido trabajando en la miniaturización de esta raza, hasta la creación del mini lop, reconocida en 1994. El peso de estos conejos no debe exceder 1,6 kg. Son animales robustos y unas mascotas ideales.

▼ *La variedad en color gamuza del lop inglés está muy extendida y resulta inconfundible por sus largas orejas gachas. Asimismo, de vez en cuando se ven en color gris, negro y, más raramente, los albinos.*

P/R...

- ***¿Existe algún problema asociado al tamaño del enano holandés?***

El hecho de haber ido rebajando su tamaño ha conllevado ciertos efectos negativos, aunque hoy en día son cada vez menos corrientes. Uno de los problemas era la oclusión de los dientes como consecuencia del reducido tamaño de la cabeza. Por otra parte, a veces, a las hembras les costaba alumbrar a sus crías. En caso de detectar algún problema de este tipo es preciso avisar al veterinario enseguida.

- ***¿Cómo se ha llegado a describir a estas razas de conejo como neozelandeses?***

Parece ser que se importaron algunos conejos salvajes a California en el momento en el que se desarrollaba el rojo neozelandés, según lo cual se presupuso que habían participado de algún modo en su desarrollo, al igual que el blanco, aunque no existen pruebas que lo corroboren.

- ***¿Por qué son distintos los rojos neozelandeses de la Europa continental de los de Gran Bretaña y Norteamérica?***

La versión europea de esta raza tiene el cuerpo y la cabeza bastante más alargados, lo que refleja el hecho de la participación de la liebre belga en su desarrollo. También puede apreciarse la diferencia de su pelaje, ligeramente más corto. Los ejemplares originales de la raza que llegaron a Europa desde Estados Unidos en 1919, eran mucho más pálidos, con un aspecto más amarillento en relación con los que conocemos actualmente.

▼ *Los enanos holandeses constituyen una de las razas de conejos más pequeños, cuyo peso no debe exceder 1,1 kg. La longitud máxima de sus orejas es de 5 cm.*

LUX

Mientras que algunas razas de conejos se distingue principalmente por su figura, otras se reconocen pe fectamente por su coloración. El color de los lux realmente especial. Se parece al de los Habana, per se compone de un pelo blanco interior y un pelo d protección anaranjado con las puntas azul platead que produce una pigmentación única. Su pelaje es la cio, suave y esponjoso. Estos animales tienen los ojo rojizos, dependiendo de la luz.

La raza fue desarrollada en Dusseldorf, Alemani a partir de conejos de Marburg, cibelina y tostado con la contribución de perlados también. A pesar d que fueron expuestos por primera vez en 1919 y está representados en muchos países europeos, aún no ha conseguido una completa aceptación en Gran Breta ña y Norteamérica. Su peso oscila entre 2 y 3,5 kg

ENANO HOLANDÉS

Esta raza evolucionó a partir de una reserva de cone jos polacos importada desde Inglaterra y criada co conejos holandeses, a finales del siglo XIX. En un prin cipio, predominaban los ejemplares blancos, tanto e las variantes de ojos rojos como las de ojos azules. E la década de 1930, se crearon enanos holandeses e otras variedades de color.

Hoy en día, está reconocida una gran variedad d colores y diseños para esta raza que llegó a Nortea mérica por primera vez en 1969. Los colores puro como por ejemplo lila o azul, deben cubrir de form uniforme todo el cuerpo, en ausencia de cualquie mechón blanco. Asimismo, están establecidas las va riedades agutí y carey.

Muchas de las característica asociadas con otras razas de co nejos más grandes están pre sentes también en los enano holandeses, entre las que se in cluyen el diseño de los himala yos (ejemplares en los que con trasta el negro y blanco de pelaje) y el de los zorros platea dos. Los hay también con la manchas propias de los holan deses y arlequines, o con la for ma del blanco de Holot, un creación suiza que se ha hech muy popular. Se puede obser var en estos conejos la presen ia de unos anillos negros (3 a 5 mm) alrededor de los jos, siendo el resto del pelaje de un blanco puro. En ›s últimos años, se han creado también enanos ho-ındeses con el tipo de marcado de los conejos in-leses.

La enorme diversidad de variedades existente ha arantizado que esta raza goce de gran aceptación en-e los expositores, a la vez que su tamaño reducido lo a convertido en una mascota perfecta. No obstante, onviene adquirirlos desde que son pequeños, ara que se acostumbren, de lo contrario no egarán a convertirse en buenos amigos.

Hembra de conejo neozelandés rojo con su cría. En que se refiere al carácter, estos animales son bastante ıás alegres que otros conejos neozelandeses. Asimismo, trata de una raza bastante pequeña, cuyo peso no ıele sobrepasar los 4,5 kg.

RAZAS NEOZELANDESAS

Existen cuatro variedades diferentes de conejos neozelandeses. Su nombre puede dar lugar a confusión, ya que ninguna de ellas es originaria de allí, sino de Estados Unidos. Por añadidura, el rojo neozelandés es bastante diferente a las demás variedades y se lo considera aparte. El conejo blanco neozelandés fue creado primitivamente como una raza comercial, pero se desconoce su procedencia. En cuanto a las variedades en negro y azul, empezaron a desarrollarse en Gran Bretaña a partir de la década de 1940. Tal como es de esperar, estos conejos crecen rápido y llegan a alcanzar pesos de 4 a 5 kg aproximadamente.

El conejo blanco neozelandés sigue siendo la variedad más extendida y ha sido utilizado para crear la raza de los conejos blancos de Florida. Se cree que el rojo neozelandés proviene del cruce entre gigantes de Flandes y liebres belgas, a las que se debe su peculiar coloración rojo mate.

▲ *En los conejos perlados es preferible un tono intermedio de gris azulado. La zona ventral es blanca, junto con partes del cuello, los anillos de los ojos y el hocico, además del interior de las orejas y la línea de la mandíbula.*

PALOMINO

Esta raza de conejos americanos recibió su nombre por su coloración dorada, semejante a la de los caballos palomino. Participó en una exposición por primera vez en el año 1952, con la denominación de conejo de Washington, y presentaba una mezcla de tonos cobrizo y pardo amarillento. Su pelaje tiene un vistoso color dorado, con un pelo interior de color crema. Tanto los anillos que rodean los ojos como la zona del vientre tienen un matiz más claro.

Una segunda variedad de color del palomino es la del lince, que tiene una pigmentación naranja brillante, con las puntas teñidas uniformemente de un tono lila y el pelo interior blanco, produciendo un efecto global plateado. Su pelo es denso y con una longitu uniforme. Estos conejos pesan habitualmente entre y 4,5 kg y tienen la cabeza ancha sobre un cuello cor to. Hoy en día, siguen siendo prácticamente descono cidos fuera de las fronteras de Norteamérica.

PERLA DE LA HAYA

Estos conejos están también íntimamente emparen tados con los Habana, pues surgieron como conse cuencia de una mutación descubierta en la ciudad belga de la Haya. En ocasiones, se describe a la raz como gris perla de La Haya. Su pigmentación pre senta un suave matiz gris azulado con un brillo es pecial que realza su estampa. Tienen los ojos de u color gris azulado característico. El conejo perla d la Haya es de raza pequeña, con un peso de 2 a 2, kg. Este conejo aún no es muy conocido a escala in ternacional, a pesar de que participa regularmente e las exposiciones.

ERLADO

No se puede decir que esta raza, vestida con tan bello olor, esté demasiado extendida, a excepción de su aís de origen, Alemania. En un principio fueron readas dos cepas diferentes: la primera nació a manos e un criador de Dusseldorf, creador también de la aza de los lux (*véase* página 76), y se la llamó Dus-eldorfer Perlfee, y la otra evolucionó a partir de ejem-lares Habana cruzados con conejos agutí de la ciu-ad de Augsburgo y fue denominada Augsburger erlfee. Por fin, ambas líneas de reproducción con-ergieron en una sola, eliminándose de su nombre el istintivo del país de origen, ya que hoy en día se los onoce simplemente como perlados *(perlfee)*.

Tienen mucho que ver con los Habana en lo que e refiere a su complexión, pero el color de su pelaje s único, de un gris azulado rematado en las puntas on un color perla característico y con un aspecto ge-eral decididamente brillante. Los conejos perlados esan entre 2 y 3,6 kg.

ICARDÍA

Esta antigua raza francesa nació a partir del cruce de igantes de Flandes con conejos salvajes, tal como se efleja en la coloración que tienen hoy en día. Está xtendida sobre todo por la región de la Picardía fran-esa y las regiones noroccidentales y centrales del país. u peso suele oscilar entre 3,6 y 4 kg y, a veces, es lla-nado gigante de Normandía.

OLACO O BRITANNIA PETIT

El conejo polaco es más conocido en Norteamérica omo Britannia Petit. Los primeros ejemplares vestían elajes de un blanco puro y se los criaba en las varie-ades de ojos rojos y ojos azules. Todavía en este mo-nento, durante la década de 1860, tenían la fama de er criaturas bastante débiles, probablemente porque n su dieta se incluía como ingrediente principal la le-he de vaca, dado que, en aquella época, los conejos se onsideraban como una especialidad gastronómica.

Más adelante, la raza empezó a florecer dentro del es-enario de las exposiciones y fueron creándose muchas nás variedades de color, similares a las de los enanos olandeses (*véase* páginas 76-77). El pelaje de los cone-os polacos es uno de sus rasgos más característicos. Así ues, en el pasado, se utilizaba para sustituir al armiño. El pelo debe ser corto con una fina textura, descrita nor-nalmente como «fácil retroceso», es decir cuando se les eina, el pelo retrocede y vuelve a caer lacio.

P/R...

- *¿Es el Britannia Petit una versión americana del conejo polaco?*

No, son razas distintas. El conejo polaco americano es más grande y su cuerpo más pesado y redondeado. Además, su cara es también más redondeada que la del Britannia Petit.

- *¿Son unas buenas mascotas los conejos polacos?*

En comparación con algunas razas, estas pequeñas criaturas son sorprendentemente vivaces y activas. Si lo que usted busca es un conejo que se deje acariciar tranquilamente, sin embargo, será una mejor opción otra raza, como por ejemplo la de los blancos neozelandeses. Para conseguir que un conejo polaco sea más dócil hay que dedicarle bastante atención.

▼ *Descendientes de una cepa belga, los conejos polacos fueron desarrollados en Gran Bretaña y constituyen una de las razas de conejos más pequeños del mundo, con pesos comprendidos entre 1,5 y 2 kg. En la fotografía, ejemplar polaco blanco de ojos rosas.*

Rex

Los pelajes rex son una característica que proviene de una peculiar mutación. Consisten en que el pelo de protección tiene una longitud reducida o, simplemente, está por debajo del nivel del pelo interior, produciendo así el efecto único de un pelo suave con una textura aterciopelada. Cada pelo mide aproximadamente 12 mm. A partir del descubrimiento de la mutación, se puso de moda este tipo de conejos dentro del mercado de las pieles, si bien es verdad que también tenían fama de ser criaturas bastante delicadas. La belleza de los pelajes rex sólo se puede apreciar en los ejemplares maduros, es decir, a partir de los ocho meses de edad, aproximadamente.

Con el tiempo, ha sido posible introducir la característica rex en muchas razas, así como crear ejem-

P/R...

• ¿Hay que cuidar de algún modo especial la piel de los conejos rex?

Son animales más susceptibles al frío, de manera que hay que proporcionarles un buen lecho. Es una precaución fundamental para evitar que se roce la piel de su corvejón contra el suelo en sus cuartos traseros. En cuanto a los cuidados del aseo, éstos son mínimos, ya que no hay riesgo de que se les ensucie la piel. No obstante, durante la muda, su aspecto quedará bastante deteriorado hasta que les salga el nuevo pelo. Esto es lo normal.

• ¿Qué otros colores existen para los conejos renanos?

La forma más común es la del negro, aunque también se ha creado una variedad en azul. Fue reconocido para concurso en la década de 1980.

• ¿Son buenas mascotas los conejos renanos?

Si puede encontrar un criador que lo tenga, no hay duda de que será una buena opción como mascota. De todas formas, se tendrá que conformar con un ejemplar que no presente unas marcas muy vistosas, ya que es muy probable que su dueño desee quedarse con los ejemplares mejor marcados.

◀ *Los conejos rex naranjas son enormemente apreciados por su espléndida coloración.*

▼ *Ejemplar rex azul. Ésta fue una de las primeras variedades de color que se crearon. El color debe consistir en un matiz azulado intermedio que refleje la influencia de sus ancestros, los conejos de Beveren.*

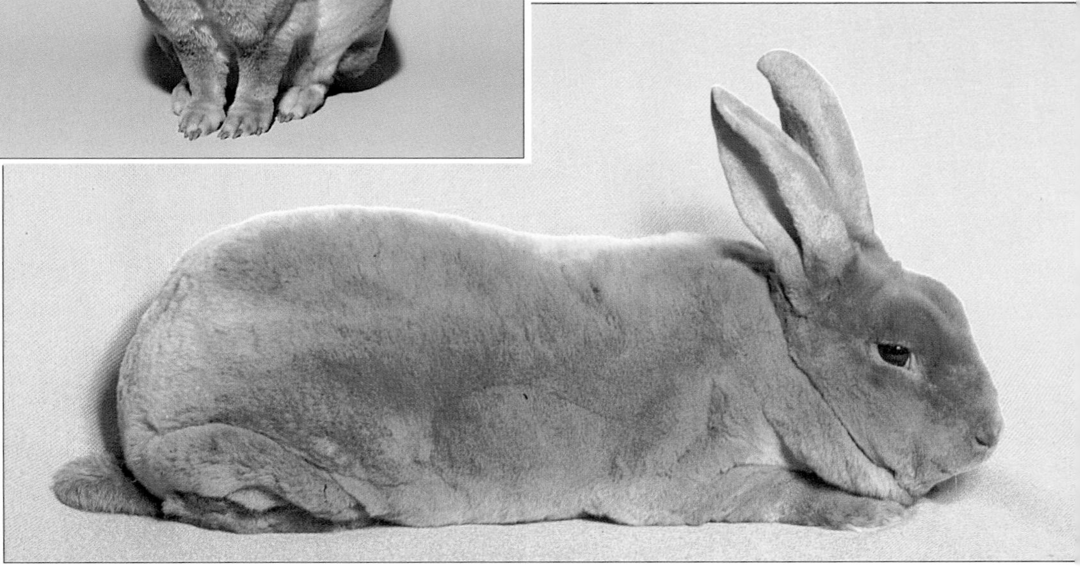

▲ *Conejos renanos de cinco semanas de vida. Este tipo de conejos presenta una coloración tricolor, con manchas negras y amarillas sobre el fondo blanco.*

plares rex específicos. La forma original era la del rex castor, que presentaba un diseño agutí consistente en una combinación de azul pizarra oscuro y naranja. Dentro de los colores puros, el rex negro resulta impresionante, al igual que el Habana, vestido con un rico abrigo marrón chocolate. También está muy valorado el rex armiño de ojos rosados.

Entre las variedades de color se incluye el conejo rex chinchilla, una variedad enormemente difícil de reproducir, ya que dada la corta longitud del pelo de protección, es complicado conseguir el grado de contraste necesario. También se puede hablar de los conejos rex arlequín, creados a partir de la variedad arlequín. Existen además las variedades apuntadas, entre las que destaca especialmente por su belleza el rex himalayo. El rex de manchas, llamado dálmata, es también muy popular.

Existen dos formas muy distintivas de rex, aunque ninguna de las dos está extendida hoy en día. Por una parte está el rex opossum, que se creó en Gran Bretaña en 1924 y tiene un pelo bastante más largo, con una longitud de aproximadamente 3,75 cm. Todo su pelaje tiene un aspecto uniforme ya que el pelo se levanta en ángulo recto sobre la piel. Su color se puede apreciar en la cara y las orejas, y también en las patas, que no son plateadas. El negro es el color más corriente. Estos conejos fueron reproducidos a partir de rex de Chifox y argentados lanudos, que contribuyeron con su color plateado.

Más adelante, a principios de la década de 1930, fue desarrollado el astrex, pero es bastante raro en la actualidad. Tiene el pelo bastante rizado en todo el cuerpo, a excepción de la cara, las orejas y las patas. Cualquier tipo de bucle artificial es estrictamente penalizado en los concursos. Este tipo de conejos se puede criar en una amplia variedad de colores.

La última adquisición del grupo de los rex que se ha granjeado una enorme aceptación desde que fue reconocido por primera vez en 1990 es el mini rex. Se distinguen principalmente por su tamaño pues pesan entre 1,4 y 1,8 kg. Actualmente, se los cría en una gama de colores cada vez más extensa.

Renano

Esta raza caracterizada por sus manchas nació en la región del Rin-Westfalia en los primeros años del siglo XX y fue reconocido por primera vez en 1905 en su lugar de origen, Alemania. Su diseño refleja su procedencia de conejos arlequín e ingleses.

A pesar de que los ejemplares con las manchas correctas tienen un espectacular atractivo, la raza no ha conseguido una gran aceptación entre los aficionados y no se introdujo en Gran Bretaña y Estados Unidos hasta la década de 1950, tal vez por la dificultad que entraña alcanzar el patrón exigido para la raza. Deben estar claramente presentes dos colores en la rabadilla que recorre toda su espalda, desde la nuca hasta la punta de la cola, al igual que en otras manchas que le caracterizan, como la mariposa del morro, los círculos de los ojos y las orejas. Únicamente hay un color en solitario en los lunares de las mejillas. Los conejos renanos son animales dóciles que pesan entre 3 y 4 kg.

▲ *El color básico de este ejemplar de conejo marta cibelina es el sepia. Tiene los lomos más claros y la zona ventral blanca. La pigmentación blanca plateada en las puntas que está presente en los lomos y en los cuartos traseros produce un llamativo contraste.*

CIBELINA

El conejo marta es una de las variedades más populares de los cibelina. Creados a partir de la progenie marrón que nació en una camada de conejos chinchilla, fueron expuestos por primera vez en París en el año 1914. Al igual que sus parientes los conejos siameses, los marta cibelina se crían en las tonalidades clara, intermedia y oscura, si bien la segunda es la más corriente. Asimismo, se ha combinado la coloración cibelina con diversas variedades de piel como son las formas rex y satinadas.

La variedad de conejos siameses es idéntica a la de los cibelina, con la excepción de que las puntas, que comprenden las orejas, la cara, los pies y la cola, son más oscuras en comparación con el resto del cuerpo, dándole un aspecto muy similar al de los gatos siameses. Tienen los ojos rojo oscuro. El peso de ambas variedades es también muy similar y suele oscilar entre 2,3 y 3,2 kg.

Los cibelina de los Vosgos, o rex cibelina, son una raza francesa de origen más reciente, que fue reconocida en 1964. El cuerpo de estos conejos presenta un matiz más claro de color arena, y también en este caso, las puntas son considerablemente más oscuras, mientras que el vientre es más claro. Lo que distingue a esta raza es la textura de su pelaje, que es densa y brillante, habiendo contribuido a su linaje también las razas de conejos de Angora y rex.

AZUL DE SAN NICOLÁS (BLAUWE VAN ST. NIKLAAS/BLEU DE ST. NICHOLAS)

Esta raza belga es muy rara hoy en día. Nació en St. Niklaas, en la región del Waas, a finales del siglo XIX. Su origen es desconocido, aunque es probable que contribuyeran a su desarrollo gigantes de Flandes azules y azules de Beveren. Se trata de ejemplares grandes, con pesos comprendidos entre 5 y 6 kg normalmente. El bello matiz gris azulado de su pelaje está quebrado tradicionalmente por manchas blancas tanto en la cara como en las patas.

SALLAND

Este tipo de conejos es originario de la región de Salland en los Países Bajos. Provienen de una combinación de chinchillas y Thuringer, y fueron reconocidos para exposición en 1975. Los conejos de Salland asemejan a una versión clara de los Thurin-

P/R...

• *He visto conejos de San Nicolás sin manchas blancas. ¿Es aceptable?*

Este cambio de apariencia data de 1928, momento en el que se decidió que esta raza debería ser en el futuro completamente azul, de modo que el objetivo de los criadores fue eliminar las franjas blancas, sobre todo la banda entre los ojos. Pero, esto fue el motivo de que decayera la popularidad de esta raza.

• *El apareamiento de cibelinas de color intermedio ha dado lugar a una progenie con pocos ejemplares iguales a los padres, pues han nacido también negros e incluso blancos. ¿Alguna sugerencia?*

Lo que tiene que hacer es volver a emparejar a los blancos de ojos rosados con cibelinas oscuros. Así, toda la progenie heredará el tono intermedio. Por el contrario, el apareamiento de cibelinas oscuros dará lugar a una descendencia con el mismo color que los padres.

• *¿Qué otros colores satinados existen?*

Los demás colores puros que se han combinado con la textura satinada son rojo, azul, chocolate y negro. Entre las variedades marcadas se puede mencionar la de los californianos. Sin embargo, no todos corresponden exactamente a la variedad de pelo normal equivalente. Por ejemplo, la variedad satinada de cibelina siamés es más clara de lo normal.

▼ *Ejemplar bronce satinado. Esta raza suele pesar entre 2,7 y 3,6 kg y la longitud de su pelaje, de patente brillo, es de aproximadamente 3 cm.*

ger, con un pelaje blanco hueso único, con las puntas negras o marrones. Las extremidades y las partes inferiores tienen un tono más oscuro, sobre todo en la cara y las orejas. Son conejos de tamaño intermedio, con pesos comprendidos entre 3,2 y 4 kg por término medio. Se trata de una raza muy poco extendida fuera de los Países Bajos, si bien durante la década de 1990 empezó a ser cada vez más popular en Gran Bretaña, desde que fue reconocida en 1994.

SATINADO

La mutación que dio lugar al satinado supuso un cambio distintivo en el pelaje del conejo y, como ocurre con las formas rex, esta peculiar característica ha sido introducida en muchas razas. Se ha llegado a combinar incluso con la propiedad rex. Los conejos satinados tienen un pelaje brillante que recuerda al satén, en virtud de los cambios de la microscópica estructura de cada pelo. Es mucho más suave de lo normal y contribuye a crear una espléndida apariencia.

Esta mutación recesiva fue establecida por primera vez en el estado de Indiana durante la década de 1930, a partir de un macho habana, antes de viajar a Gran Bretaña en el año 1947, desde donde se exportó a otros países europeos. Aunque la raza se cría hoy en día en toda una gama de colores, la satinada amarfilada, en la que se combinan un pelaje color hueso con unos ojos rosados, es la más extendida de todas.

SIBERIANO

La forma primitiva del conejo siberiano, nacida del cruce entre conejos de Angora e himalayos, ha desaparecido ya. Se parecían a los de Angora en cuanto al tipo de pelaje, pero las marcas, con las puntas oscuras, eran como las de los himalayos. Los conejos siberianos que conocemos hoy en día difieren bastante de sus predecesores. Fueron desarrollados en la década de 1930, a través de una mezcla de ingleses de color puro y cruces de holandeses. Su color original era el marrón, pero desde entonces, se han creado otros colores entre los que se incluyen el azul, negro y lila.

El pelaje constituye uno de sus principales rasgos, pues deberá ser muy denso y con una textura suave acompañada de un llamativo brillo. Al peinarlo con la mano, no deberá ser muy visible el pelo de protección pues están cubiertos sobre todo con pelo interior. La coloración de cada pelo es uniforme en toda su longitud hasta la raíz.

PLATEADO

Los conejos que presentan un pelaje plateado provienen de oriente, posiblemente de la actual Tailandia. Sin embargo, esta mutación se dio también en conejos salvajes de Gran Bretaña y es precisamente de esta cepa de la que derivan los que conocemos hoy en día. Los datos que se tienen de la existencia de conejos con las puntas plateadas en el continente europeo se remontan a principios del siglo XVII, aunque han desaparecido ya.

Los conejos plateados fueron reconocidos oficialmente por primera vez para exposiciones en 1880 y, poco después, la reserva se exportó a Estados Unidos. La variante original de color era el negro, con el pelo interior negro azulado interrumpido uniformemente con un pelo de protección plateado, más largo. La pérdida del pigmento del pelo de protección da lugar a la coloración plateada. Posteriormente, se creo la variedad plateado-gamuza, utilizando conejos crema argentados.

Asimismo, existe la variedad marrón plateado, criada a partir del cruce de liebres belgas, que es bastante popular en el continente europeo, pero que escasea en Estados Unidos y Gran Bretaña. Otra forma más es la del azul plateado, creada a partir de azules de Viena, si bien es poco corriente. Es la última adquisición del grupo y se originó durante la década de 1980.

Los gazapos plateados presentan un color puro al nacer y van adquiriendo su aspecto plateado aproximadamente a las cinco semanas de vida. Tarda más de seis meses en formarse del todo, dependiendo el grado de cada individuo. El pelo deberá presentar un matiz definitivo plateado brillante, nunca negro, además de ser corto y retroceder rápidamente a su posición al cepillarlo. Los conejos plateados adultos pesan aproximadamente de 2,3 a 3,2 kg. A pesar de su pequeño tamaño, son criaturas vivaces y no precisamente apacibles como para adaptarse a ser las mejores mascotas.

PERLA AHUMADO

Estos conejos están íntimamente emparentados con los cibelina y se los cría desde la década de 1920. En realidad no son sino una versión diluida de la raza, que se conocía en sus orígenes como beige ahumado, hasta que se cambió su nombre en 1932. En este tipo de conejos se da el diseño tanto de los marta como de los siameses. En la variedad marta, es característico el pelo largo de color blanco en la zona del pecho y la espalda, que se extiende desde la rabadilla hasta los lomos y las patas. La zona del vientre es blanca. La distribución del color sobre el pelaje combina un diseño en negro y tostado (*véase* página 88), en el que el pigmento tostado está sustituido por blanco, si bien la distribución de las zonas negras permanece igual. Aunque no están especialmente extendidos en Estados Unidos, sí suelen participar en los concursos europeos.

P/R...

• *He criado una camada de plateados, pero incluye ejemplares de colores muy diferentes. ¿Por qué?*

El color de estos conejos está influido directamente por la extensión del tono plateado, que comienza a aparecer en la cabeza, las orejas y las patas. El color está sujeto al cambio a medida que crece el animal, y posiblemente manifiesten un tono comprendido entre el claro y el oscuro, pasando por el intermedio (que es el preferido). La coloración clara viene dada por el matiz plateado generalizado, que oscurece el pelo interior oscuro, aplicándose la situación contraria en la forma oscura del plateado.

• *Uno de mis ejemplares plateados tiene varias uñas blancas. ¿Ha de ser un motivo de preocupación?*

Desgraciadamente, se trata de un grave defecto si lo que pretende es exhibirlo, pero en todos los demás sentidos no tiene importancia. Cuando vaya a cortarle las uñas podrá encontrar fácilmente donde nace la carne.

▲ *En los conejos plateados, la distribución del color cubre todo el cuerpo uniformemente, como ocurre en este ejemplar de la variedad gamuza, de modo que no se detecten zonas más oscuras o claras.*

▼ *En los conejos perla ahumados, el color gris ahumado se extiende por toda la espalda desde el cuello hasta la cola, apreciándose un matiz gris perlado en los lomos.*

P/R...

• ¿Hay un solo color para el Steenkonijn?

No, existen tres variedades diferentes en agutí, todas ellas con el remate de las puntas en negro y los ojos marrones. Las dos variedades más comunes hoy en día son la del gris conejo, que se corresponde muy de cerca con el conejo salvaje por el color de su pelaje, y la de color liebre, que se distingue fácilmente por el tono de su pelo naranja rojizo. La forma más rara es la de color gris acero, en la que el pelaje consiste completamente en pelo gris, además de las puntas negras.

• Me gustaría adquirir un conejo zorro suizo como mascota pero no sé si requiere un cuidado especial.

El aseo diario que requieren los animales de esta raza no es tan trabajoso como el que exigen sus ancestros los conejos de Angora. De todas formas, sí que es recomendable un cepillado diario, aunque no resultará muy complicado, ya que su pelo suele ser liso y no tiende a enredarse pues su textura no es lanosa. El conejo zorro suizo enano tiene un pelaje de longitud media y también requiere un peinado regular.

Ardilla

Esta raza proviene de una línea de conejos chinchilla, pues apareció espontáneamente en una camada de estos conejos. Se les llamó así por la similitud del color de su pelaje con el de las ardillas siberianas. Aunque desde su nacimiento, en la década de 1920, se trazó un patrón provisional para la participación de esta raza en los concursos, no se puede afirmar ya que exista dicha raza. No obstante, en la década de 1980, fue recreada con éxito, a través del cruce entre chinchillas y azul argentados, obteniéndose ejemplares con pesos comprendidos entre 2,5 y 3 kg.

Asimismo, se ha logrado reproducir al conejo ardilla en la variedad satinada y en la de conejos enanos. Su color es muy especial, de un tono gris pizarra, con cierta cantidad de pelo más largo de un matiz más os-

▲ *El conejo ardilla llegó a llamarse en su tiempo chinchilla azul, tanto por la forma de su pelaje como por su coloración. Son conejos con una complexión corporal compacta.*

◀ *El conejo de Sussex es una de las razas más recientes que, a pesar de su atractivo pelaje, aún tiene que lograr una aceptación en el ámbito internacional estable. En la fotografía, aparece un ejemplar en la versión crema.*

curo distribuido de forma igualada por todo el cuerpo. El pelo interior es de color pizarra, incluso entremezclado con el pelo blanco del vientre. Sus ojos están rodeados por círculos de piel blanca y el triángulo de la nuca es pequeño y de un tono más claro de color pizarra. El pelaje es denso y brillante, con una longitud de aproximadamente 2,5 cm. La figura de estos conejos es bastante redondeada.

▲ *Los zorros suizos tienen un pelaje de longitud media que requiere cepillado. Este tipo de conejos tiene fama de tener un carácter apacible que ha contribuido a su popularidad.*

STEENKONIJN

El nombre flamenco con el que se ha bautizado a esta raza de conejos significa literalmente «conejo piedra», pero no se refiere al tipo de pelaje agutí que les caracteriza, sino que tiene que ver con una medida de peso belga antigua que equivalía más o menos a 3,6 kg. Éste era el peso que se exigía para los ejemplares de la raza, cuya explotación se centraba en su aprovechamiento para la mesa. Por otra parte, se preferían los agutí, ya que se pensaba que la calidad de su carne era mejor. Se desconoce cuáles hayan podido ser sus ancestros, posiblemente gigantes de Flandes y conejos salvajes. El gusto por este tipo de conejos decayó de forma espectacular a principios del siglo XIX, aunque a comienzos del siguiente siglo revivió su fama y se los volvió a exponer en 1932. Su peso sigue siendo más o menos el que tenían en el pasado, más o menos 2,5 kg.

De todas formas, los Steenkonijn no han conseguido todavía un seguimiento internacional sólido, a pesar de su popularidad vigente en Bélgica. Tal vez sea su similitud con el conejo salvaje lo que le haya llevado a esta situación, ya que realmente estos animales son una buena compañía.

SUSSEX

Casi se puede afirmar que esta raza es una recién llegada, trazándose sus orígenes en el año 1986, a partir del cruce de conejos lilas y californianos, un cruce con el que se pretendía mejorar el color de las extremidades de los californianos. Esta raza, denominada con el nombre de un condado del sur de Inglaterra, fue aceptada para exposiciones en el año 1991, con un peso ideal de aproximadamente 3,4 kg.

La forma original, descrita como dorado de Sussex, presenta un rico pelaje de un matiz carey rojizo con sombras marrones o lila. La variedad en crema, más reciente, presenta un color crema rosáceo con las puntas lila. A pesar de que sigue estando bastante localizado, la popularidad de esta raza parece aumentar gracias a su atractivo aspecto y su alegre carácter.

ZORRO SUIZO

Estos conejos fueron desarrollados tanto en Alemania como en Suiza durante la década de 1920, pero fue en este segundo país en el que mantuvo su popularidad. Para crearlo se emplearon conejos Habana y de Angora. Así pues, el pelaje de los ejemplares que conocemos hoy en día es bastante largo, con una longitud de 5 a 6,5 cm por todo el cuerpo, y compone un abrigo poblado y elegante. Son corrientes los ejemplares blancos de ojos azules y los de ojos rosas, sin contar con otros colores puros, principalmente el azul y el negro. En cambio, son menos corrientes otras formas, como por ejemplo chinchilla. Estos conejos pesan entre 2,5 y 4 kg y su cuello es muy corto.

Recientemente, se ha creado una versión enana mediante el cruce entre conejos zorro suizo y polacos, que obtuvo su reconocimiento en los Países Bajos durante el año 1994.

Tostado

El origen de estos conejos se puede trazar en una granja de Inglaterra en la que se guardaban algunos conejos domésticos junto con otros salvajes. El primer ejemplar de la raza nació en el año 1880 aproximadamente y se cree que fue fruto de la unión entre conejos holandeses y salvajes. Desde entonces, se ha ido refinando bastante, reduciéndose su peso y apaciguándose su carácter. Los cruces con liebres belgas posteriormente sirvieron para alargar su figura y oscurecer la coloración de la parte ventral.

Debe existir una frontera claramente marcada entre el color tostado y el resto. El tono tostado se encuentra alrededor de los ojos, se extiende desde el hocico hasta la papada y forma una mancha en triángulo por detrás del cuello. Asimismo, está presente en las orejas y se prolonga además por toda la parte de abajo desde la barbilla. Finalmente, también aparecen manchas tostadas en los pies y en las patas traseras.

Después de los tostados en negro, se creó la variedad en azul y, más adelante, en marrón y en lila, ésta última como resultado del cruce con conejos de Marburg. El perfil que presentan estos conejos hoy en día es bastante redondeado y pesan entre 2,3 y 3,2 kg. El atractivo marcado de su pelaje los ha hecho merecedores del aprecio tanto de los aficionados a la cunicultura como de los amantes de los animales.

Trianta

Estos bellos conejos naranjas fueron creados originariamente en los Países Bajos y reconocidos en 1940, aunque después perdieron popularidad. Sin embargo, en Alemania existía otra raza distinta, los conejos dorados de Sachsen, que compartían con ellos los mismos ancestros, tostado y Habana, aunque eran de un color más claro. Los criadores alemanes pusieron pues sus miradas en los últimos ejemplares de Trianta que quedaban con vistas a mejorar el color de su raza y lo consiguieron, de manera que estos conejos regresaron de nuevo a los Países Bajos en la década de 1960.

La raza fue introducida en Gran Bretaña a principios de la década de 1980 y ha ido ganando una gran aceptación al pasar de los años. Son criaturas pequeñas, de peso equivalente al de los tostados y de una piel muy suave (en virtud de su poblado pelo interior). En cambio, los conejos dorados de Sachsen, más robustos y de un color más claro. se restringen prácticamente sólo a Alemania

▼ *Los conejos tostados presentan un pelaje muy especial y llamativo, tanto por su textura suave y brillante como por su sorprendente coloración. En la fotografía, un ejemplar negro y tostado.*

[HURINGER

ːs otra raza alemana más, que se desarrolló en la región riental del país, en Thuringer Wald. Se piensa que fue reada a principios del siglo XIX, a partir del cruce entre imalayos y plateados, emparejados a su vez con la forna simple del gigante mariposa. El resultado fue una rogenie con el pelaje de color ámbar, al que se denominó en un principio conejo de Chamois. Tras posteiores cruces con gigantes de Flandes, se creó la raza que onocemos hoy en día, con un peso de 4 kg o más.

AZUL DE VIENA

ːstos animales de atractivo pelaje son el producto del pareamiento entre un conejo de color amarillo puro roveniente de Francia, una hembra azul y un gigante le Flandes macho. En un principio era de mayor tanaño y de color menos vivo que el actual, pero poco a

oco se ha ido refinando el color hasta conseguir su ono tan característico. Existen más variedades de coɔr, pero no están reconocidas de forma universal. La ersión en chocolate está prácticamente extinguida.

BLANCO DE VIENA

pesar de la similitud del nombre, no se puede halar de que esta raza sea una simple variante de color e los azules de Viena, aunque sí que ha evolucionao a partir de ella a través del cruce con una reserva de onejos alemanes blancos de ojos azules. Desde enonces, ha conseguido numerosos seguidores en el ontinente europeo, tras su exposición en Viena en 907. Tienen un pelaje ligeramente más claro que los zules de Viena y pesan entre 3,2 y 5 kg. Su pelaje es lanco y contrasta con sus ojos azules.

P/R...

- ***¿Cuáles son las penalizaciones más corrientes en los conejos Trianta?***

Un defecto grave es la palidez del color, al igual que cualquier coloración en las puntas que pueda estropear el efecto global. Es normal que el pelo de la zona ventral sea más claro de lo normal, pero no debe haber partes claramente blancas.

- ***¿Existe alguna versión enana del blanco de Viena que le pueda comprar a mi hija?***

El equivalente más cercano es el conejo de Hustland, que fue desarrollado a principios de la década de 1980, en los Países Bajos. Se le bautizó con el nombre del distrito de la provincia de Overijssel donde nació. La raza enana ha sido creada a partir del cruce entre blancos de Viena y polacos de ojos azules, que mantenían su característica pigmentación ocular.

◄ *Resulta sorprendente que la raza de los conejos Trianta siga siendo tan escasa, dado su carácter apacible y su pelaje suave y atractivo. Por otra parte, su tamaño los convierte en unas mascotas perfectas que se pueden manejar fácilmente.*

▼ *Tan sólo existe una forma de color de los Thuringer, con las extremidades oscuras sobre una base de un tono ámbar. Esta tonalidad está más pronunciada en la cara, las orejas y el vientre. El pelaje tiene una textura densa y sedosa.*

COBAYAS

ESTOS ATRACTIVOS Y SIMPÁTICOS ROEDORES cuentan con una larga historia de domesticación ya en su lugar de origen, Sudamérica. A partir de los restos arqueológicos encontrados se ha podido vislumbrar que la costumbre de mantenerlos en cautividad empezó hace más de 3.000 años, en la región andina de lo que es hoy Perú y Bolivia. Por otra parte, en la actualidad no es nada raro tropezarse con estos animales en los pueblos o incluso dentro de las casas. El género *Cavia* se compone de cinco especies diferentes. A veces, reciben el nombre genérico de cávidos, en referencia a su nombre latino, y también son llamados conejillos de Indias. Se desconoce el origen de las variedades domesticadas de Sudamérica, aunque lo más seguro es que procedan de varios linajes. No obstante, se cree que su principal ancestro es la cobaya de Brasil (*C. aperea).*

Los cobayas fueron introducidos en Europa, probablemente, a principios del siglo XVI por los españoles. Menos clara es la procedencia de su nombre inglés *Guinea pigs.* Se ha llegado a sugerir que tuviera relación con la ruta que seguían los barcos mercantes que cruzaban el Atlántico aprovechando los vientos propicios. Seguramente, los barcos que se dirigían hacia Europa desde Sudamérica cruzarían el golfo de Guinea para dirigirse hacia el norte empujados por los vientos más favorables. Podría ser una explicación que relacionara a estos roedores con Guinea. Asimismo, se ha apuntado que la denominación *Guinea pig* es una deformación del nombre dado al territorio de la América meridional, la Guayana. Es cierto que existieron lugares de paso regular para estos animales entre la Guayana holandesa (hoy en día Surinam) y los Países Bajos: uno de los primeros países europeos en los que los cobayas se hicieron enormemente populares como mascotas. En un principio, eran consideradas criaturas exóticas, un capricho para las personas adineradas, y es de ahí de donde procede la tercera explicación posible para su nombre, que tal vez derivara del hecho de que se compraran por una guinea.

La segunda parte de la denominación inglesa *Guinea pig (pig* significa cerdo) tiene una explicación mucho más sencilla, pues a su apariencia bastante porcina se añaden los característicos sonidos que emite, parecidos a los gruñidos de un marrano. Sobre todo cuando están nerviosos, se puede percibir claramente un «oink» muy peculiar. No obstante, en absoluto se puede decir que se trate de compañeros ruidosos. Hoy en día, los cobayas son muy apreciados como mascotas y como animales para exposiciones, habiéndose desarrollado en los últimos años una gama de colores y tipos de pelaje enormemente variada.

▶ *La gama de colores, tipos de pelaje y marcados de los cobayas son cada vez más extensos. En la fotografía se muestra un ejemplar con cresta.*

Estilo de vida de los cobayas

LA FORMA NATURAL DE LOS COBAYAS es la descrita como agutí, con la coloración entreverada típica que viene dada por las diferentes bandas de color claro y oscuro de cada pelo individual. Este tipo de pigmentación es muy corriente en los roedores y conejos silvestres y sirve como un medio de camuflaje. Sin embargo, a medida que se ha ido extendiendo su domesticación, ha ido surgiendo toda una gama de colores y tipos de pelajes diferentes. Las variaciones de color partieron ya desde el lugar de origen de estos animales, en Sudamérica, pero desde entonces, se han extendido a Norteamérica y Europa, donde los cobayas han pasado a ocupar un puesto principal entre los animales de exposición.

Desde el punto de vista biológico, los conejillos de Indias pertenecen al grupo de los histricomorfos dentro de los roedores. El rasgo más importante que caracteriza a los animales de este grupo, que se encuentra en estado salvaje en el Nuevo Mundo principalmente, son sus hábitos reproductores, bastante distintos a los de los demás grupos de roedores. Las hembras de los cobayas alumbran camadas relativamente reducidas, compuestas típicamente por cuatro crías, y el periodo de gestación es de una media de 69 días. Las crías no nacen indefensas, sino como adultos en miniatura, totalmente desarrolladas. De hecho, los cobayas son capaces de empezar a alimentarse por sí solos cuando tienen escasamente un día de vida.

▲ *Únicamente las razas de conejos pequeños pueden convivir con los cobayas, pues los de un tamaño mayor pueden dañarles o aplastarles.*

Datos de interés

Nombre: conejillo de Indias o cobaya doméstico.

Nombre científico: *Cavia porcellus.*

Peso: de 0,7 a 1,8 kg; los machos suelen ser más voluminosos que las hembras.

Compatibilidad: por lo general son bastante compatibles si se los agrupa por sexos desde pequeños. Los machos son a veces agresivos. Son capaces de compartir su espacio con los conejos.

Atractivo: son las mascotas infantiles por excelencia, pues llegan a ser muy mansas. Pueden vivir tanto en el exterior como en el interior de una casa.

Dieta: piensos comerciales preparados especialmente para cobayas, verduras, tubérculos y heno. También les encanta el puré de salvado.

Enfermedades: son especialmente vulnerables a afecciones de la piel, provocadas generalmente por una deficiencia de vitamina C, y a hongos cutáneos.

Peculiaridades de la reproducción: conviene aparear a las hembras cuando son jóvenes para evitar problemas en el alumbramiento.

Gestación: 69 días.

Tamaño típico de la camada: 4 crías.

Destete: 30 días.

Duración: de 5 a 8 años.

El cobaya como mascota

Parte de la popularidad que ha logrado este animal en el mundo de las mascotas se debe a su agradable aspecto. En claro contraste con las ratas y los ratones, carecen de cola. Son animales de hábitos esencialmente terrestres y no son aficionados a trepar. Si se sienten amenazados, se limitarán a retirarse a su nido. En su entorno salvaje no suelen esconderse en madrigueras, sino que, ante el posible ataque de depredadores, buscan refugio entre las rocas.

Aunque los cobayas son bastante resistentes y pueden vivir en el exterior durante todo el año en las zonas de clima templado, no tienen tampoco ningún problema en adaptarse igual de bien al entorno doméstico. A diferencia de las ratas y los ratones, no desprenden ningún olor desagradable. Su manejo es por otra parte muy sencillo, ya que no muestran ninguna tendencia instintiva a morder cuando se los coge, ni tampoco tienen unas poderosas uñas con las que puedan arañar, como ocurre con los conejos.

Se puede prever un mismo alojamiento para cobayas y conejos, siempre y cuando el recinto sea lo suficientemente espacioso, pues en una conejera que sea relativamente pequeña es posible que un conejo, sobre todo si es grande, llegue a dañar, o incluso asfixiar, inadvertidamente al conejillo de Indias si lo pisotea. Otra vez más, es conveniente obtener a ambas mascotas desde una edad temprana para que aprendan a convivir. Ambas especies tienen necesidades similares, si bien el aporte de vitamina C es un requisito específico de los cobayas, ya que la dieta de los conejos no se complementa normalmente con ella.

Los cobayas tienen una esperanza de vida de seis años más o menos, lo que las convierte en las mascotas más duraderas dentro de los roedores. Desgraciadamente, es imposible averiguar con exactitud su edad una vez que llegan a la edad adulta, y dado que no se las suele anillar con vistas a su exhibición como los conejos, es mejor proponerse adquirir una cría. Quizá los especímenes adultos que no están acostumbrados a que los cojan no sean tan simpáticos como las crías que crecen con bastante contacto humano.

P/R...

● ***¿Hasta qué punto son adecuados los conejillos de Indias como mascotas?***

Son ideales, pues se dejan coger y acariciar y además siempre están dispuestos a comer de la mano. Exigen un cuidado mínimo y, además, el hecho de que puedan vivir tanto fuera como dentro de casa significa que quienes no tengan un jardín, los pueden mantener en casa perfectamente.

● ***¿Cuál sería el mejor tipo de conejo como compañero de un cobaya?***

Una de las razas más pequeña, como los mini lop o un mini rex, sería lo más adecuado. Elija mejor una hembra, ya que son bastante más tolerantes que los machos. De todas formas el sexo no es algo crucial, sobre todo si se pretende castrarlo.

● ***¿Existen algunos tipos de cobayas más adecuados que otros?***

Normalmente, es mejor evitar las variedades de pelo largo, como los peruanos, ya que requieren unos cuidados muy absorbentes. De todas formas, hay poca diferencia entre los distintos tipos de conejillos de Indias en cuanto a su temperamento.

▼ *Los conejillos de Indias son las mascotas infantiles ideales, tanto por su tamaño y su carácter amistoso, como por la facilidad con la que se pueden amansar y manejar.*

El alojamiento de los conejillos de Indias en el exterior

A PESAR DE QUE LOS CONEJILLOS DE INDIAS son originarios de una región del globo con clima cálido, su hábitat natural está a grandes altitudes en las montañas de los Andes, donde los inviernos pueden ser muy crudos. Así pues, en zonas de clima templado, estos animales pueden vivir perfectamente en conejeras en el exterior durante todo el año, aunque, obviamente, habrá que protegerles bien en los días más fríos del invierno. Una exposición prolongada a la humedad y la niebla afectará negativamente a su salud, por eso se debe mantener siempre seco su alojamiento.

El diseño básico para una jaula de cobayas apenas se diferencia del de las conejeras, si bien no suelen ser tan altas, por un lado, porque los cobayas tienen un tamaño más reducido y, por otro, porque no son tendentes a escalar ni a ponerse de pie como los conejos. Sin embargo, lo que sí que necesitan es un espacio horizontal mayor.

▲ *Es posible dejar sueltos a los cobayas para que se aprovisionen de comida en los días de buen tiempo. Pero se los debe alojar en un recinto seguro para evitar el ataque de gatos y otros animales.*

▼ *Recinto sólidamente construido. Poder acceder fácilmente a la conejera es crucial para coger a los cobayas cuando se desee. En este caso, la jaula tiene una puerta de bisagra en la parte superior para ello. El suelo de la conejera estará cubierto con un lecho.*

Jaulas en gradas

Con frecuencia, se suele alojar a los grupos de cobayas en jaulas en gradas, cuyo diseño consiste en un bloque único. También en este caso es importante que la unidad de abajo esté levantada desde el terreno para que los animales no queden expuestos a la humedad. Las secciones de abajo serán las menos resistentes por lo que deberán estar hechas de madera de contrachapado para barcos. Hay que pensar también en las bandejas del suelo (*véase* páginas 22-23) para reducir al mínimo el riesgo de que la orina penetre en la parte de abajo, tanto como medida higiénica como para evitar que se pudra la madera.

El diseño de las puertas es un elemento muy importante en las jaulas en gradas, ya que se debe prever el riesgo de que los cobayas caigan al suelo al abrirlas con consecuencias fatales. Evidentemente, las puertas de rejilla conllevan un menor riesgo que las de un material compacto, ya que se puede ver en todo momento al animal. Como precaución adicional, no estará de más poner las bisagras de las puertas en la parte inferior, de modo que sea mucho más difícil que el animal se caiga abajo si estuviera apoyado en la puerta.

Conejera Morant

A los cobayas les encanta poder corretear por el césped y, para este fin, la conejera de Morant es la más idónea. Se compone de dos lados que se unen por arriba y que forman una estructura triangular con la base. En uno de los lados, hay una puerta de bisagra grande que da cabida a un fácil acceso al interior del recinto.

El suelo está cubierto con una malla de aproximadamente 5 cm^2, un tamaño de rejilla más abierto que el de los lados para evitar que se aplaste la vegetación, pero lo suficientemente estrecho como para evitar que el animal se cuele por los huecos y se escape, algo que podría ocurrir si se colocara este tipo de conejera en un suelo irregular. Para la cobaya será más agradable dar sus paseos por aquí, al mismo tiempo que está segura ante las incursiones de los gatos, que tampoco se podrán colar dentro. Unida a uno de los extremos, habrá una zona cubierta, de madera sólida, que le servirá al animal como refugio. Esta parte contará con su propia puerta.

A la hora de elegir un lugar para plantar la conejera, habrá que buscar una zona que esté sombreada durante la mayor parte del día. Los cobayas prefieren pastar hierba relativamente corta, más que los hierbajos secos que quedan aplastados debajo de la jaula, de manera que será mucho mejor una zona que se siegue de forma regular. Habrá que evitar los terrenos que hayan sido tratados con sustancias químicas o que estén replantados, ya que podrían suponer graves problemas de salud. Por lo general, se puede prescindir de inspeccionar previamente la zona en busca de plantas que puedan ser nocivas, ya que los cobayas las ignoran instintivamente. De todas formas, sí que se deben evitar las zonas en las que haya bulbos en mal estado, ya que pueden resultarles tóxicos.

P/R...

• ¿Qué precauciones puedo tomar para evitar que se caigan los cobayas al abrir las puertas de una jaula en gradas?

La mejor precaución es añadir un listón de madera como barrera en la parte frontal de la bandeja. De todas formas, no estará de más golpetear la puerta como costumbre antes de abrirla, por si alguno de los cobayas se hubiera quedado dormido apoyado en ella.

• ¿Puedo juntar cobayas de dos conejeras distintas en un mismo recinto?

Sí que es posible, aunque deberá comprobar primero el sexo, para evitar la sorpresa de una crianza no deseada. Generalmente, no se producen peleas, pero, de todas formas, conviene vigilarlos al principio para estar bien seguro de que no surgen problemas.

▶ *Las jaulas en gradas son ideales para alojar a una amplia colección de cobayas. Están diseñadas tanto para poderlas meter en el corral como para dejarlas en el exterior (como la de la imagen), dependiendo de los materiales empleados para protegerlas contra la intemperie.*

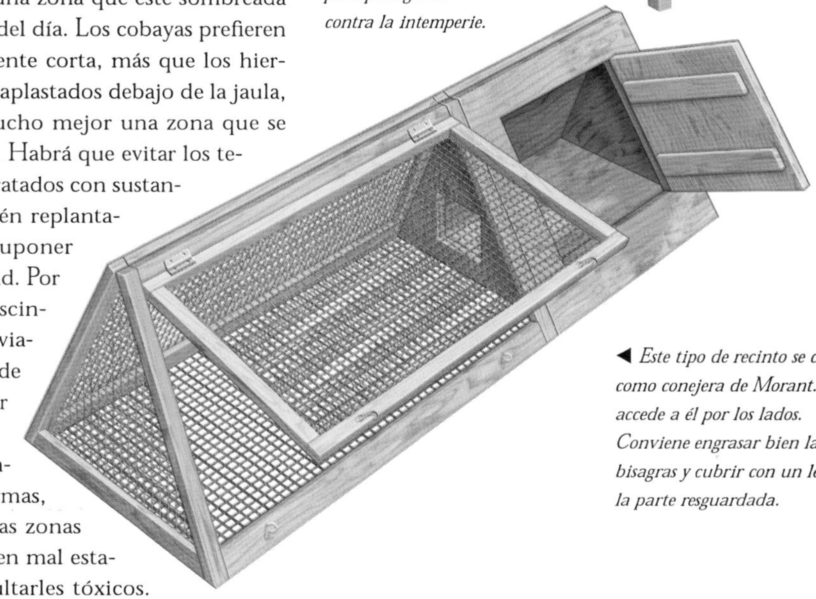

◀ *Este tipo de recinto se conoce como conejera de Morant. Se accede a él por los lados. Conviene engrasar bien las bisagras y cubrir con un lecho en la parte resguardada.*

Alojamientos de interior para cobayas

A FALTA DE JARDÍN, NO HABRÁ NINGÚN PROBLEMA en alojar al cobaya dentro de casa. Para ello, se puede recurrir a la típica conejera (aunque quizá quede fuera de lugar dentro del entorno doméstico), o a cualquiera de los diseños de jaulas que se venden en las tiendas especializadas. Por lo general, consisten en una base o bandeja de plástico y una parte superior desmontable. La unidad de la base sirve para retener el material del lecho, de manera que no se desperdigue por la habitación, y también para que el animal cuente con una zona donde sentirse seguro. Se puede incluir una pequeña caseta de madera que cumpla este fin, de manera que la cobaya se retire a ella de vez en cuando. El resto del suelo estará cubierto de virutas absorbentes.

Otra alternativa para los alojamientos de interior de cobayas consiste en una conejera sencilla, con la base de contrachapado y una de las paredes móviles para poderla levantar. Es preferible encajar una puerta de bisagra, de modo que ocupe menos espacio al abrirla. De este modo, el animal podrá merodear a sus anchas y regresar cuando sienta hambre o sed. Con este sistema, se los disuadirá de comerse las alfombras o mordisquear las plantas que estén a su alcance.

◄ *Por lo general, se suele proporcionar una especie de redecilla especial a los cobayas que viven en jaulas dentro de casa, sobre todo los de pelo largo. El lecho se cubre de virutas de madera.*

▼ *Diseño moderno de jaula para cobayas. Se puede abrir la puerta de barrotes para coger al animal o rellenar el comedero y el lecho, aunque también se puede desmotar la parte de arriba.*

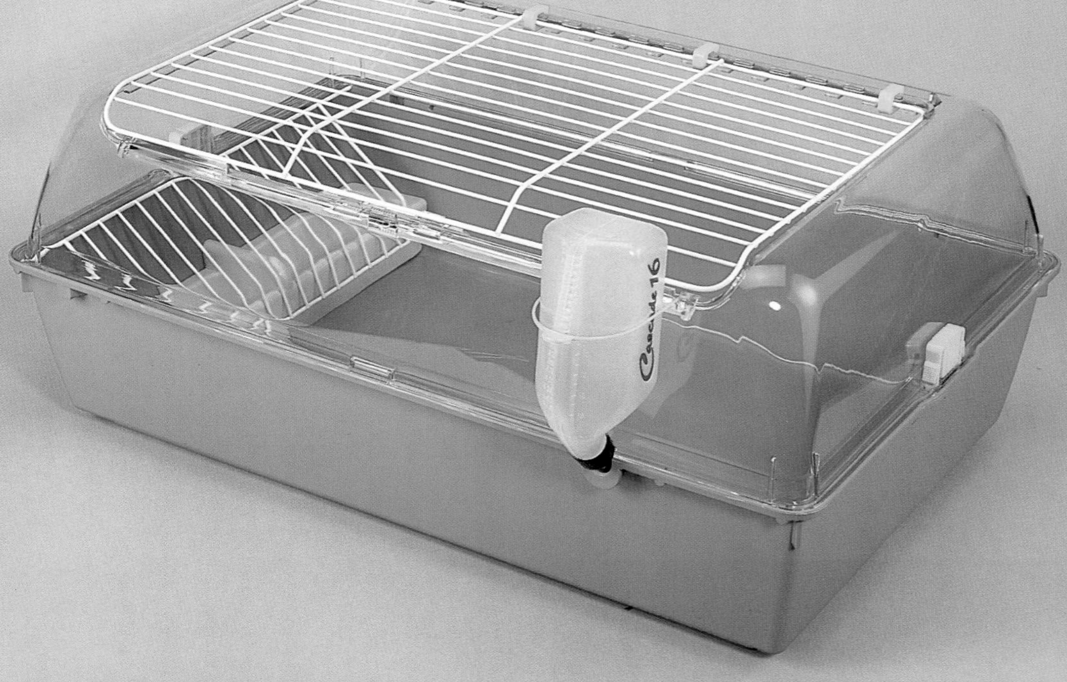

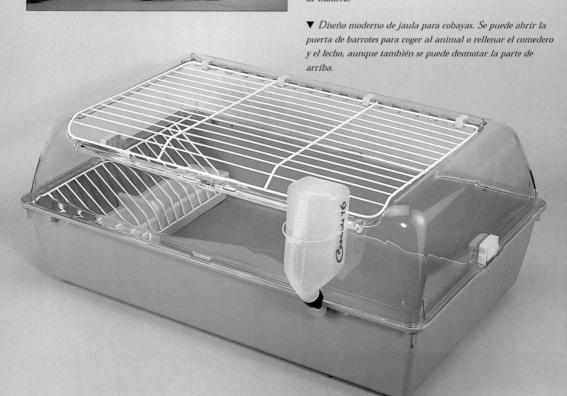

¿Dónde colocar la jaula o la conejera?

El mejor lugar para situar la jaula de un cobaya suele ser la sala de estar. En esta habitación, será posible soltarla mientras uno esté allí y disfrutar de su compañía. No obstante, no conviene dejar que el animal acampe libremente por la casa, pues puede encontrarse con un sinfín de peligros. Una simple barrera de unos 30 cm de altura evitará que el cobaya se escape a otra habitación cuando la puerta esté abierta. Cuando no se necesite, se puede guardar en cualquier esquina y colocarla según lo requiera la ocasión.

Peligros domésticos

Las puertas abiertas pueden suponer que se escape la cobaya, de manera que se tropiece o de un traspiés, o que merodee por lugares potencialmente peligrosos, como la cocina.

Los perros y los gatos deberán estar ausentes de la habitación por la que se deje andar suelta al cobaya.

Los zarpazos de un gato pueden suponer que se escape el animal o que el gato entre en la jaula y lo atrape.

Las chimeneas deberán estar protegidas de forma adecuada con mamparas.

Los productos químicos como los pulverizadores para las alfombras y algunos insecticidas pueden ser peligrosos.

Los elementos que pueda mordisquear como las fibras de la alfombra, madera pintada o tratada, cables eléctricos o plantas, deberán estar fuera de su alcance.

P/R...

- *Acabo de comprar un cobaya pequeño en la tienda de animales. ¿Puedo alojarlo en una conejera en el exterior, a pesar de que sea invierno?*

No es recomendable todavía. Es mejor alojarlo dentro de la casa, en un lugar relativamente cálido, y esperar a sacarlo fuera cuando llegue la primavera. A partir de entonces, podrá vivir en el exterior de forma permanente.

- *¿Les gusta tener compañía a los cobayas?*

Enseguida se acostumbran a quedarse en el regazo de su dueño durante un largo lapso de tiempo, sobre todo si se les habitúa así desde pequeños. De todas formas, es aconsejable sentarlos sobre una toalla, pues por muy limpias que sean estas criaturas, siempre puede haber sorpresas.

- *¿Es posible que un cobaya moleste a los vecinos?*

Es bastante raro. Por lo general, son criaturas tranquilas y tan sólo emiten sus peculiares sonidos cuando están nerviosas o porque no pueden alcanzar la comida. Esto último se puede evitar perfectamente proporcionando la comida y el agua al animal en un recipiente adecuado situado estratégicamente en la habitación cuando se esté fuera.

▼ *Una cría de cobaya explora el entorno doméstico al lado de su madre. Es importante bloquear todas las posibles vías de escape por las que pueda colarse fácilmente el cobaya bebé y esconderse.*

Alimentación de los cobayas

LOS COBAYAS SON ANIMALES HERBÍVOROS en sus hábitos alimenticios y tienen el sistema digestivo adaptado para ello. Su ciego es voluminoso y en él están presentes bacterias y protozoos microscópicos beneficiosos para permitir que tenga lugar la digestión de la celulosa. El intestino grueso (o colon), en el que se absorben las vitaminas y el agua para el resto del organismo, es también más grande que el del resto de los roedores.

Al igual que los conejos (*véase* páginas 32-33), las cobayas producen primero lo que se denomina heces fecales, que contienen comida medio digerida. Una vez expulsadas del cuerpo, las vuelven a ingerir y es en este segundo paso del bolo alimenticio por el tracto digestivo cuando se absorben todos los nutrientes necesarios a través de la pared del intestino delgado.

Los cobayas requieren una dieta rica en fibra y con un alto aporte de vitamina C, que deberá estar presente en los alimentos. Todos los demás roedores (y de hecho, todos los demás mamíferos a excepción de los monos y el ser humano) pueden fabricar esta vitamina en su propio organismo. Así pues, es importante ofrecer a los cobayas, todos los días, verduras que contengan la vitamina C que necesitan. Hay algunos criadores que son partidarios de proporcionarles verduras frescas tanto por la mañana como por la tarde.

Existe una gran variedad de plantas que sirven como forraje para los cobayas, puidiendo darles de comer las malas hierbas del jardín como, por ejemplo, diente de león, milenrama y llantén, pero hay que evitar las que puedan ser venenosas, como son la correhuela (enredadera) y el ranúnculo, aparte de algunas plantas cultivadas como los altramuces. Durante el invierno es más difícil proporcionarles las verduras necesarias, pero se les puede dar las de la temporada, como el brécol, un alimento muy valioso por su alto contenido en vitamina C, sobre todo si está fresco. Se puede complementar la dieta también con tubérculos como zanahorias y nabos, si bien no son tan ricos en vitamina C. Se les deberá suministrar heno suficiente, ya que necesitan fibra para su dieta.

▼ *Existe gran diversidad de granulados mixtos y deshidratados para cobayas. No se debe caer en el error de ofrecerles un preparado formulado para otro tipo de roedor, ya que aunque aparentemente sea igual, su contenido en vitamina C será bajo. La comida se deberá almacenar en un lugar seco.*

Comidas deshidratadas y suplementos

También es posible garantizar que las cobayas no sufren una deficiencia de vitamina C al proporcionarles una fórmula mixta especial. En el momento actual, existe una gran diversidad, y todas ellas ofrecen una alternativa equilibrada, siendo mucho más saludables que la avena triturada, por ejemplo. Asimismo, se puede acudir a los preparados granulados especiales para cobayas, si bien es preciso ser precavido a la hora de cambiar la dieta y no hacerlo de forma repentina ya que ello podría trastornar la flora microbiana presente en el tracto digestivo del animal con la consecuencia fatal de una diarrea. Hay que procurar comprar una comida especial para cobayas que dure bastante y fijarse en la fecha de caducidad que venga en el paquete, pues si no es así, el contenido vitamínico se deteriorará, sobre todo tras su exposición al aire durante un período prolongado. En ningún caso, se deberá utilizar transcurrida esta fecha, ya que el contenido en vitamina C estará deteriorado invariablemente.

Un suplemento muy adecuado que se les puede dar durante todo el año es puré de salvado, cuya preparación es muy sencilla y consiste en mezclar salvado de avena con suficiente agua para que no quede demasiado espeso. Habrá que lavar bien todos los días el cuenco que se utilice antes de rellenarlo.

Aunque los cobayas pueden recibir el aporte de líquidos que necesitan a través de los alimentos, es importante que cuenten con agua fresca todos los días. Para ello, su alojamiento estará equipado de un bebedero especial, ya que un cuenco o similar terminaría invariablemente contaminado con la paja del lecho. Si no están acostumbrados, habrá que vigilarlos al principio para estar seguro de que están suficientemente hidratados. Tal vez sea necesario enseñarlas acercando su boca a la botella y apretarla un poco para que salga el agua.

▼ *Los cobayas se beneficiarán de una dieta diaria a base de verduras y plantas, tanto cultivadas como silvestres. Conviene lavarlas bien antes y procurar que estén siempre frescas.*

P/R...

● ***¿Puedo utilizar como alimento para mi cobaya la hierba cortada?***

Se puede utilizar sin problemas, siempre y cuando no esté tratada con ningún producto químico ni contaminada con la grasa de las cuchillas del cortacésped. Atención con la hierba que acaba de ser fertilizada o tratada para eliminar las malas hierbas, pues algunos productos químicos pueden ser venenosos.

● ***¿Se puede mantener un suministro de hojas de diente de león todo el año?***

Si las arranca con la raíz y las planta en unos tiestos, de manera que apenas sobresalgan las hojas desde la superficie del suelo, podrá tenerlas todo el año. Deberá colocar los tiestos en un lugar luminoso y cálido y regarlo adecuadamente para que crezca sin problemas.

● ***¿Qué valor tiene el jarabe de escaramujo para un cobaya?***

A muchos criadores les gusta este producto, que es una fuente de vitamina C tradicional. Se puede mezclar con el puré de salvado, o añadirse de forma regular en el agua en una proporción de 12 mg de vitamina C por cada 100 ml de agua.

Cuidados de los cobayas

LOS CONEJILLOS DE INDIAS SON CRIATURAS muy fáciles de manejar ya que, a pesar de estar provistos de unos afilados incisivos, no son propensos a morder. De todas formas, no se puede asegurar que no vayan a utilizar sus cortas patas para formar un túnel en el heno y escaparse con gran rapidez antes de ser atrapados. Siendo este el caso, hay que tener una mano preparada para cogerlo por delante a la mínima oportunidad agarrándolo desde el dorso para que no salga corriendo. Si no se es zurdo, se puede utilizar la mano izquierda para levantarlo mientras se cubre el cuerpo con la derecha. Una vez que se le saque de su habitáculo, habrá que tener mucho cuidado de sujetarlo bien por abajo, pues si no se sentirá inseguro y tratará de escapar.

Si quien coge al animal es un niño, no estará de más convencerle para que no lo coja con los brazos desnudos, ya que si le hiciera daño con las uñas, es posible que terminara soltándolo. El método más recomendable es el mismo que se explicó anteriormente para los conejos (*véase* página 38).

Si hay que llevar al cobaya de un lado a otro por la razón que sea, es preferible utilizar una cesta de transporte adecuada, o incluso la que se utiliza para los gatos siempre que esté limpia. Haciéndolo así, se puede garantizar que el conejillo de Indias está más o menos seguro, tanto en caso de un viaje, como si se queda en el jardín y merodea cerca el perro. Se debe dedicar una particular atención a la hora de volver a colocar al animal en su recinto pues es posible que se escape y, si lo hace, puede perderse entre la maleza del jardín, o incluso salirse fuera del terreno vallado. Si se soltara, más vale atraparlo antes de que sea demasiado tarde y desaparezca.

Limpieza

Será necesario limpiar el habitáculo de la cobaya a fondo por lo menos una vez a la semana, retirando diariamente todos los restos de comida. Las herramientas más recomendables para hacerlo son un cepillo y un recogedor, si bien la tarea se simplificará

▼ *Los cobayas son muy manejables y dóciles. De todas formas, hay que cogerlos sujetándolos firmemente por abajo para que el animal no forcejee.*

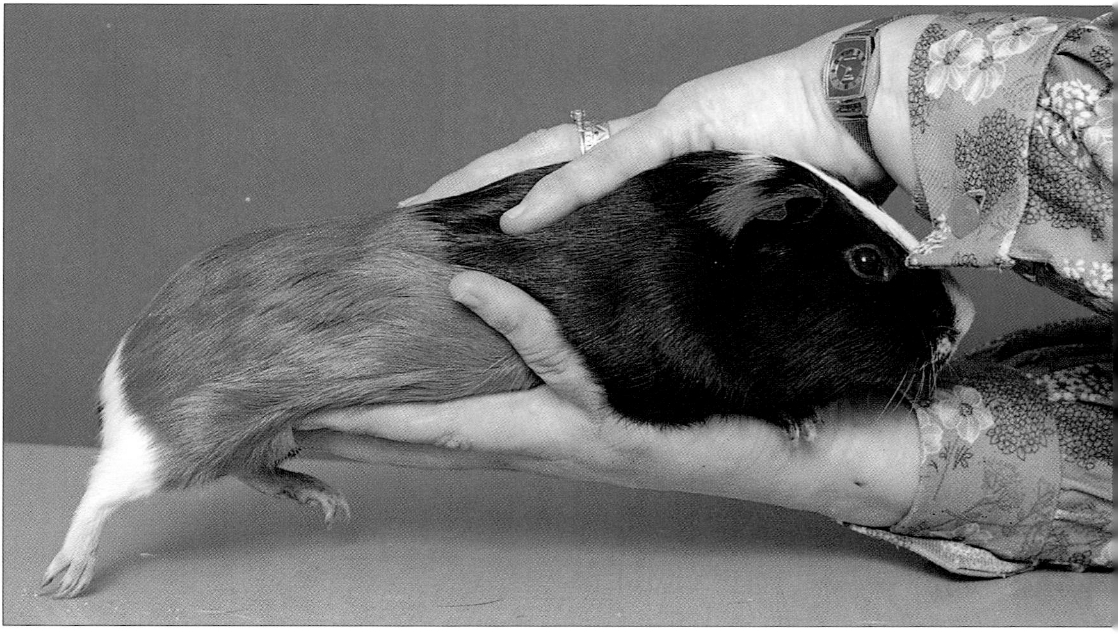

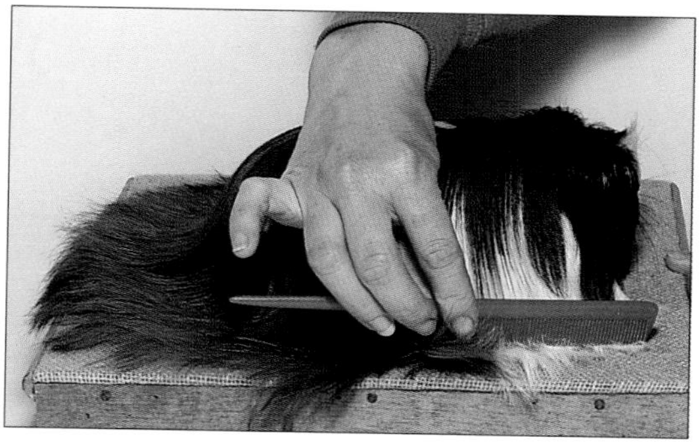

▲ *Cepillado de una cobaya de pelo largo sobre un pedestal cubierto con tela de arpillera. Si uno se inclina por este tipo de razas de pelo largo deberá estar dispuesto a invertir su tiempo en las sesiones diarias de su aseo.*

en gran medida si la conejera tiene bandejas deslizables como las utilizadas para los conejos (*véase* página 22). En el caso de las razas de pelo largo, como por ejemplo los cobayas peruanos, tal vez sea preferible restringir el suministro de heno a una cantidad limitada dentro de una redecilla (*véase* página 96), en lugar de proporcionarle la cantidad habitual para que fabrique su lecho, ya que es prácticamente inevitable que se les enrede en el pelo.

Cuando la conejera esté en el exterior, bastará con mantener todos los elementos necesarios, como el heno, las virutas de madera y la comida deshidratada, fácilmente accesibles, tal vez en un cobertizo contiguo. Ni que decir tiene que tanto el lecho como la comida deberán estar secos en todo momento y, sobre todo, fuera del alcance de roedores silvestres. Un cubo limpio con tapa es un buen lugar para almacenar estos elementos sin problemas. El material para el lecho se puede guardar en sacos dentro de un contenedor, pero en lo que se refiere a la comida, conviene guardarla en recipientes herméticos, para prolongar la duración de su contenido en vitamina C.

Conviene lavar con detergente y un pequeño cepillo, una vez a la semana, los cuencos donde se coloquen los preparados deshidratados, dejándolos secar bien antes de rellenarlos. Asimismo, habrá que lavar la botella del agua para evitar que se formen algas dentro. El mejor modo de limpiarla a fondo es con un cepillo para botellas, como los de uso doméstico, aunque hay que procurar no arañar las paredes, ya que es precisamente en estas pequeñas hendiduras donde se puede establecer el verdín y costará mucho eliminarlo. Las botellas de vidrio no se arañan, pero no son tan prácticas pues se pueden romper si se caen.

P/R...

● ***He observado que las virutas de madera se pegan a la bandeja al humedecerse. ¿Puede sugerirme algo para quitarlas?***

La forma más sencilla es utilizar una pala o una paleta para rasparlas y tirarlas después a una bolsa de plástico. Otra alternativa puede ser el empleo de una espátula como las que se emplean en pintura. Es mejor utilizar virutas como material para el lecho, ya que el serrín es demasiado fino y podría irritarle los ojos al animal.

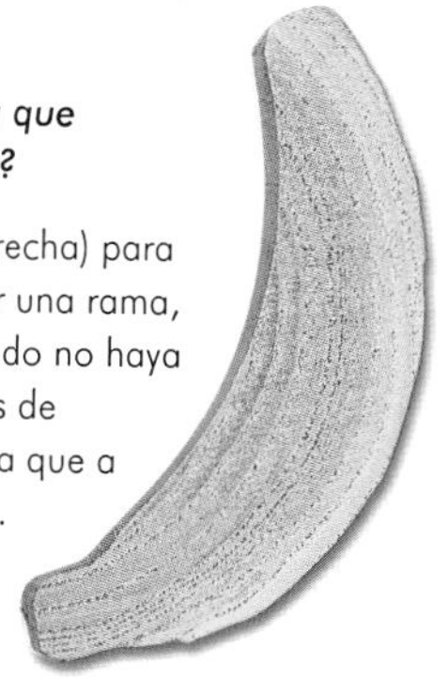

● ***¿Qué puedo darle a mi cobaya para que mantenga en buen estado sus incisivos?***

Existe toda una gama de masticables (derecha) para este fin, aunque también se les puede dar una rama, por ejemplo de manzano, siempre y cuando no haya sido fumigada recientemente. Los bloques de minerales también son muy adecuadas, ya que a la vez que los muerden, afilan sus dientes.

● ***¿Por qué no deja de gotear la botella del agua que le pongo a mi cobaya?***

Probablemente porque sólo la ha llenado hasta la mitad. Si la llena hasta arriba, se desplazará todo el aire y desaparecerá el problema.

Sugerencias para la domesticación

- Si es posible, partir de un ejemplar joven, de aproximadamente cinco semanas de vida.
- Acostumbrar al animal a que lo cojan con asiduidad, por lo menos una vez al día.
- Ofrecer al conejillo de Indias comida con la mano mientras está en su habitáculo.
- Procurar que la mascota se quede tranquilamente en el regazo (abajo), aunque al principio se muestre reacia. Ofrecer un trozo de verdura fresca facilitará la labor.

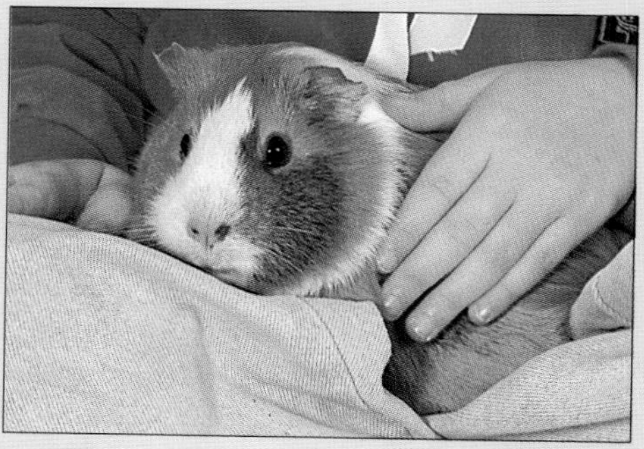

Reproducción de los cobayas

NO ES CONVENIENTE RETRASAR DEMASIADO el primer apareamiento de las hembras, ya que aproximadamente a los diez meses de vida se les unen los huesos pélvicos. En circunstancias normales, se sueltan y las crías pueden pasar sin problemas en el parto. Sin embargo, si el apareamiento tiene lugar demasiado tarde, los huesos quedarán soldados permanentemente y se elevará el riesgo de un alumbramiento complicado. Es posible incluso que haya que practicar una cesárea para salvarle la vida a la madre.

El momento idóneo para que una cobaya se reproduzca por primera vez es a los cinco meses de vida, más o menos. No es necesario ningún tipo de precaución especial. Basta con dejar al macho y a la hembra juntos durante unas seis semanas, durante las cuales es probable que se produzca la cubrición, ya que las hembras entran en época de celo una vez cada 18 días aproximadamente. Conviene que la hembra esté sola durante toda la gestación, que normalmente dura 69 días. Generalmente, las crías nacen por la noche.

La dieta de la hembra será similar a la que venga recibiendo, si bien no estará de más enriquecerla con un suplemento especial, que se puede rociar sobre las verduras frescas. A medida que se acerque el momento del parto, se podrá observar que el abdomen del animal ha aumentado considerablemente. En esta última etapa, habrá que limitarse a cogerla solamente cuando sea estrictamente necesario, con mucho cuidado de no dejarla caer.

Será vital proporcionar a la futura madre una dieta correcta, ya que se duplicará su necesidad de vitamina C durante este período. Si los fetos no reciben suficiente vitamina C de la madre, dicha carencia puede llegar a suponer que nazcan con una parálisis de las patas traseras. Por otra parte, conviene estar atento a cualquier signo de toxemia de la gestación, que se manifestará como un decaimiento y un deterioro progresivo, pudiéndose observar enseguida tirones musculares. Llegado el caso, será preciso un tratamiento veterinario urgente.

Las crías cobaya

Una cobaya suele parir aproximadamente cuatro crías, aunque el número puede oscilar entre uno y seis. No conviene dejar al macho dentro de la jaula una vez que hayan nacido las crías, ya que, aunque no vaya a atacarlas, la hembra entra en celo de nuevo aproximadamente 48 horas después del alumbramiento y es bastante probable que vuelva a concebir de nuevo.

Por lo general, la crianza es sencilla, aunque no hay que perder de vista que puedan surgir problemas, sobre todo si ha habido complicaciones en el parto. A pesar de que los cobayas son capaces de mordisquear alimentos sólidos a los dos días de nacer, siguen necesitando la leche materna. Si se observa algún signo de reticencia por parte de la madre, de manera que rechace a sus crías, es posible que esté sufriendo alguna inflamación de sus glándulas mamarias (una enfermedad conocida como mastitis) o, tal vez, su producción de leche sea insuficiente (una afección que recibe el nombre de agalactia).

La mastitis exige un tratamiento veterinario urgente, en cambio la agalactia cederá en cuanto se deje

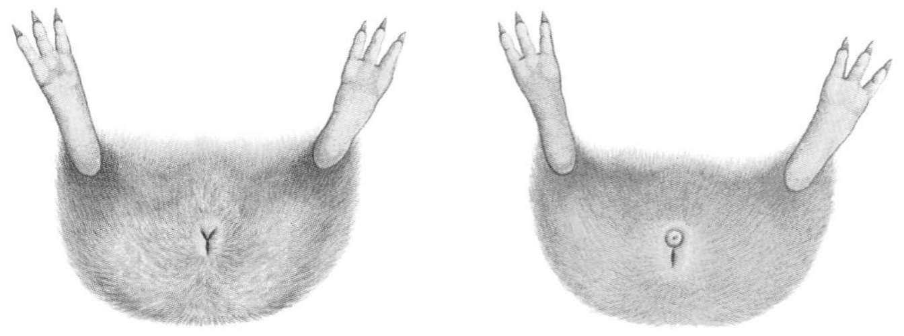

Hembra Macho

◀ *Determinar el sexo de los conejillos de Indias cuando son jóvenes no es tan sencillo como después, en edad madura. No obstante, si se presiona ligeramente la apertura anogenital se podrá observar el pene del animal en caso de que sea macho. Asimismo, se podrán distinguir los pequeños bultos de los testículos.*

▲ *Los cobayas nacen completamente desarrollados, con las manchas que tendrán toda su vida. Crecen rápidamente y enseguida son capaces de alimentarse por sí solos.*

P/R...

● *¿Cuál es el mejor sustituto de la leche de una cobaya?*

En una emergencia, se puede utilizar leche concentrada mezclada con el doble de agua hervida y enriquecida con cereales para bebés. A pesar de que los cobayas exigen un mayor nivel de proteínas que el que contiene este tipo de leche, se puede solventar esta deficiencia con la ingestión de un granulado especial. Como alternativa, puede utilizar un sustituto de la leche del tipo que se vende para cachorros, diluido con agua. Anímeles a comer verduras también, ya que el exceso de leche está asociado muchas veces a la formación de cataratas en los cobayas jóvenes.

● *¿Es preferible buscar una hembra que amamante a las crías que darles uno mismo el biberón?*

Realmente, es mucho mejor buscar a una cobaya que haya parido más o menos al mismo tiempo y que haya tenido únicamente dos o tres retoños. Para evitar la posibilidad de que rechace a las crías extrañas, junte primero a todas las crías en una caja pequeña para que se enmascare su olor antes de colocarlas junto a la madre adoptiva.

a la hembra en calma y tranquilidad. Así que habrá que reducir al mínimo cualquier elemento que la pueda disturbar los primeros días. No obstante, conviene estar preparado para alimentar a las crías con biberón en cuanto se produzca algún problema.

Durante el periodo de lactancia, sobre todo en camadas numerosas, es importante proporcionarles una buena fuente de calcio, como por ejemplo verduras de hoja, maíz o harina de maíz, que ayudará a prevenir un estado patológico llamado eclampsia, caracterizado por una pérdida repentina de la coordinación seguida de ataques. El tratamiento a estas alturas es muy difícil.

Los cobayas crecen con mucha rapidez y es preciso separarlos de la madre cuando cumplen un mes, tomando también la precaución de separar los machos de las hembras.

Enfermedades de los cobayas

AUNQUE LOS COBAYAS RARA VEZ CONTRAEN enfermedades, sí que son propensos a las afecciones de la piel como consecuencia de una falta de vitamina C en su dieta, que puede derivar en una pérdida de pelo, hemorragias y debilidad en general. El tratamiento más propicio consistirá en administrarles el suplemento necesario y enriquecer su dieta.

Sarna y otras afecciones de la piel

La sarna, causada por unos ácaros microscópicos, también puede provocar la caída del pelo. Suele manifestarse en la zona de la cabeza y los hombros, extendiéndose después al resto del cuerpo si no se aplica tratamiento. El animal se mostrará desazonado, ya que esta enfermedad va acompañada de un intenso picor en función de la multiplicación de los ácaros en la propia piel. En los casos agudos, se puede observar cómo el animal se retuerce con nerviosismo.

Es crucial aplicar un tratamiento a tiempo que consistirá en la administración por inyección de un fármaco conocido como ivermectina. El veterinario podrá confirmar la causa primera extrayendo muestras de piel para su examen microscópico. Será necesario adminis-

P/R...

● ***¿Es posible que se produzcan quemaduras solares en los cobayas que viven en un corral?***

Puede ser un problema en los días de más calor, sobre todo en los ejemplares de orejas rosadas. Es preciso que el corral esté situado en un lugar sombreado del jardín, teniendo en cuenta las horas de más sol, para protegerle. Como precaución adicional, siempre se puede comprar bloques especiales para el sol. Trate de evitar las preparaciones caseras, pues les podrían resultar indigestas.

● ***¿La tiña es una enfermedad parasitaria?***

No, se trata de una enfermedad fúngica. Aunque es muy rara en los cobayas, reviste su importancia, ya que es una zoonosis, una enfermedad que puede ser contagiada al ser humano. Los síntomas en las personas aparecen en forma de manchas rojizas y redondas, normalmente en el antebrazo, similares a las costras que se detectan en la piel del cobaya. A la menor duda, acuda a su veterinario.

▼ *El tratamiento de la sarna en cobayas solía consistir en baños regulares medicados, en cambio, hoy en día se administra el fármaco por inyección como un medio más efectivo de eliminación de los parásitos.*

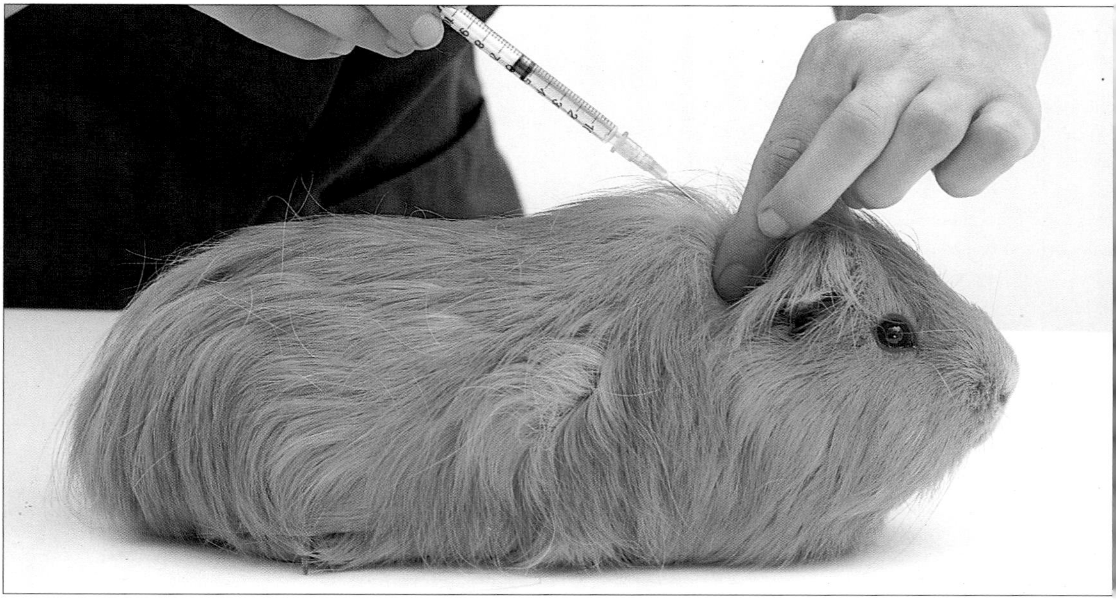

Peligros en una conejera

Los insectos, como las moscas, pueden entrar en la conejera y producir una picadura de mosca: una grave enfermedad que consiste en el depósito de las larvas en la piel.

Alimentos venenosos o plantas fumigadas que pueda ingerir la cobaya por descuido. Es igualmente peligrosa la comida contaminada por roedores, caducada o seca.

Otros animales: es posible que las dañen si se llega a olvidar cerrar la puerta donde estén cómodamente alojadas.

Contaminación: el heno que contenga malas hierbas tóxicas, o que esté en mal estado, puede ser tóxico para el animal. Si no se limpia bien la jaula, el riesgo de enfermedades es mayor.

trar varias dosis a intervalos de tres semanas aproximadamente, para eliminar totalmente los ácaros. Asimismo, habrá que realizar una desinfección total del habitáculo del animal para asegurar que no sobrevive ningún agente patógeno. Los ácaros pueden provenir del heno, aunque también las jaulas de segunda mano pueden ser peligrosas en un momento dado, por eso conviene desinfectarlas a fondo antes de usarlas.

Con frecuencia, las hembras que están en el periodo de gestación, o lo acaban de pasar sufren una afección de la piel, que ha sido descrita como «dorso quebrado», más común en los ejemplares de piel clara y de mayor incidencia durante los meses cálidos del año. Los signos propios de esta enfermedad se manifiestan en una pérdida de pelo en la espalda, que puede ser consecuencia directa de la dieta. Muchas veces, se identifica como la causa más corriente la ingestión de copos de maíz. Una vez descartadas otras causas, como por ejemplo los ácaros, el cambio de la dieta y el tratamiento tópico servirán para resolver el problema. Es posible que se produzca asimismo una pérdida del pelo durante el embarazo, pero, en este caso, no irá acompañado de prurito. El pelo deberá volver a crecer a su debido tiempo, aunque sí que es verdad que el estado general del animal tenderá a empeorar en posteriores embarazos. Un suplemento de vitamina B, rociado sobre la verdura, es la mejor solución para superar esta afección.

Problemas de la nutrición y otros problemas

Un grave problema de la nutrición que se observa en los machos es la calcificación metastásica, que se manifiesta por una rigidez de los miembros y, con frecuencia, la pérdida de peso, en sus primeros estadios. Se debe a la formación de nódulos de calcio en diferentes partes del cuerpo, desde los pulmones y el estómago hasta los principales vasos sanguíneos, como la aorta. Esta enfermedad se produce a partir de un desequilibrio en el metabolismo del calcio y el fósforo, que está regulado por la vitamina D. El mejor curso de acción es la prevención, que se consigue con una dieta equilibrada. Si se detecta cierta torpeza en los movimientos de una cobaya, se deberá consultar enseguida al veterinario para reducir los riesgos.

Un mal muy corriente y desagradable que pueden padecer estos animales al hacerse viejos es la impacción del recto, que provoca una distorsión del ano, siendo evidente una acumulación de los excrementos en esta parte. La única solución consiste en lubricar la zona afectada e ir sacando la masa de residuos utilizando unos guantes desechables. Dado que esta enfermedad se produce por una pérdida del tono muscular, poco se puede hacer para resolver el problema, aunque una dieta rica en fibra puede paliarlo en cierto modo.

A veces, los cobayas se pueden hacer daño en las orejas al arañárselas si tienen las uñas muy largas y conviven en grupo. También es posible que una madre aplaste a una de sus crías cuando empiezan a probar la comida sólida. En caso de que tenga una herida sangre, habrá que presionarla con un algodón húmedo unos minutos para volver a conducir la sangre y que se forme una costra. Puede que las heridas sean tan numerosas que limiten las posibilidades del animal para su exposición en concursos en el futuro. Así pues, hay que estar atentos y cortarles las uñas regularmente, siguiendo las mismas instrucciones que se expusieron para los conejos (*véase* página 49).

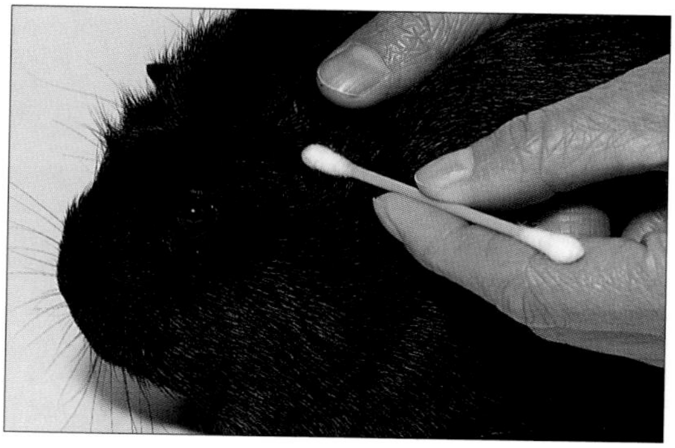

▲ *Si un cobaya tiene sucia la parte exterior de la oreja, se puede utilizar un bastoncillo de algodón humedecido para limpiarla, teniendo siempre mucho cuidado de no profundizar demasiado.*

Razas y variedades de cobayas

LOS COBAYAS SE CLASIFICAN EN FUNCIÓN de su coloración y también por el aspecto de su piel. En los últimos años ha aumentado de forma increíble la gama de variedades.

COLORES PUROS

Los conejillos de Indias que pertenecen a este grupo son muy populares y consisten en ejemplares de piel suave y de un solo color. El negro puro es el más oscuro del grupo, con una pigmentación azabache. Dentro de esta variedad, se considera como una falta la presencia de cualquier mechón rojizo. Otra de las variedades es la de color chocolate, con un tono rico e intenso, y los ojos de color rubí. En lo que se refiere a los concursos y exposiciones, el color de la parte inferior de estos ejemplares debe ser tan oscuro como el resto del cuerpo. Las variedades de color puro se crían también en las formas diluidas de ojos rojos, que dan lugar a las cobayas lilas (que corresponden al negro) y las de color beige (que corresponde al chocolate).

Rojos y crema

El vistoso tono caoba de la variedad rojo puro se aclara con la edad, por lo que es conveniente escoger a las crías más oscuras. La presencia de mechones blancos es un problema relativamente común dentro de esta variedad, ya que pueden estropear su aspecto si se pretende su exposición. Las cobayas doradas son una versión más clara, cuya pigmentación puede presentar un matiz más bien jengibre que amarillo. Dentro de esta variedad, son más corrientes los ojos rojos, conociéndose en Norteamérica como cobaya naranja de ojos rojos, aunque también existe la variante de ojos oscuros. Se debe observar que el color de la parte inferior de estas cobayas se corresponda con la superior, ya que si es demasiado pálida producirá un efecto veteado e irregular.

El color crema puro está muy establecido, pero nos encontramos de nuevo con el inconveniente de

◀ *Cobaya lila. La coloración lila deberá consistir en un gris paloma pálido con un matiz rosáceo. Sin embargo, no es tan fácil conseguir que el color esté uniformemente repartido por todo el cuerpo del animal, pues a menudo se detectan partes más oscuras y partes más claras.*

P/R...

• *¿Es posible criar cobayas con cresta de colores puros?*

Es bastante factible, ya que la característica de la cresta se da ndependientemente del color. Se han obtenido dos ormas bien diferenciadas de este tipo de mutación. En a versión inglesa, la roseta de pelo que da lugar a la resta debe entonar con el color, en cambio, en la americana, el penacho es blanco. La cresta deberá tener na forma y una colocación determinada. Para peinarla, e puede utilizar un cepillo de dientes.

¿Cuáles son los rasgos en los que más se fijan los ueces para valorar a las cobayas de concurso?

n términos generales, la cabeza deberá ser ancha y la ara achatada, con el cuerpo esbelto. Las orejas serán erfectas, sin ningún tipo de rasguño en los bordes, y starán caídas hacia abajo de forma semejante a un étalo. El brillo de los ojos deberá ser bastante intenso y as uñas no deberán estar demasiado crecidas ni etorcidas.

• *¿Cambian de aspecto los conejillos de Indias?*

Con frecuencia, al principio parece que van a tener un uerpo muy alargado, pero su figura se va haciendo nás elegante a medida que maduran. Dependiendo de a variedad, también es posible que cambie un poco su oloración. Por ejemplo, en el caso del negro puro, esaparece el pelo rojizo.

▼ *Este grupo de cobayas de colores puros (de izquierda a lerecha, crema, ante y dorado) refleja las diferencias de ntensidad de color. Así, por ejemplo, el tono ante es más oscuro ue el crema.*

▲ *Ejemplar de cobaya americana con cresta de color puro. Podemos apreciar como contrasta el blanco de la cresta con el resto del cuerpo que, por otra parte, no deberá estar contaminado por ningún mechón distinto.*

que no es fácil conseguir el nivel de coloración adecuado. Es preferible un tono más claro, aunque muchas veces eso se traduce en que la parte ventral sea demasiado blanca. Como ocurre con las demás variedades de colores puros, es imprescindible que la pigmentación esté uniformemente repartida. Los ojos de un intenso color rubí de los cobayas crema, que pueden llegar a parecer negruzcos, ayudan a distinguirlos de otra variedad llamada azafrán, que luce un abrigo de color amarillo limón claro.

Blancos y otros colores puros

Los cobayas blancos se dan en dos formas que se diferencian por el color de los ojos: los blancos de ojos oscuros, en las que el pigmento oscuro está presente a veces también en las orejas y las patas, y los blancos de ojos rosados, verdaderamente albinos que carecen totalmente de pigmentación. La piel en ambos casos deberá ser completamente blanca, si bien puede que resulte complicado retener este color, ya que es muy normal, con el tiempo, que el animal se ensucie con el material del lecho.

Actualmente, se están desarrollando otras variedades de color puro entre las que se incluyen las cobayas azules, creadas en Estados Unidos, que, al igual que las demás del grupo, deben lucir un pelaje con una pigmentación intensa y uniforme.

El desarrollo de la mutación satinada ha servido para reforzar el atractivo aspecto del pelaje de color puro de estos animales de forma particular, aunque se puede combinar esta textura perfectamente también con otras variedades de pelo corto. No se deberá aparear a dos ejemplares satinados, sino que se los debe cruzar con otras variedades para mantener la calidad del pelaje.

VARIEDADES CON MARCAS

Existe una serie de formas de cobayas con un pelaje de coloración mixta que se inscribe dentro de la categoría de color no puro. Entre ellas se incluyen las formas agutí, así llamada porque cada uno de los pelos presenta una doble coloración clara y oscura. Este tipo de pelaje es el que cubría a los ancestros de los cobayas. El agutí dorado tiene una coloración más luminosa que el agutí plateado y su parte ventral tiene un matiz más rojizo que el de los plateados, en los que se sustituye por un tono negro azulado. Entre las nuevas variantes de agutí se incluyen también las argentadas, que tienen los ojos rojos.

Carey y otras combinaciones de color

Existe cada vez un mayor número de razas que presentan un pelaje con una combinación de blanco y otro color. Entre ellas se incluyen los cobayas carey y blancos, cuyo pelaje consiste en parches rojos y negros con zonas blancas. Idealmente, cada color deberá estar dispuesto en forma de cuadrados regulares, con una clara delimitación entre ellos. Asimismo, el tono rojo deberá ser intenso y uniforme. Las mismas reglas se aplican para los cobayas tricolor, en los que los colores contrastan con las manchas blancas. Las variedades carey y bicolor presentan un diseño de manchas similar, sin que ninguno de los colores rodee en círculo todo su cuerpo.

El cobaya holandés presenta un marcado similar al de la raza de conejos correspondiente (*véase* páginas 66-67). Una vez más, se trata de una variedad muy difícil de reproducir con pretensiones de concurso. Deberá haber una franja blanca central alrededor del cuerpo y otra mancha blanca sobre la cara. Los colores oscuros, incluyendo el agutí, son los más propicios para los cobayas holandeses, ya que los tonos más claros como el crema no resaltan sobre el blanco.

En algunas variedades, no es necesario que la frontera entre los colores sea muy nítida. Es el caso, por ejemplo, de los cobayas abigarrados, con vetas rojas y negras. No deberá estar presente ningún mechón blanco, sin embargo, ni tampoco deberán apelmazarse los colores.

Los cobayas ruanos se caracterizan por la mezcla equilibrada de blanco y color. El pelaje de los cobayas ruanos azules presenta una combinación de negro y blanco. En este tipo de ejemplares tanto la cabeza como las patas deberán estar sólidamente pigmentadas. El cobaya ruano de color fresa pertenece asimismo a este grupo, y el pelo que lo cubre presenta una combinación de rojo y blanco, distribuyéndose este último color de forma uniforme por todo el cuerpo.

Las zonas blancas del pelaje son mucho más evidentes en la raza de los cobayas dálmatas, que reciben

▼ *Cobaya himalaya negro. El nombre de este atractivo animal refleja la influencia del gen himalayo al que se debe el característico diseño de la pigmentación de su pelaje.*

su nombre por la raza de perros de todos conocida. Su cara presenta un color liso, separado por una banda blanca que recorre todo su rostro hasta el hocico. Todo el cuerpo está recorrido por lunares del tamaño de un guisante. Aunque los ejemplares en blanco y negro son los más comunes, también existe la variedad en blanco y chocolate, además de otros colores, si bien el contraste es más espectacular en el caso del blanco y negro.

Himalayas

Los cobayas himalayas constituyen otra variedad más, que incluye las versiones en negro y chocolate. La coloración en este caso está confinada a las extremidades del cuerpo, es decir la nariz, las orejas, las patas y los pies. Al nacer, estos animales son blancos y no exteriorizan sus rasgos hasta que no pasan unos días. Su coloración es sensible a la temperatura y se aclara cuando los cobayas permanecen dentro de una casa en condiciones de una temperatura relativamente cálida.

P/R...

• *¿Por qué es menos evidente la coloración de los argentados que en las otras variedades agutí?*

Esta diferencia de color se debe al factor de dilución que afecta al pigmento negro. Según esto, la pigmentación oscura de las puntas de su pelaje es también más pálida, de manera que el contraste entre las bandas oscuras y claras está menos marcado.

• *Estoy tratando de criar ejemplares carey bien marcados con cobayas blancos, pero con poco éxito. ¿Qué consejo me puede dar?*

Se trata de uno de los colores más difíciles de reproducir para cobayas de concurso, pues es difícil predecir el diseño que tendrá la progenie. Si tiene un cobaya en el que uno de los colores está muy limitado, trate de emparejarlo con un ejemplar en el que este color sea dominante. Es de esperar, entonces, que el marcado salga más equilibrado en los hijos.

• *¿Por qué no se recomienda el cruce de ruanos y dálmatas?*

No se recomienda porque existe un problema genético que provoca la ceguera en los hijos. Por eso se debe emparejar a los ejemplares de estas variedades con sus congéneres.

▼ *Cobaya arlequín (izquierda) y cobaya carey y blanco (derecha). El término arlequín se utiliza para describir el pelaje de los ejemplares en los que se solapan abigarradamente dos colores distintos. Obsérvese también el reflejo blanco situado entre los ojos del cobaya carey y blanco.*

Otros tipos de pelaje

A partir de la domesticación de los conejillos de Indias ha surgido un sinfín de cambios en el aspecto de sus pelajes.

Abisinios

La raza abisinia se caracteriza por lucir una serie de rosetas en todo el cuerpo que crean remolinos en los puntos de coincidencia. El pelo deberá estar más o menos tieso, sin caer lacio sobre el cuerpo y será más bien corto, con una longitud máxima de 3,75 cm.

En los ejemplares para exposición, se dedica una especial atención a la calidad y situación de las rosetas. Deberá haber cuatro rosetas en la parte trasera, otras cuatro en la región de la rabadilla, formando un círculo en la parte central del cuerpo, y otras dos en los hombros. Así pues, es bastante difícil conseguir criar la raza abisinia con el diseño perfecto, ya que el apareamiento de dos ejemplares con unas rosetas perfectas no garantiza en absoluto que su descendencia vaya a heredar el mismo pelaje de los padres.

En lo que se refiere a la coloración, no son muy vistosos los colores puros, por la sencilla razón de que suelen ser más suaves que los de otras variedades, como la carey y la carey con blanco, cuyo pelo es más fosco y se mantiene mejor en punta. Así pues, estos colores están bastante más extendidos para la raza abisinia, así como los abigarrados,

P/R...

• *Mi cobaya abisinio macho se ha apareado por accidente con una hembra de pelo suave. ¿Cómo será la descendencia?*

Dado que el pelaje abisinio es genéticamente dominante, todas las crías nacerán con dicho diseño de pelaje, aunque es probable que las rosetas no estén tan bien definidas, al heredar también la textura más suave de la hembra.

• *¿Por qué nunca participan los cobayas de pelo largo en los concursos cuando pasan de los dos años de vida?*

La razón es que se les pone el pelo más rígido y pierde brillo, lo que les coloca en clara desventaja con respecto a sus jóvenes competidores.

• *¿Requieren un cuidado especial los cobayas de pelo largo?*

Conviene proporcionarles el heno en una redecilla especial, ya que es posible que se les queden enredadas las briznas en el pelo, que puede llegar a medir 50 cm en algunos casos.

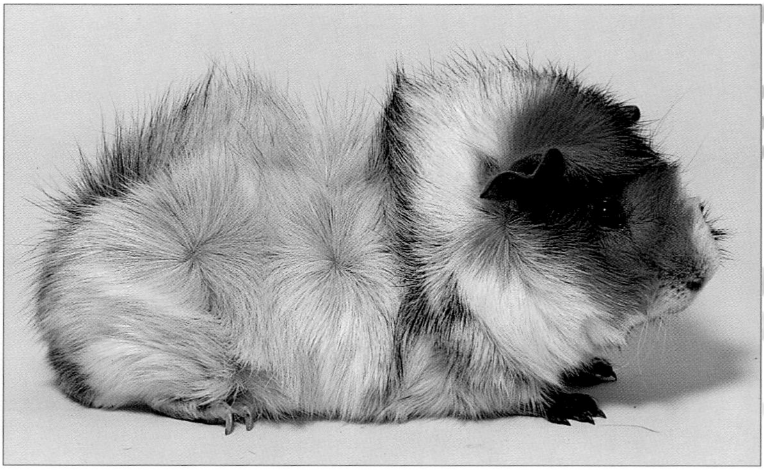

▲ *Cobaya ruano abisinio. En este ejemplar se pueden apreciar perfectamente los remolinos que se forman entre las rosetas. Los centros de las rosetas deben estar alineados, como en la fotografía.*

▼ *La característica rex se puede combinar con cualquier color o longitud de pelo. El ejemplar rex agutí plateado de la fotografía no requerirá un cepillado exhaustivo para mantener su pelaje en condiciones excelentes.*

La variedad Sheltie se puede distinguir de la de los cobayas peruanos porque la cara no está cubierta de pelo. No obstante, sí que deberá estar presente una especie de barba y un largo pelaje que cuelgue desde su cuerpo. El cepillado de estos ejemplares requerirá los mismos cuidados que el de los cobayas peruanos.

con una combinación de rojo y negro. Cuando domina el negro sobre el blanco, se describe a este tipo de ejemplares como fuertemente abigarrados, pero si es lo contrario, se los llama ligeramente abigarrados. El pelo de las cobayas abisinias tarda bastante en llegar a su esplendor, por lo que no participan en los concursos hasta los 18 meses.

Rex

En Norteamérica, la forma rex de los cobayas recibe a menudo el nombre de Teddy, pues recuerda a los peluches. Las crías de los cobayas rex presentan un pelo crespo que va adquiriendo una textura lanosa con el paso del tiempo. Su pelo es áspero al tacto y no cae lacio sobre el cuerpo, sino que tiene más bien una peculiar textura elástica. La característica rex se puede combinar con cualquier color y textura, como por ejemplo la satinada.

Variedades de pelo largo

Los cobayas de pelo largo no están muy extendidos fuera de los círculos de los concursos, ya que exigen un cuidado bastante absorbente. No se debe pensar en adquirir este tipo de animales a no ser que uno esté dispuesto a cepillarlos todos los días. La raza más antigua dentro de este grupo es la de los cobayas peruanos, un tipo de cobayas en el que se consiguen pelajes cada vez más frondosos como consecuencia de su domesticación. A pesar de ello, los cobayas recién nacidos tienen un pelo relativamente corto, pudiendo ser más fácil en esta etapa apreciar el nacimiento del pelo en dos coronillas únicamente, una en la cabeza y otra en la parte trasera.

Cuando las crías de los cobayas peruanos cumplen aproximadamente los tres meses, es necesario moldearles el pelo con envolturas, semejantes a los rulos. En un principio se necesitan tres: uno para la cola, que se llama aspa, y otros dos para cada lado del cuerpo. A medida que crece el animal, se van poniendo más. Esta especie de bigudíes consiste en pliegos de papel de una anchura aproximada de 15 cm, con una pieza de madera de balsa de 5 x 2,5 cm encerrada en cada doblez del papel acabando en ángulo. Se dobla el papel hacia adentro cubriendo ambas caras de la madera y después se termina de envolver el papel dejándolo arrugado. Después, se desenvuelve y se lo coloca alrededor del pelo sujetándolo con una goma. Estos cobayas se exhiben sobre pedestales especiales, levantados 15 cm del suelo de manera que les cuelgue el pelo por los lados. Es importante entrenarles desde pequeños para que aprendan a quedarse quietos mientras los examinan los jueces.

Hoy en día existen otras combinaciones de pelo largo, como la de los cobayas Sheltie, que se pueden distinguir claramente de los peruanos por la ausencia de la roseta desde la que nace el pelo de la cabeza.

La combinación de la característica rex con el pelo largo de los cobayas peruanos ha dado lugar en la actualidad a la raza alpaca, con el pelo largo y rizado. La forma equivalente en la que se combinan el pelaje de rex y de Sheltie es la que se conoce como Texel. La cresta que lucen los cobayas Sheltie, dividida por el centro, se llama corona. Otra variante de pelaje rex y pelo largo es la de los merinos, pero todas estas variedades son poco corrientes.

HÁMSTERS

POCO PUDO SOSPECHAR EL INVESTIGADOR EN MEDICINA que atrapó a algunos hámsters en las laderas del monte Alepo, en Siria, en el año 1930, las consecuencias que ello traería, ni imaginarse que estaba capturando los ancestros de prácticamente todos los hámsters dorados que se mantienen hoy en día en cautividad. Visto que en la actualidad se han obtenido otras variedades de color a partir de cepas domésticas, es mejor aplicar a estos hámsters el nombre de sirios.

De vuelta al laboratorio, este original grupo de roedores demostró enseguida su rápida capacidad de reproducción, ya que en tan sólo un año se habían criado más de 150 ejemplares en la universidad hebrea de Jerusalén. Poco después, se llevó de forma clandestina una pareja a Gran Bretaña, donde se los utilizó en el campo de la investigación y, más adelante, otra pareja fue incluida en la colección de un zoológico de Londres. La prolífica naturaleza de estos roedores llevó a que, ya en el año 1937, llegaran a manos de los entusiastas los primeros hámsters sirios, que se empezaron a exportar desde Gran Bretaña a Estados Unidos.

El creciente interés que despertaron estos pequeños animales como mascotas se reflejó en su participación por primera vez en una exposición en 1948. Su popularidad se extendió más y más, gracias a la facilidad de su reproducción, y se pusieron de moda sobre todo a partir de la enorme publicidad que se hizo de la primera granja de hámsters del mundo, establecida en Inglaterra, cuyo ejemplo fue imitado por otra instalación establecida en Alabama. Este tipo de negocios contribuyó a satisfacer la demanda.

En los últimos años, los hámsters rusos enanos (especie *Phodopus*), criados también en todo un abanico de colores, se han situado entre los favoritos. Hoy día existen más de 24 especies diferentes de hámsters en todo el mundo, si bien la única que ha logrado atraer el interés de los aficionados hasta la fecha, aparte de las mencionadas, es la especie de los hámsters chinos (*Cricetulus griseus*). Estos animales fueron vistos por vez primera en Gran Bretaña hace cerca de 70 años aunque, como ocurre con las razas pequeñas, se extendieron tan sólo a partir de la década de 1970.

▶ *Los vivos ojos de los hámsters sirios reflejan el hecho de que estos roedores viven principalmente en la oscuridad de su entorno de madrigueras. Tienen un desarrollado sentido del olfato y del oído.*

Estilo de vida de los hámsters

Los hámsters constituyen un suborden dentro de los roedores, los miomorfos (de tipo ratón). Se distribuyen por todo el Viejo Mundo, abarcando regiones comprendidas entre partes de Europa y Oriente Medio, incluyendo Siria, hasta Rusia y China. El miembro más grande del grupo es el hámster común europeo (*Cricetus cricetus*), que puede llegar a crecer hasta 28 cm y pesar hasta 0,9 kg. En el lado contrario de la escala se encuentra el ruso enano, que no llega a crecer más de 6,5 cm en total, y tiene un peso normalmente de tan solo 50 g.

El nombre de estos roedores proviene de la palabra alemana *hamstern* que significa «acaparar» y se refiere al hecho de que todos los hámsters poseen unas bolsas en sus mejillas en las que almacenan gran cantidad de alimento para transportarlo hasta sus madrigueras (*véase* página 7). Los hámsters son tímidos por naturaleza y gustan de permanecer bajo tierra gran parte del día para salir tan sólo de la oscuridad en busca de comida. Esta tendencia se puede observar todavía en los hámsters domesticados, pues se dedican a dormir durante el día para mantenerse activos por la noche. Esto explica en parte su fama de mordedores, ya que muchas veces se les saca de su sueño para manipularlos.

◄ *Los hámsters se esconden instintivamente pues, en su hábitat natural, es un mecanismo aprendido para defenderse de los predadores. Son capaces de colarse por estrechos pasadizos, tal como lo demuestra esta fotografía.*

Sus afilados dientes les permiten horadar la corteza dura de semillas, frutos secos y comidas similares que constituyen los principales ingredientes de su dieta. Para comer, se valen además de sus patas delanteras con las que pueden sujetar trozos de comida enteros. Las patas delanteras les sirven asimismo para realizar su aseo diario.

Al igual que muchos otros roedores nocturnos, los hámsters se basan no tanto en su sentido de la vista como en el del oído y el olfato. Sus prominentes bigotes les ayudan a determinar si se pueden colar o no por una hendidura con facilidad y en todo momento buscarán la forma de escaparse introduciéndose en una madriguera, en lugar de permanecer sobre tierra.

Datos de interés

Nombres: hámster sirio o dorado; hámster chino; hámsters enanos.	**Dieta:** mezcla de semillas a base de cereales enriquecida con alimentos frescos en pequeñas cantidades, preferiblemente en raciones diarias. Existen también dietas completas.
Nombres científicos: *Mesocricetus auratus; Cricetulus griseus;* especie *Phodopus.*	**Enfermedades:** pueden ser vulnerables a los tumores (sobre todo los hámsters enanos), así como a lesiones producidas por caídas como consecuencia de un manejo descuidado. También son comunes los trastornos digestivos.
Peso: hámster sirio: 128-184 g; hámsters enanos: 28-43 g; hámster chino: 43-50 g (las hembras son más gordas que los machos).	**Peculiaridades de la reproducción:** se debe introducir siempre a la hembra en el habitáculo del macho y no al revés, con el fin de evitar en lo posible las peleas.
Compatibilidad: por lo general, se muestran agresivos con otros de su especie y deben ser alojados por separado, supervisando de cerca los apareamientos. Los hámsters enanos son los más sociables.	**Gestación:** hámster sirio de 16 a 18 días; en las demás especies, 21 días.
Atractivo: aspecto atractivo. Muy populares entre los niños y los adolescentes, aunque no son los más adecuados para los más pequeños, pues suelen morder. Estos hámsters son muy populares en los círculos de las exposiciones.	**Tamaño típico de la camada:** hámster sirio de 8 a 10 crías; en las demás especies, de 3 a 7 crías.
	Destete: unos 22 días en todas las especies.
	Duración: de 2 a 3 años.

▲ *El hámster chino se diferencia de los demás por tener una cola relativamente larga que puede llegar a medir hasta 2 cm de longitud.*

No suelen ser buenos escaladores, pues no tienen una cola larga en la que apoyarse.

Roedores solitarios

Los hámsters se reproducen de forma prolífica, pero viven poco tiempo, menos de tres años por término medio. Por lo tanto, conviene partir de un ejemplar joven que tenga de tres a cuatro semanas de vida. Por otra parte, su amansamiento será mucho más sencillo si se los tiene desde pequeños. Cuando lo que se pretende es tener unas cuantas mascotas que convivan en armonía, los hámsters no son la mejor opción, pues al contrario que muchos otros roedores, son decididamente antisociables. Así pues, después del destete, se los debe alojar en jaulas diferentes. Incluso cuando se pretende que críen, habrá que vigilarlos muy de cerca, ya que estos animales pueden llegar a ser muy agresivos entre sí y se pelean con rabia si están confinados en un mismo espacio. En ocasiones, puede llegar a ser posible juntar hámsters enanos tras el destete, pero incluso en este caso es posible que se produzcan duros ataques sin previo aviso.

P/R...

● ***¿Tienen los hámsters domésticos un olor desagradable?***

No. Al igual que otros roedores originarios de las regiones áridas del globo, sus riñones producen una orina concentrada que no presenta un olor penetrante. No obstante, a veces es posible que orinen fuera de la jaula, por lo que conviene colocar una toalla vieja que se pueda lavar fácilmente u hojas de periódico que se puedan retirar.

● ***¿Cómo puedo averiguar la edad aproximada de un hámster adulto a la hora de comprarlo?***

Es prácticamente imposible determinar la edad de los hámsters una vez que han crecido, pero cuando son ya viejos empiezan a despelucharse y se les puede observar alguna que otra calva.

● ***¿Puedo comprar un hámster en una tienda de animales, o debo acudir a un criador?***

Cualquiera de los dos sitios es válido, aunque si su objetivo es conseguir un ejemplar para exposición, lo mejor es acudir a un criador que esté especializado en la variedad que le interese. De esta forma, tendrá más posibilidades de criarlos para conseguir ejemplares dignos de concurso.

▶ *La falta de cola supone que estos animales pierdan a veces el equilibrio al demostrar sus destrezas escaladoras. No obstante, están provistos de unas poderosas patas delanteras con las que pueden trepar y sujetar trozos de comida.*

El alojamiento de los hámsters

TRADICIONALMENTE, SE ALOJABA A LOS HÁMSTERS en jaulas de metal equipadas con un techo de rejilla, pero hoy también se opta por las jaulas de plástico, aunque la parte superior sigue siendo de barrotes metálicos. El plástico presenta una serie de ventajas. En primer lugar, no quedan huecos y, por lo tanto, se evita que el animal se pueda dañar al quedarse enganchado de una pata, por ejemplo. Además, el plástico es fácil de limpiar y desinfectar y no se oxida. Como contrapartida, es menos resistente, pues no hay que descuidar que los hámsters, a pesar de su pequeño tamaño, tienen unos dientes muy poderosos y pueden llegar a horadarlo. En cuanto descubran una zona debilitada, no tardarán mucho en hacer un orificio suficientemente grande para colarse por él. A la hora de elegir una jaula, por tanto, hay que asegurarse de que la base

▼ *Jaula típica para hámster. La parte superior se puede desmontar de la base para limpiarla. Las puertas sirven para poder coger al hámster, esté donde esté.*

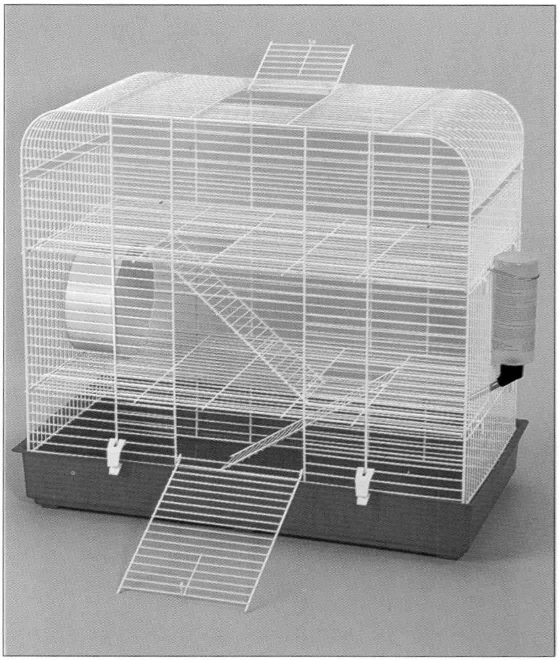

de plástico encaja perfectamente con la rejilla d arriba y que funcionan perfectamente los enganche de seguridad. Si estuvieran flojos, pueden llegar soltarse con el tiempo y, a no ser que puedan susti tuirse, habrá que comprar una jaula nueva. Las jau las provistas de enganches metálicos suponen un mejor elección, ya que, si no se doblan, resulta más prácticos.

Otro punto débil de las jaulas suele ser el cierre d la puerta. No estará de más añadir un candado com precaución adicional para evitar posibles escapada Uno de los inconvenientes de los hámsters es qu acostumbran a ser más activos al atardecer, por lo qu si se escapan por la noche será mucho más difícil se guirles la pista por la mañana.

En el caso de los hámsters enanos, es posible qu al ser tan pequeños, puedan llega a escaparse a trav de los barrotes de una jaula normal, sobre todo cuar do son jóvenes. Así pues, tal vez sea más seguro alo jarlos en un espacioso contenedor acrílico que teng una buena campana de ventilación. Otra alternativ puede ser un terrario de vidrio adaptado, equipándo lo también con un mecanismo de ventilación, aur que también es cierto que será más difícil manejarl por su peso.

Sistemas de alojamiento

Los sistemas tubulares se han convertido en los má socorridos en los últimos años, pues imitan las ma drigueras y huecos que suelen buscar estos animale en la naturaleza. Se puede empezar por una estructu ra básica e ir añadiendo poco a poco otras seccione sin olvidar nunca ensamblarlas bien, porque tal com se ha mencionado, estos animales aprovechan cua quier defecto para horadarlo con sus afilados incisivo El inconveniente de este tipo de jaulas es la dificulta de su limpieza, aunque los hámsters utilizaran un rir cón concreto para hacer sus necesidades, ya que es puede simplificar las cosas.

De todas formas, probablemente haya que des montar todas las secciones para lavarlas a fondo d vez en cuando. Así pues, tal vez merezca la pen comprar también una pequeña jaula acrílica par mantener allí al hámster mientras se limpia bien su habitáculo. Es posible que haya que cambiar la disposición de los túneles y los tubos a medida que crezca el animal, para que no se aburra. Por otra parte, no es algo imposible que se quede atrapado en las partes más estrechas, ya que suelen engordar con la edad.

Colocación de la jaula del hámster

- Coloque la jaula al nivel de una estantería, mesa o aparador, para que no esté en contacto con el suelo.
- Asegúrese de que no está expuesta a corrientes ni tampoco cerca de un radiador.
- Evite colocar la jaula junto a la ventana, sobre todo en la temporada de calor.
- No elija un lugar cerca de la televisión o el equipo de música, pues es probable que les moleste.
- Garantice que los niños pueden coger fácilmente al hámster sin tirar la jaula al suelo.

P/R...

- ***¿Es posible alojar a dos hámsters juntos en un espacio muy amplio?***

No. En circunstancias normales, no se recomienda que estos roedores compartan un mismo espacio, sobre todo si se trata de hámsters sirios y chinos. Los hámsters son criaturas solitarias cuando viven en libertad y cada uno tiene su propia madriguera; así que tratar de obligarlos a compartir un alojamiento puede tener consecuencias fatales.

- ***¿Qué tipo de lecho debo comprar?***

Existen varias posibilidades para cubrir el suelo de la jaula, pero una de las mejores opciones son las virutas de madera gruesas que se venden en las tiendas especializadas específicamente para roedores. Para el hámster es imprescindible tener un lecho con el que pueda prepararse su nido. Es importante comprar los materiales especiales que venden en las tiendas de mascotas, ya que las fibras de otros materiales, como por ejemplo el algodón, pueden causarles trastornos intestinales que pueden ser mortales si las tragan.

▼ *Éste es un moderno diseño de jaula acrílica para hámsters que se puede ir ampliando con más elementos. Se trata de imitar los túneles y cámaras que existen en el hábitat natural de estos animales.*

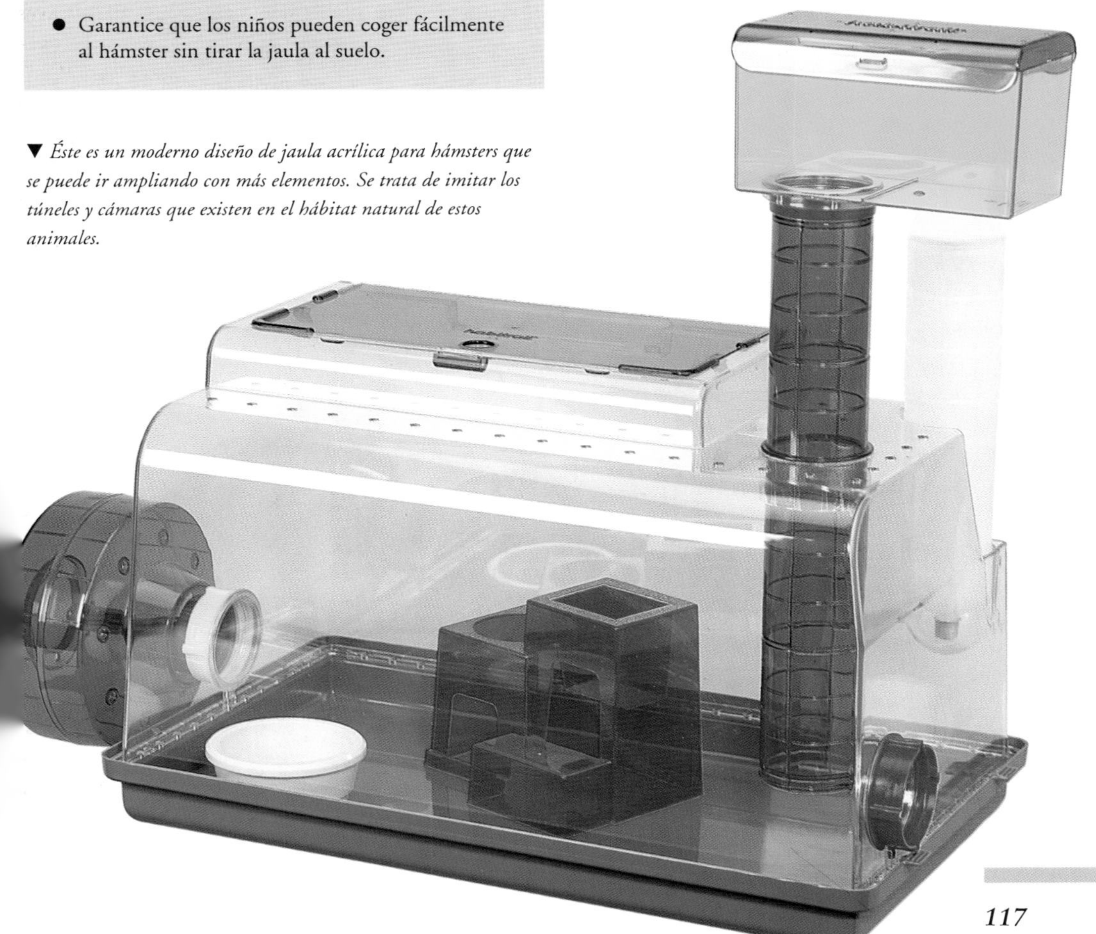

La alimentación de los hámsters

▲ *Los hámsters pueden comer alimentos frescos o deshidratados. Les gustan los vegetales, como zanahoria pelada y apio. Si se los da cortados en trozos, su hámster podrá mordisquearlos sin dificultad.*

LOS HÁMSTERS PUEDEN APARENTAR tener un voraz apetito a pesar de su tamaño relativamente pequeño, pero, en realidad, lo que hacen es almacenar la comida en las bolsas de sus mejillas, tal y como lo harían si vivieran en libertad. Tratar de convencerles de que coman una dieta equilibrada puede llegar a ser enormemente difícil, pues se dedican a comer únicamente lo que les gusta y esconden el resto de la comida.

En la mayoría de las tiendas de animales se venden preparados especiales de varios tipos para hámsters. Una buena dieta consiste en semillas, con el complemento de alimentos frescos, como por ejemplo manzana, e incluso algún que otro gusano de la harina. Si bien los preparados mixtos pueden ser adecuados para especies como las de los hámsters sirios y chinos, tal vez sea necesario modificar la de los hámsters rusos enanos, ya que quizá haya trozos demasiado grandes para que los puedan transportar hasta sus nidos. Las mezclas de cereales de semilla pequeña, como el mijo y el alpiste, son perfectas (como las que se les dan a los periquitos), pues tienen un tamaño idóneo.

No se les debe ofrecer semillas oleaginosas, como pipas de girasol y cacahuetes (o chufas), ya que tienen un alto contenido en grasa en forma de aceite y constituyen una de las causas principales de obesidad en los hámsters, un factor que les puede acortar la vida. En cambio, otro tipo de granos, como pueda ser el mijo, se componen principalmente de hidratos de carbono en lugar de grasa y el metabolismo del animal los asimila sin problemas.

Algunos elementos sirven asimismo para evitar que sus incisivos crezcan demasiado. Existen comidas especiales y golosinas para que las roan, y también se les pueden ofrecer galletas duras para perro. Asimismo, se les puede introducir en la jaula una piedra pómez sin tratar químicamente. También les gusta roer palos y ramas de árboles como el manzano y el avellano, siempre y cuando no les resulten venenosos. Hay que tener cuidado, además de que no hayan sido fumigados con productos químicos tóxicos.

▼ *Típico preparado mixto para hámster consistente en semillas de avena, girasol y maíz, complementado además con frutas deshidratadas.*

P/R...

• Mi amigo le da a sus hámsters rusos tanto heno como gusanos de la harina, ¿son realmente necesarios?

Teniendo en cuenta que provienen de una parte del globo en la que las condiciones climáticas son duras y por lo general escasea la comida, estas criaturas están acostumbradas a una dieta variada. El heno les aporta la fibra que necesitan, y los gusanos de la harina les proporcionan un complemento proteínico, que puede ser muy beneficioso si se pretende criarlos, aunque no se ha demostrado aún que una mayor ingestión de proteínas suponga un número de crías más extenso en cada camada.

• ¿Existe algún tipo de frutas o verduras que debo evitar darle al hámster?

No se les debe ofrecer ninguna fruta demasiado ácida, por ejemplo cítricos como la naranja o el kiwi. Asimismo, conviene evitar el aguacate y la lechuga verde, aunque se les puede dar la variedad roja. De todas formas se debe restringir la cantidad que se les ofrezca por si el hámster decide empacharse y sufre un trastorno digestivo grave a raíz del repentino cambio de la dieta.

• ¿Es necesario un suplemento si le alimento con un granulado para hámsters?

No, ya que este tipo de preparados deberá contener una cantidad correctamente equilibrada de todos los nutrientes necesarios para el hámster. No obstante, siempre le será beneficioso algo de heno y comida fresca para aumentar el contenido en fibra de su dieta.

▼ *Estas galletas se pueden comprar en cualquier tienda especializada en animales. Servirán para que el animal las roa y a la vez afile sus dientes.*

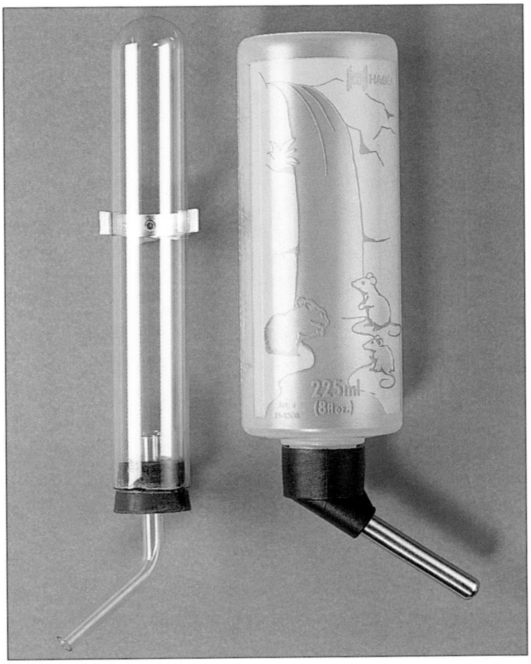

▲ *Aunque no son muy tendentes a beber mucha agua, es importante proporcionarles agua fresca todos los días en una botella especial con la boquilla de acero inoxidable o de un plástico duro, como la que se muestra en la fotografía.*

El agua

Procedentes de regiones del globo bastante secas, los hámsters conseguirán el agua que necesitan de forma natural a través de la ingestión de las verduras y los alimentos frescos que se les ofrezcan diariamente.

Otra ventaja más de los alimentos frescos es que se los puede enriquecer añadiendo sobre su superficie húmeda unas gotas de vitaminas y minerales. Existen varios productos de este tipo que ayudan a compensar cualquier carencia nutritiva en la dieta. Se debe elegir una formulación especial para mamíferos pequeños y no sobrepasar la dosis recomendada. Algunas vitaminas producen efectos secundarios tóxicos a largo plazo si se administran en exceso.

Existen botellas especialmente diseñadas para encajarlas en los barrotes de la jaula con un enganche de metal, y también botellas de plástico para las jaulas de este material. Si el hámster vive en un terrario adaptado, se puede utilizar un tipo de botellas que quedan suspendidas de un gancho.

Los cuidados habituales

P/R...

● ***¿Podrá aprender mi gato a dejar tranquilo al hámster?***

A no ser que sea muy dócil, es poco probable. De modo que tendrá que tener cuidado de que no coincidan nunca. No deje jamás que entre el gato en la habitación cuando esté limpiando la jaula del hámster, ni en ninguna ocasión en que el hámster esté suelto fuera de su habitáculo.

● ***¿Qué hámsters son más fáciles de domesticar?***

Los hámsters sirios y los chinos son criaturas bastante intrépidas, por lo que es relativamente fácil domesticarlos, aunque depende de cada caso particular. Los rusos enanos son algo más tímidos. Los rusos enanos de Roborovski son más nerviosos que los Campbell, en general, por eso los segundos son más populares como mascotas.

● ***¿Cómo puedo tener la seguridad de que mi hámster está seguro cuando me vaya de vacaciones?***

Busque a alguien que le pueda visitar diariamente, que compruebe que todo está bien y que le cambie la comida y el agua. Déjele suficiente comida y facilítele instrucciones claras por escrito para su cuidado, incluyendo el nombre del veterinario al que puede acudir en caso de emergencia. Si decide llevarse al hámster, entérese bien si puede suponer algún problema tener al hámster en el lugar a donde vaya. Un viaje corto en coche, colocando la jaula en el suelo de los asientos de atrás, evitando que se tambalee, es mucho más seguro que usar el transporte público.

EL MANEJO DE UN HÁMSTER SUELE SER bastante sencillo, pero hay que tomarse cierto tiempo para lograr ganarse su confianza, sobre todo cuando es nuevo. Hay que tratar de engatusarle para que se suba a la mano en vez de atraparlo y apretarlo, pues si se siente amenazado es posible que muerda. Un método para romper su miedo es ofrecerle comida con los dedos.

Escapadas

De todas las mascotas pequeñas, el hámster es el más difícil de volver a capturar una vez que se escapa de la jaula. En contraste con el jerbo, por ejemplo, un hámster muestra un particular empeño en esconderse, sobre todo durante el día. Además, dado que lo más probable es que su huida se produzca por la noche, es muy fácil que haya corrido hasta otro lugar de la casa. Por eso hay que tomar siempre la precaución de cerrar la puerta de la habitación donde esté el hámster.

En caso de que ocurra el desgraciado accidente de perder un hámster dentro de casa, habrá que empezar a buscar detenidamente por los cajones y detrás de los aparadores, en los lugares en los que pueda hacerse una bola para dormir durante el día. De todas formas, se debe tener mucho cuidado al correr los muebles. Si fallara esta estrategia, habrá que esperar a la

Poner una trampa

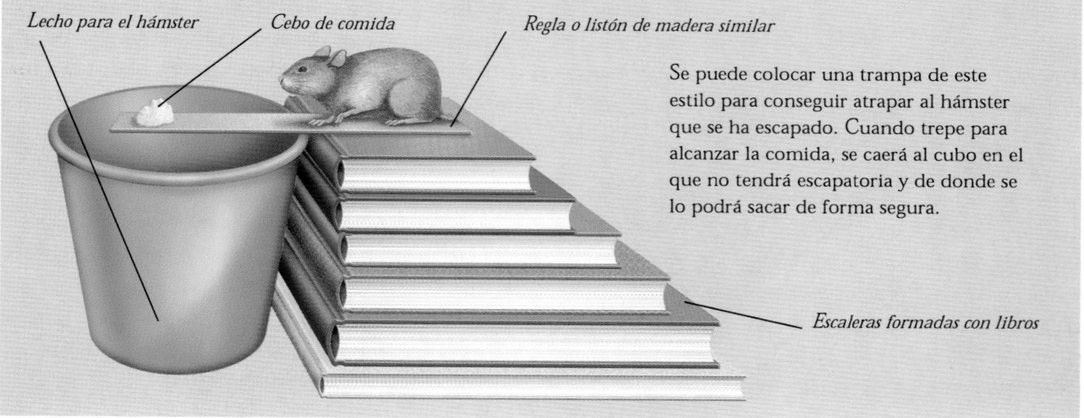

Se puede colocar una trampa de este estilo para conseguir atrapar al hámster que se ha escapado. Cuando trepe para alcanzar la comida, se caerá al cubo en el que no tendrá escapatoria y de donde se lo podrá sacar de forma segura.

▲ *A un hámster le encantará tener un cómodo escondrijo, como éste, al que pueda retirarse para dormir tranquilamente. Hay muchos tipos de nidos que abarcan desde bolas como la de la fotografía hasta pequeñas casetas.*

noche y quedarse sentado con mucho sigilo para poder oír cualquiera de sus sonidos que delate su presencia.

Limpieza de la jaula

Todas las tardes, cuando el hámster salga de su nido, conviene rebuscar los restos de los alimentos secos para retirarlos, ya que se pueden enmohecer, y si los ingiere, podrían dañarle gravemente. Una buena costumbre es limpiar someramente las partes más sucias de la jaula todos los días, (una cuchara grande es el instrumento ideal para hacerlo). La limpieza general se realizará una vez a la semana. Dado que los hámsters son bastante limpios, dicha tarea consistirá básicamente en tirar a la basura el lecho manchado para renovarlo.

Conviene lavar más concienzudamente toda la jaula una vez al mes, utilizando un desinfectante de fórmula especial para mamíferos pequeños, siguiendo fielmente las instrucciones de la etiqueta para no arriesgar la salud del animal. Asimismo, se debe evitar utilizar agua demasiado caliente, ya que podría deformar el componente de plástico de la jaula impidiendo que encajara después con la unidad de barrotes.

Juguetes y otros elementos

El ejercicio es fundamental para los hámsters, por lo que agradecerán contar con una rueda especialmente diseñada para ello. Las hay de muchos tipos; algunas van sueltas y otras se acoplan en uno de los lados de la jaula. Conviene escoger las que están cerradas, ya que así se evita la posibilidad de que, al resbalar, queden atrapados entre los escalones, con las posibles lesiones que ello implica. Estas ruedas tienen el inconveniente de que son demasiado ruidosas, un defecto que no siempre se podrá solventar engrasando los ejes. Es algo que hay que pensar bien si se pretende colocar la jaula en el dormitorio. No obstante, a veces se puede ajustar el mecanismo de la rueda para reducir el ruido. Este tipo de juguetes es el favorito de las hembras preñadas, aunque todos los hámsters son aficionados a ellas: ¡pueden llegar a recorrer hasta 8 km en una noche!

▼ *Las bolas de ejercicio pueden hacer las veces de un alojamiento temporal del hámster mientras se limpia su jaula. No obstante, no deberán permanecer dentro más de 15 minutos ni quedar expuestos al sol.*

La reproducción de los hámsters

UNA DE LAS PRINCIPALES CARACTERÍSTICAS de los hámsters es su rápida capacidad de reproducción. No solamente maduran enseguida, sino que también los periodos de gestación son muy cortos y producen camadas relativamente numerosas de crías que crecen enseguida. A modo de ejemplo se puede citar el periodo de gestación de los hámsters sirios, el más corto de todos los mamíferos, que dura tan sólo 16 días. Las hembras llegan a alumbrar hasta 14 crías y pueden dar nacimiento hasta 10 camadas al año.

No obstante, el apareamiento debe realizarse adoptando ciertas precauciones para evitar daños graves, sobre todo si el macho es bastante más pequeño que la pareja que se le ha buscado. Se puede apreciar su sexo observándolos de lado. El macho presenta una especie de protuberancia por encima de la cola, mientras que el perfil de la hembra es redondeado. Se puede confirmar además examinando la parte anogenital, ya que estos orificios están bastante más próximos en el caso de las hembras.

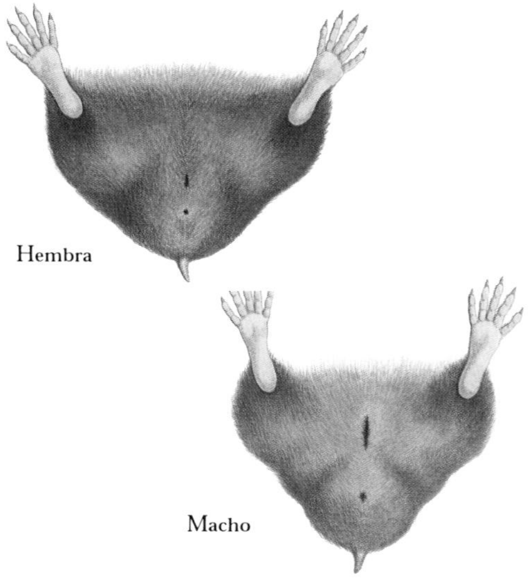

▲ *Los orificios anogenitales están más separados en los hámsters macho, que tienen además unos cuartos traseros más alargados y un visible abultamiento por el escroto.*

Sistema luna de miel

- Retire la placa de división de plástico de la jaula acrílica y permita que tanto el macho como la hembra acampen a sus anchas por ella, pero solos.
- Coloque de nuevo la división de plástico y sitúe al macho en un lado y a la hembra en el otro.
- Retire otra vez la división de plástico para que pueda tener lugar la cubrición.
- Vuelva a separar a los hámsters retornando al macho a su habitáculo de nuevo.

Ciclo de reproducción y nacimiento

El estro de los hámsters sirios se prolonga por lo ge neral de cuatro a siete días, siendo muy fácil de de tectar el momento en el que la hembra está predis puesta al apareamiento, pues, al tocarla cerca del fin de la espalda, se quedará quieta y levantará la col para facilitar la cubrición. Cuando vaya a tener luga el apareamiento, conviene introducir a la hembr más voluminosa, en la jaula del macho, en lugar d hacerlo al revés. La cubrición se producirá en medi hora, siempre y cuando la hembra se encuentre en u estado receptivo; después, habrá que transferirla d nuevo a su jaula. En el caso de los hámsters enanos, t vez sea posible dejar a la pareja junta más tiempo. veces incluso, es posible que permanezcan en la mis ma jaula durante la crianza, vigilando siempre que n se peleen.

Unos días antes del alumbramiento, el hámste hembra agrandará su nido normal y lo aprovisionar de mayor cantidad de heno. Una buena estrategia e este momento es la de transferirla a un contenedo acrílico para evitar el riesgo de que los hijos que naz can se queden atrapados en los barrotes al abandona el nido. Las crías nacen completamente ciegas e in defensas. No conviene molestarlas para mirarlas, y

▲ *Las crías de los hámsters crecen rápido, tal como lo demuestra este grupo que sólo tiene dos semanas de vida. Tienen los ojos abiertos y se nota ya su coloración. Se debe tener cuidado de que no se cuelen por los barrotes de la jaula.*

que es posible que la madre, al sentirse atacada, responda ignorando a sus hijos o incluso comiéndoselos. Les empieza a crecer el pelo a los cinco días de vida y, poco después, son capaces de comer alimentos sólidos desde el nido, aunque la madre seguirá amamantándolos hasta los tres meses por lo menos. Una vez que sean completamente independientes se los puede acomodar en otra jaula distinta.

P/R...

● ***¿Cuánto tiempo tarda un hámster sirio en crecer completamente?***

Suele tardar entre cuatro y seis meses, pero no hay que perder de vista que los hámsters pueden criar desde muy jóvenes, por lo que es muy importante separar a los miembros de la camada en cuanto se produzca el destete.

● ***Tengo la sensación de que hay algún problema en el nido. ¿Hay algún truco para echar un vistazo sin poner en peligro a las crías?***

Pruebe a frotar el extremo de lápiz contra el lecho del nido y utilícelo después para descubrirlo con cuidado cuando haya salido la madre. Si fuera preciso sacar a una de las crías muertas, emplee unas pinzas a las que haya sometido al mismo tratamiento que se ha mencionado. De todas formas, este tipo de problemas es muy raro.

● ***Me impresionó mucho ver a mi hámster sirio con una de sus crías en la boca, pero no parece que la haya dañado. ¿Es normal esta conducta?***

Las hembras manejan a sus crías de este modo, sobre todo si se salen del nido. Aunque a veces pueda resultar una imagen bastante violenta, por lo general, no les causa ningún daño. Los hámsters saben ser muy delicados a pesar de tener unos afilados incisivos. A veces pueden aplicar un mecanismo similar para enredarse entre los dedos, por ejemplo.

◀ *Los hámsters son bastante sociables mientras son crías. Se enroscan en una bolita para conservar el calor.*

Enfermedades de los hámsters

AL IGUAL QUE OTROS ROEDORES, LOS HÁMSTERS son propensos a los trastornos digestivos, que pueden ser consecuencia de un cambio repentino en la dieta o pueden encontrar su causa en una infección. Los hámsters jóvenes son especialmente vulnerables a una enfermedad que ha venido a llamarse cola mojada, por la mancha que se puede observar en la zona del ano provocada por la diarrea que la caracteriza. Los individuos afectados suelen quedarse encorvados, no muestran interés por su entorno y pierden el apetito.

Se tienen indicios de que la tensión es el principal detonante de esta enfermedad, por eso al adquirir un nuevo hámster es conveniente dejar que se asiente tranquilamente sin cogerlo demasiado durante la primera semana más o menos. No tiene un fácil tratamiento; lo único que podrá hacer el veterinario será aplicar una terapia de líquidos para contrarrestar la potencial deshidratación fatal que está asociada a esta enfermedad y administrar ciertos antibióticos específicos para combatir la infección. Si un hámster muere por esta razón, será imprescindible lavar a fondo y desinfectar bien su habitáculo antes de adquirir otro hámster.

▲ *Las verduras y la fruta son muy saludables para los hámsters, aunque una cantidad excesiva puede ser motivo de diarrea. Por lo general, se les cura por sí sola, aunque puede derivar en casos más serios de deshidratación.*

▲ *Se debe vigilar la cantidad de agua que bebe el hámster. Una sed exagerada puede ser signo de diabetes, una afección relativamente corriente en los hámsters más viejos. También es posible detectar la presencia de cataratas en sus ojos.*

Problemas con la dieta

En el otro extremo, es posible que los hámsters padezcan estreñimiento, en particular si se les proporciona un lecho inadecuado, como algodón, que puede conducir a una obstrucción del tracto intestinal. Un individuo afectado se retorcerá con la espalda arqueada. Pueden detectarse síntomas similares cuando un hámster joven no ha aprendido a beber de la botella. Para evitarlo, no está de más colocarlo al lado y exprimir la botella para enseñarle. En caso de estreñimiento, será conveniente ofrecerle verduras además de un par de gotas de aceite de oliva, administrándoselas directamente en la boca con un cuentagotas, tres veces al día.

A veces, las bolsas de las mejillas se les pueden bloquear. No hay que darles comidas que tengan una cáscara muy puntiaguda, ya que se les puede quedar encajada en las paredes de la bolsa y causarles una irritación que puede derivar incluso en infección. En ambos casos, los signos que se observan son una inflamación de la zona afectada, salivación abundante y pérdida del apetito. En tal caso, se debe acudir al veterinario, pues el tratamiento es bastante efectivo.

Los hámsters también tienen tendencia a que les salgan caries debido a su dieta. Así pues, es importante restringir la cantidad de golosinas que se les ofrezca. El único tratamiento posible que puede aplicar el veterinario es extraer el diente afectado, cosa que puede suponerles un absceso doloroso. Está absolutamente contraindicado darles chocolate, ya que puede tener consecuencias fatales para ellos: el chocolate contiene una sustancia química conocida como teobromina que afecta a su sistema respiratorio.

Otro problema relacionado con la alimentación es una deficiencia de calcio provocada por una dieta demasiado rica en semillas de girasol. La debilidad de la estructura ósea resultante implica que el animal sea más susceptible de fracturas, ya sea por caídas o por quedarse atrapados en la rueda de ejercicio. La prevención de este problema es muy simple: basta con proporcionarles un bloque de minerales o incluso una concha de jibia como la que se les da a los pájaros para ayudar a compensar cualquier deficiencia en calcio de una dieta a base de semillas.

A medida que crecen, la piel de los hámsters se va haciendo más rala irremediablemente. Es algo muy normal, que no tiene mayor problema.

P/R...

● ***¿Qué hay detrás de los rumores sobre que los hámsters despiertan de la muerte?***

Cuando desciende la temperatura, es muy normal que los hámsters se queden aletargados. Eso significa que todas sus funciones corporales, incluyendo el pulso de la respiración, son más lentas de lo normal. En este estado, no responden a los estímulos externos ni parece que respiren, por lo que da la impresión de que están muertos. Pero si se los transfiere a un entorno cálido, se reanimarán enseguida y es posible que den la sensación de resucitar.

● ***¿Puede darme información sobre LCMV? ¿Es peligroso para el ser humano?***

Las siglas LCMV se refieren a virus de la coriomeningitis linfocítica, que es una infección muy común en los ratones silvestres. Hasta los tres meses de vida, los hámsters pueden contraer la enfermedad si los muerden y aparecerá el virus en su orina, excrementos y saliva. Si una persona entra en contacto con el virus, lo más probable es que contraiga una enfermedad de tipo gripal. No obstante, no se puede decir que sea un problema común, sobre todo si se tiene un solo hámster en lugar de muchos.

● ***¿Existen otros problemas sanitarios que se deben considerar cuando se tiene un hámster?***

Si bien estos roedores suelen mantenerse sanos, sobre todo cuando se han asentado bien, es posible que sufran daños como consecuencia de un manejo descuidado. Cualquier caída puede ser mortal, por eso conviene evitar que un niño que no esté acostumbrado a cogerlos, lo lleve de un lado a otro. Más vale convencerle de que se siente en un sofá o una silla cuando quiera juguetear con el animal. En caso de accidente, lo mejor es volver a colocar al hámster en su jaula (en el supuesto de que no haya signos claros de un daño) para dejarle que se recupere poco a poco. Si se observa que le cuesta moverse, habrá que sospechar de una fractura y llamar al veterinario enseguida. Se le puede poner una tablilla para conseguir que se recupere pronto.

◀ *No se debe dejar que un gato se acerque tanto a la jaula del hámster. Aparte del susto que le puede dar, es posible que el felino le infiera un zarpazo a través de los barrotes. Por otra parte, puede ser un transmisor de pulgas.*

Especies y variedades de hámsters

SI BIEN EL NÚMERO DE VARIEDADES DE COLOR se ha extendido enormemente en el caso del hámster sirio y el ruso enano de Campbell, no podemos hablar de la misma profusión si nos referimos a los hámsters chinos.

HÁMSTER SIRIO

El hámster sirio o dorado se cría actualmente en toda una gama de colores y tipos de pelaje, que sigue extendiéndose más y más. La forma natural se describe técnicamente como agutí de vientre blanco y consiste en un pelo dorado rematado en negro en las puntas, aparte de las franjas negras que cruzan las dos mejillas. El color de la parte interior y las orejas es grisáceo.

En el hámster dorado oscuro la pigmentación negra de las puntas es más evidente y el color de la base es de un tono rojizo más intenso. Este aumento de la pigmentación se refleja además en el color de las orejas que son más bien negras que grises, así como en los contornos negros de los ojos. En el otro extremo, se encuentra el hámster dorado claro, con un matiz rebajado en general y sin pigmentación distinta en las puntas. A través de una reproducción selectiva de los hámsters dorados, se ha creado la variedad sepia, de pelaje beige bronceado y ojos negros.

Blancos y crema

Dentro del hámster blanco, se pueden distinguir también tres variedades de color, según el grado de pigmentación. El albino tiene de forma característica las orejeas y los ojos rosados. El blanco de orejas oscuras (también llamado erróneamente albino de orejas negras) se distingue por el color de sus orejas una vez alcanzada la edad madura, ya que las crías las tienen rosadas y únicamente empiezan a oscurecerse a partir de los tres meses de vida. El color de los ojos es el rasgo definitorio del hámster blanco de ojos negros, que tiene además las orejas rosas.

La versión crema es otra de las variantes. El pelaje deberá ser de este color completamente, sin ningún mechón blanco. El matiz crema difiere en cierto modo de un ejemplar a otro pero, por lo general, un tono más oscuro que raye en el color albaricoque es el más apreciado.

El hámster crema de ojos rubí se distingue del de ojos negros por estar cubierto con un abrigo de color crema rosado más claro y por tener los ojos rojo oscuro. Es posible que la coloración de los ojos sólo se pueda distinguir con una luz clara, si bien los más jóvenes los tienen algo más claros. Los hámsters crema de ojos rojos se separan de las otras dos variedades crema por la

◄ *El hámster crema de ojos negros fue una de las primeras variedades de color que se consiguió, ya en el año 1951. Las crías tienen las orejas mucho más claras que los adultos, pero se les van oscureciendo con la edad.*

coloración rosácea de sus orejas, en lugar de gris, y por el inconfundible tono rojo de sus ojos. El color del pelaje de esta variedad puede variar desde un tono oscuro de crema, parecido al albaricoque, hasta uno más claro.

Variedades similares de pelaje claro

Hoy en día están establecidas otras variedades de color claro similares. La de los hámsters amarillos se parece a la de los crema de ojos negros, si bien se los diferencia de éstos por una coloración amarilla algo más oscura. Los hámsters de color miel se asemejan a los amarillos, aunque sus orejas son más claras y tienen los ojos rojos y no negros.

El pelaje del hámster rubio es tal como indica su nombre, con crestas de un tono blanco amarfilado tanto en la cara como en el límite de las partes inferiores. Tienen los ojos rojos y el hocico con un tinte naranja.

La variedad de hámster de pelaje más brillante es la canela. Una versión bastante rara es la del hámster canela gamuza, en la que el color naranja es más pastel y las zonas más pálidas tienen un tono muy claro de crema. La variedad hollín o dorado de Guinea, por otra parte, es más oscura que la canela, con un tono pardo anaranjado y los ojos negruzcos.

P/R...

● ***¿Existe algún problema genético del que se deba estar alerta al criar diferentes variedades?***

La principal consideración es que los machos de los hámsters con los ojos rubí, como por ejemplo los crema de ojos rubí, suelen ser estériles. Esto significa por lo tanto que no sirven para la reproducción. Las hembras de estas variedades han de cruzarse con machos que sean portadores del factor genético de ojos rubí, aunque ellos mismos no tengan ese rasgo.

● ***¿Es cierto que los hámsters macho de la variedad canela gamuza son estériles, aunque tengan los ojos rosas?***

Sí, es porque han evolucionado a partir del cruce entre hámster canela y gamuza de ojos rubí, derivándose el problema de la esterilidad de los segundos. Por consiguiente, no sorprende en absoluto que las formas de ojos rubí del hámster sirio sean relativamente escasas, si se piensa en la dificultad que entraña su crianza.

▼ *La variedad de pelaje más vistoso es la de los hámsters canela, de un intenso color anaranjado. Las medias lunas de la cara son amarfiladas, al igual que la zona ventral. Tienen las orejas parduscas.*

P/R...

• *¿Hay mucha diferencia de carácter entre las diferentes variedades de hámsters sirios?*

Muchos criadores aseguran que los crema, o las variedades de color que provienen de ellos, como los cibelina, son criaturas más dóciles, aunque todo depende más bien de cómo se los sepa amansar y de la edad a la que se los adquiera.

• *¿Es necesario un acomodo especial para exhibir a un hámster o se puede utilizar su jaula habitual?*

Lo aconsejable es que invierta en una jaula especial. En el club de amigos de los hámsters de su localidad le indicarán el tipo y diseño de jaula que necesita. La ventaja es que el jurado no se distraerá contemplando el entorno del hámster. Conviene asegurarse de que está limpia y que no tiene ningún descascarillado.

▲ *Hámster de Angora blanco y negro de un mes de vida con el pelo relativamente corto. Se trata de una variedad difícil de reproducir con las bandas blancas correctamente equilibradas.*

Grises

Existe asimismo una serie de variedades grises asc ciadas al hámster sirio. El gris oscuro presenta un pe laje gris perla oscuro realzado sobre todo por el pel de protección negro. Tiene unos reflejos negros e las mejillas, en las orejas y en los ojos. La versión d gris claro también se puede distinguir fácilmente so bre la base de un pelaje interior de un tono pizarr azulado, más que gris pizarra. El pelo exterior pre senta un tono similar al suero de la leche con las pun tas profundamente negras, para dar el efecto de gris

El gris plateado tiene una coloración más argen tada, tal como implica su nombre, con los ojos y la orejas negros. La parte inferior es muy clara, cas blanca, y los reflejos de las mejillas son negruzcos e virtud de la pigmentación de las puntas. El gris per la también tiene un pelaje gris pálido, con un ton claramente cremoso que se extiende hasta la raíz de pelo. En contraposición con los hámsters gris perla tienen las orejas de un color gris oscuro, en lugar d negro.

La variante de color beige se caracteriza por tene un pelo suave, de un tono claro con cierto matiz par dusco, sin pigmentación en las puntas. Sus ojos so negros, mientras que las orejas son de un tono mu oscuro de beige que se corresponde con el reflejo qu cubre las mejillas. La falta de pigmentación en la

▶ *Hámster sirio negro. Los primeros hámsters negros fueron creados al introducir el gen «hollín» en un linaje de hámsters crema de ojos negros, no como resultado de una mutación.*

▲ *En la mayoría de los casos, el pelo largo del hámster de Angora se aprecia mejor en la parte trasera del cuerpo, siendo el resto bastante corto. Los más largos suelen medir 2,5 cm de longitud, aunque a veces pueden llegar a triplicar esta medida.*

puntas es también característica de la variedad lila, que tiene un pelo interior de un gris cálido. Los ojos de estos animales son de color rubí y sus orejas, de un gris rosáceo.

La variedad marfil puede darse con los ojos rojos y con los ojos negros, siendo las orejas de los primeros de un tono bastante más claro. El color de piel básico de estos hámsters es de un tono crema grisáceo.

Negros

El negro original, conocido hoy en día como cibelina, se puede distinguir fácilmente por el tono negro del pelaje superior y el gris amarfilado de abajo. Los ojos están rodeados por círculos de un color más claro similar y, como consecuencia de la herencia de sus ancestros crema, también están presentes ciertas manchas poco atractivas de color blanco, cerca de la barbilla. Los criadores han creado asimismo la variedad en chocolate combinando a estos hámsters con los de color hollín. El nombre de estos originales hámsters negros, se cambió por el de cibelina en 1990, al surgir una variedad en negro genuina de hámsters sirios.

Variantes de pelaje

Se ha demostrado que puede ser posible perfeccionar el brillo del pelaje de los hámsters sirios a partir de la mutación satinada que se produjo en 1969, apropiada además para oscurecer el color. No se deberá nunca emparejar dos ejemplares satinados, ya que el pelaje de los hijos saldrá demasiado fino. Es mejor aparearlos con las variedades de pelo normal, en virtud de lo cual se puede conseguir que la mitad de la camada por término medio nazca con el pelo satinado.

El hámster de Angora de pelo largo, más conocido en Norteamérica como Teddy, exige un aseo especial y un cepillado diario para evitar que se le enrede el pelo, normalmente más abundante en los machos. Los angora se pueden criar en cualquier variedad de color, si bien son más lucidos los colores puros, ya que con el pelo largo camuflará cualquier marca.

La mutación rex del hámster sirio surgió en 1970. El rex se caracteriza por un pelaje corto y tieso y unos bigotes rizados. Dentro de los rex es posible toda una gama de colores, además de la variedad de pelo largo. Es importante que estos animales tengan un pelo bien poblado, pues se considerarán como una falta las zonas calvas.

Variedades de diseño

Existen muchos tipos de marcados dentro de los hámsters sirios. Entre ellos se incluyen el carey, en el que el pelaje presenta una combinación de colores crema y blanco junto con otro color en proporciones equilibradas. Dentro de este esquema, se puede crear un sinfín de versiones, entre las que son preferibles las de colores más oscuros que contrasten.

La variedad moteada o veteada es similar a la variedad con bandas, pero en este caso los colores están dispuestos de forma aleatoria, de manera que la diferencia entre un ejemplar y otro puede ser muy grande. En los pintos, las zonas blancas no toman la forma de parches, sino de lunares que están repartidos por todo el cuerpo, sobre el que dominan las partes pigmentadas de la piel.

HÁMSTERS RUSOS Y HÁMSTERS CHINOS

Dentro de los hámsters chinos, la mutación más conocida hoy en día es la que presenta un diseño de manchas, aunque también se ha desarrollado una variedad en blanco. El color natural de estos animales es el marrón, con una lista oscura que recorre toda su espalda por el centro y que contrasta con la parte inferior blancuzca más clara. Los machos tienen un escroto prominente.

Las variedades de color son mucho más corrientes en el caso de los hámsters rusos enanos, sobre todo en la de los Campbell (*Phodopus sungorus campbelli*). Reconocibles de forma instantánea por su pequeño tamaño, estos hámsters lucen una lista oscura que recorre por el centro su espalda y que contrasta con el resto de su pelaje de tono gris pardusco. La parte ventral de estos animales es casi blanca.

En la forma argentada, el color está diluido hasta llegar a un tono arenoso. Los ojos de estos ejemplares son rosas y la lista de la espalda, grisácea. El albino es muy popular, con un pelaje completamente blanco, las orejas rosas y los ojos rojos. Superficialmente, es similar en apariencia al platino diluido, de un tono blan-

P/R...

● *¿Es posible criar hámsters Campbell y blancos de invierno sin problemas?*

Es posible, ya que están íntimamente emparentados, pero no es muy recomendable, ya que se reducirá su característica única. Por otra parte, la fertilidad de su progenie tenderá a disminuir.

● *¿Por qué no se recomienda emparejar hámsters Campbell moteados?*

Porque existe un potencial peligro genético que puede afectar a la vista de las crías, reducir su tamaño o incluso suponer que nazcan sin ojos, una enfermedad conocida como anoftalmia. Así pues, se los debe aparear con otras variedades. De todas formas, este gen no se limita únicamente a los Campbell, pues se ha identificado también en los hámsters sirios.

▼ *Hámster sirio satinado de bandas canela. La franja blanca que rodea la parte central crea dos zonas bien diferenciadas de color. La característica del pelaje satinado proporciona una espléndida textura al pelaje de estos animales.*

cuzco, aunque con los ojos negros. La forma platino más oscura presenta una pigmentación blanca en las puntas que contrasta con el resto del pelaje oscuro, de manera que el efecto final no dista mucho del color del precioso metal del que toma su nombre. Entre otros colores que se están desarrollando actualmente se pueden mencionar la variedad en negro y la opalina, de un gris azulado, más que blanco. Asimismo, se están desarrollando otras variedades con manchas de todos estos colores, dando lugar a los llamados hámsters moteados. Por otra parte, hay que mencionar también la mutación satinada, igual que la del hámster sirio.

Su pariente cercano, el hámster ruso enano blanco de invierno (*P. S. sungorus*) es menos corriente. Su figura es menos redondeada y tiene la cabeza ligeramente más alargada, aunque sigue manteniendo muchos de los rasgos del Campbell, sobre todo en el pelaje presente en las patas y la pequeña cola. Tal como indica su nombre, los hámsters rusos enanos blancos de invierno cambian considerablemente de aspecto al inicio del invierno, momento en el que mudan su piel marrón grisácea para transformarla en blanca, un excelente camuflaje en la nieve. De todas formas, se puede seguir apreciando una lista más oscura en la espalda.

El zafiro fue la primera variedad de color que se registró dentro de esta subespecie, en Gran Bretaña, en el año 1988. Estos hámsters tienen una coloración gris azulada, con el marcado característico de la lista negra que recorre su espalda, que puede cambiar a azul. El perla, con un pelaje blanco pigmentado en negro en las puntas de forma uniforme, es la única mutación de estos hámsters enanos actualmente establecida. Es una variedad muy atractiva.

El hámster ruso enano de Roborovski (*Phodopus roborovskii*), originario de Mongolia, es menos corriente, en parte por su naturaleza más bien nerviosa. Estos hámsters tienen el pelaje superior de color marrón dorado, no presentan la lista de la espalda y el vientre blanco. Su pelaje tiene una textura muy suave y es ligeramente más largo que el de los demás hámsters enanos, pudiendo llegar a parecer un poco despeluchado, si bien no debe considerarse como signo de enfermedad.

▼ *Hámster ruso enano de Roborovski. Estos pequeños y ágiles roedores, de movimientos mucho más rápidos que los hámsters sirios, pueden resultar enormemente difíciles de atrapar. Hasta el momento, no se han registrado variedades de color para esta especie.*

JERBOS

ES CURIOSO QUE UNOS ROEDORES PROVENIENTES de un lugar tan apartado del mundo se hayan convertido en unas mascotas tan asequibles. Al igual que sucedió con el hámster sirio, la popularidad de la que goza el jerbo hoy tiene su base en la investigación científica. La primera descripción que tenemos de estos animales es la del misionero francés Père David, que se topó con la especie en Mongolia en el año 1897 y envió algunos especímenes al Museo de Historia Natural de París. Su nombre científico, *Meriones unguiculatus*, significa «guerrero con uñas», una denominación que hace referencia a sus garras. Sin embargo, el apodo de guerrero no encuentra una explicación tan clara, ya que los jerbos son criaturas dóciles y sociables y son precisamente estas características las que les han situado entre los preferidos dentro de los animales de compañía.

El origen de la cepa de los jerbos de Mongolia que conocemos actualmente se puede trazar en 1935, pues en este año se atrapó un reducido número de ellos en el valle del río Amur para llevarlos a Japón con el fin de utilizarlos en ciertas investigaciones médicas. Gracias a la rápida capacidad de reproducción de estos animales, ya en el año 1954 se pudo enviar una remesa de ellos a Estados Unidos y, diez años más tarde, llegaban los primeros ejemplares a Gran Bretaña donde, también como consecuencia de su facilidad para criar, estos cautivadores roedores pronto se convirtieron en mascotas de los aficionados. Desde entonces se han ido creando más y más variedades de color y ha crecido el interés por su participación en las exposiciones y concursos. Para ello, se ha establecido un canon de belleza de las distintas variedades tanto en lo que se refiere al color como a las marcas, así como al aspecto físico y el tipo.

Se conocen otras especies de jerbos del grupo de roedores que componen los gerbilinos que también han sido introducidos en el mercado de las mascotas, aunque no han alcanzado la popularidad de los jerbos de Mongolia. Algunos tienen un tamaño mucho más grande, que exige un tipo de alojamiento acorde, mientras que otros son menos sociables y han de ser acomodados en jaulas separadas.

▶ *Tanto jerbo como gerbilino son nombres que se utilizan para describir a los miembros del género Meriones. Este atractivo jerbo de Shaw, íntimamente relacionado con el jerbo de Mongolia, puede convertirse en una alegre mascota.*

Estilo de vida de los jerbos

LOS JERBOS COMPONEN UNA SUBFAMILIA de la familia de los miomorfos (o de tipo ratón) dentro del orden de los roedores. Existen más de 80 especies diferentes, dispersadas en regiones de Oriente Medio, África y Asia. Viven en zonas relativamente áridas, siendo el desierto el hábitat natural de algunos de ellos.

Los jerbos de Mongolia, al igual que otras especies emparentadas, fabrican madrigueras para esquivar el sofocante calor del verano o las heladas del invierno a los que se tienen que enfrentar en su entorno natural. Son criaturas muy sociables que viven en grupos familiares. Los túneles que excavan llegan a prolongarse más o menos unos 46 cm bajo tierra, y consisten en un tubo central con cámaras colindantes donde almacenan la comida para los meses en los que la nieve cubre los campos.

Adaptación del cuerpo

Cuando salen de su madriguera, la coloración agutí de los jerbos les ayuda a camuflarse en el fondo de arena en el que viven normalmente. Por otro lado, el color blanco de la región ventral sirve para reflejar el calor

P/R...

- ***¿Depende el grado de sociabilidad de los jerbos de la región de la que provengan?***

Existe cierta correlación, pues los de regiones semiáridas, como son los jerbos mogoles, son criaturas más sociables que los que viven en un entorno desértico. Tal vez la respuesta se encuentre en la mayor disponibilidad de alimentos en el primer caso y la escasez en el segundo.

- ***¿Qué hace que los jerbos sean las mejores mascotas?***

Lo más probable es que se deba a su carácter sociable. Por otra parte, su tamaño les hace más manejables y no requieren un alojamiento muy grande, como ocurre con otros de sus parientes gerbilinos. En los últimos años ha aumentado el interés por los jerbos de Mongolia gracias al desarrollo de nuevas variedades de color y su potencial para exposiciones.

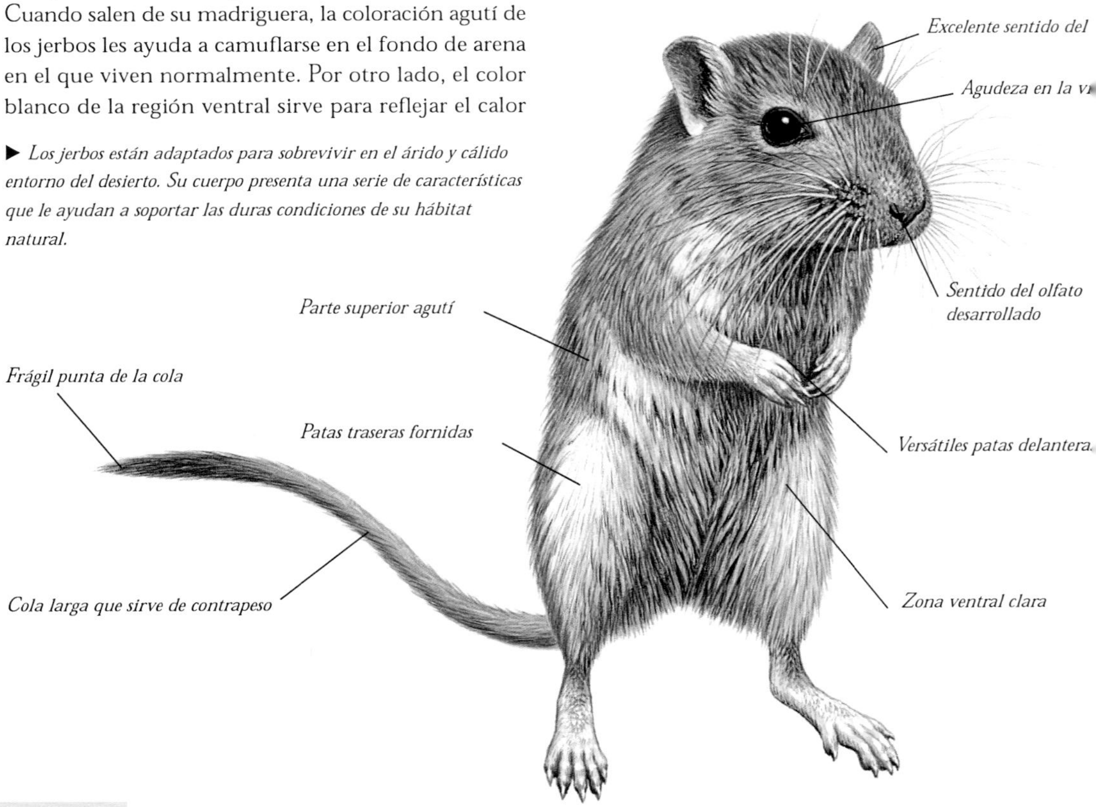

▶ *Los jerbos están adaptados para sobrevivir en el árido y cálido entorno del desierto. Su cuerpo presenta una serie de características que le ayudan a soportar las duras condiciones de su hábitat natural.*

Datos de interés

Nombre: jerbo de Mongolia.

Nombre científico: *Meriones unguiculatus.*

Peso: de 70 a 100 g, las hembras suelen pesar un poco más.

Compatibilidad: son muy sociables y pueden convivir en grupos compuestos de ejemplares del mismo sexo, si no está prevista su reproducción.

Atractivo: son criaturas simpáticas y no huelen. Su cuidado no es muy exigente.

Dieta: se les debe proporcionar alimentos mixtos de semillas asequibles en las tiendas de animales, a poder ser una formulación granulada completa. No se les debe ofrecer una gran cantidad de semillas de girasol.

Enfermedades: puede haber riesgo de ataques epilépticos. La punta de la cola es muy frágil.

Peculiaridades de la reproducción: es preciso separar al macho cuando van a nacer las crías, ya que la hembra puede volver a quedar preñada casi inmediatamente después del parto.

Gestación: 24 días.

Tamaño típico de la camada: de 4 a 6 crías.

Destete: de 21 a 25 días.

Duración: de 4 a 5 años.

que despide el suelo y contribuye a reducir su temperatura corporal.

La cola de los jerbos, forrada de piel, puede medir más de 10 cm y les sirve como contrapeso cuando saltan. Acaba en una punta más oscura, claramente diferenciada, que actúa como señuelo para posibles depredadores. En caso de ataque, es posible que le puedan dañar esta parte del cuerpo (es posible incluso que quede despojado de la punta de la cola, dada su fragilidad), pero el animal podrá escapar y salir más o menos ileso. Desgraciadamente, no les ocurre como a las lagartijas, y, a pesar de que cicatrice la herida, una vez que pierden parte de la cola, no se les vuelve a regenerar.

Las patas delanteras de los jerbos son mucho más cortas que las traseras, lo que les da la posibilidad de empinarse y utilizarlas como manos para sujetar la comida. Por otra parte, desde esta posición avistan mejor el peligro. Cuando detectan alguna amenaza, avisan a los demás miembros de su grupo tamborileando el suelo con las patas traseras, que les sirven asimismo para dar grandes saltos. Los jerbos tienen los ojos bastante grandes y un aguzado sentido de la vista. También cuentan con un buen oído en virtud de un agrandamiento de las cámaras auriculares, o caja timpánica, sobre todo en el caso de las especies que viven en el desierto. Gracias a esto, los jerbos pueden detectar hasta el batir de las alas de las aves depredadoras que se acercan, por ejemplo las lechuzas, teniendo así oportunidad de escaparse a sus refugios.

Los jerbos se apoyan principalmente en su sentido del olfato para reconocer a los miembros de su grupo familiar. El perfume de una glándula situada en la parte inferior del cuerpo traspasa a la piel y, desde aquí, a los demás animales del grupo por contacto directo.

Dado que viven en zonas en las que escasea el agua, los jerbos están adaptados para conservar su cuerpo hidratado en la mayor medida posible. Sus riñones funcionan con una enorme eficacia para retener la orina, hasta el punto de que estos animales apenas la producen. Son capaces de beber las gotas del rocío que se condensa en su madriguera durante la noche, así como de absorber el agua de las plantas que componen su dieta.

Reproductores prolíficos

Los jerbos se reproducen muy deprisa. Según los estudios realizados sobre los jerbos de Mongolia silvestres, se sabe que las hembras pueden criar tres camadas seguidas al año, pudiendo consistir cada una de ellas en 12 hijos. La progenie continúa viviendo con el grupo familiar aunque sea ya independiente. Según parece, en la edad madura la hembra abandona al grupo brevemente para aparearse evitando así la endogamia.

▼ *Tras su domesticación ha surgido, a partir de los ejemplares enjaulados, un número cada vez mayor de variedades de color (como la de este jerbo azul). Muchos de ellos están destinados a su exposición en concursos o son adquiridos como mascotas.*

El alojamiento de los jerbos

EL CARÁCTER SOCIABLE DE LOS JERBOS de Mongolia implica que estos simpáticos roedores no gusten de vivir solos, lo que afecta directamente al tamaño del recinto que requieren. Su afán por excavar túneles también supone que no sean idóneas para ellos la mayoría de las jaulas con la parte superior de barrotes metálicos y una base casi plana, ya que es muy fácil que se desparramen las virutas del lecho por alrededor. Por ahora, las tiendas especializadas ofrecen pocas alternativas de jaulas para los jerbos, ya que las más adecuadas para los hámsters resultan demasiado pequeñas y tienen poca profundidad.

La mayoría de los aficionados a estos animales terminan utilizando un acuario o terrario cubierto con una tapa de malla bien segura (es posible que haya que hacerla especialmente a medida). Como guía general, un acuario normal que mida 46 cm de largo por 30 cm de ancho y alto servirá perfectamente. La tapa de rejilla deberá consistir en una malla resistente de buena calidad que estará grapada a unos listones de madera de 2,5 cm^2 y se fijará a la estructura inferior con unos enganches especiales situados alrededor del marco de madera a una distancia de 12 mm unos de otros. La tapa deberá encajar perfectamente sobre el terrario o acuario. No conviene escatimar en grapas, sobre todo si se tiene un gato, ya que así los jerbos estarán mucho más seguros ante las posibles incursiones y las garras de

▼ *La jaula de los jerbos deberá estar provista de una tapa bien segura para evitar que se escapen o que acceda a ellos un gato. Uno mismo puede fabricarla forrando con una rejilla un marco de madera, tal como se describe en el texto.*

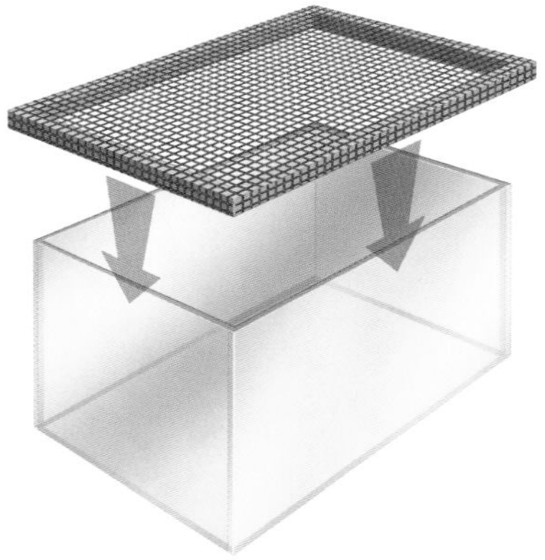

◄ *Acuario especialmente adaptado para un jerbo. Obsérvese el mecanismo de ventilación y la placa deslizable de la tapa que encaja perfectamente con el recipiente. La botella del agua está bien sujeta a una altura adecuada, y hay elementos suficientes para que el jerbo se pueda esconder.*

▲ *Los jerbos son criaturas inquisitivas a las que les encantará tener varios sitios donde esconderse. Aunque siempre se puede recurrir a los socorridos tubos de cartón, también se pueden comprar artículos como éste en una tienda especializada.*

este animal. Se puede conseguir el doble de resistencia si se forran los listones con la malla en lugar de dejarlos al ras.

Lecho de la jaula

Se debe colocar una abundante capa de virutas de madera para que los jerbos puedan excavar sus madrigueras. Hay quien utiliza también turba para cubrir el lecho de la jaula, aunque no se considera lo mejor, en parte porque este tipo de material tiende a ensuciarles la piel y, además, si se moja la turba para que no esté polvorienta, es posible que la humedad afecte negativamente al animal.

No estará de más incluir algunos elementos para que los jerbos practiquen sus habilidades. Se les puede proporcionar, en uno de los rincones, un lecho de heno para que hagan sus túneles. Los jerbos se dedicarán por una parte a mordisquearlo hasta cortarlo en piezas pequeñas y formar su nido y, por otra, a comerlo, actividad que les aportará la fibra necesaria para su dieta. Por eso es muy importante ofrecerles un heno de buena calidad, que no esté ni húmedo ni mohoso y que no contenga tampoco cardos con los que se pueda pinchar.

P/R...

● ***¿Qué tipo de alojamiento debo elegir para otras especies de jerbos?***

Pueden vivir en el mismo tipo de recinto que los jerbos de Mongolia, aunque es posible que el acuario deba ser más grande y también más alto (46 cm de altura) para reducir el riesgo de que salten al quitar la tapa.

● ***¿Es mejor un acuario de vidrio o de un plástico acrílico?***

Los de vidrio son más fáciles de conseguir hoy por hoy, pero resultan más pesados, sobre todo si son grandes, hasta el punto de que es posible que se necesiten dos personas para levantarlos sin problemas. Los de plástico acrílico son más ligeros, pero se pueden romper también si se caen y se arañan fácilmente.

● ***¿Será suficiente una jaula de rata para alojar a dos jerbos de Mongolia?***

Los criadores que se dedican a su comercio suelen utilizar este tipo de jaulas de laboratorio, ya que las bases son más profundas que las de las jaulas normales. El inconveniente es que son bastante feas y no permiten observar a los ejemplares alojados en ellas. También se pueden utilizar las jaulas corrientes de las ratas pero el hecho de tener una base tan plana resulta un inconveniente.

Elementos de una jaula

A continuación se enumeran los principales elementos que deberá incluir la jaula de un jerbo:

Suelo cubierto: se recomiendan virutas de madera (izquierda) hasta completar un espesor de 5 cm.

Escondrijos: resultan ideales los tiestos de flores partidos por la mitad y los tubos de cartón del papel de cocina medio enterrados en el lecho del suelo.

Objetos para morder: se pueden comprar bloques especiales para roer en las tiendas de animales, o introducir en la jaula ramas de árboles, como por ejemplo de manzano.

Lecho: la mejor opción es heno de buena calidad que no tenga polvo. Para que el animal fabrique su nido, se puede utilizar también el mismo papel que para los hámsters.

Recipientes de comida y agua: para la comida lo más recomendable son los cuencos de barro o de acero inoxidable. El agua se suministra en bebederos.

Juguetes: no son especialmente necesarios, ya que los jerbos se entretienen unos con otros. Las ruedas de ejercicio deberán ser de las de tipo compacto.

La alimentación de los jerbos

AL IGUAL QUE MUCHOS OTROS pequeños roedores originarios de zonas áridas del globo, los jerbos subsisten en su hábitat natural a base de semillas y otras materias vegetales, habiendo algunos que también cazan insectos. Así pues, su alimentación será muy sencilla si se restringe a los preparados especiales comerciales que contienen ingredientes diversos, aunque por lo general tienen mayor cantidad de cereales que de semillas oleaginosas. Como elementos básicos de la dieta de un jerbo se pueden mencionar el trigo, la cebada y la avena, si bien para introducir algo de variedad se les pueden ofrecer semillas para periquito, que contienen mijo y alpiste.

En algunas mezclas se incluyen maíz (en forma de copos) y guisantes secos. También puede incluirse maíz completo, pero resulta una semilla demasiado dura en crudo para que la puedan morder fácilmente. Una alternativa mejor es el maíz triturado o partido en piezas pequeñas. Aunque les encantan las pipas de girasol, habrá que ofrecérselas en pequeñas dosis, ya que tienen un alto contenido en grasa y una ingestión excesiva de ellas no sólo tendrá la consecuencia de obesidad, sino que podrá ser el detonante de otras afecciones. Deberá adoptarse la misma precaución con los cacahuetes, que no compondrán más de un 5 por ciento de la mezcla.

Por otra parte, es importante ofrecerles alimentos frescos variados de forma regular. Las hojas y flores de diente de león les encantan, al igual que algunas verduras como las zanahorias (cortadas en piezas pequeñas), la calabaza y la lechuga roja. Conviene lavarlas bien y, si es necesario, pelarlas. Asimismo, habrá que tomar la costumbre de retirar diariamente todos los restos de comida. Es mejor procurar darles justo la cantidad que necesitan, en lugar de raciones que siempre terminen sobrando.

Actualmente, existen preparados completos para los jerbos de fórmula especial que se pueden suministrar directamente con la garantía de que se satisfa-

▼ *Los jerbos sobreviven con una dieta básica consistente en semillas diversas, que pueden coger con sus patas delanteras para pelarlas y extraer la pulpa. También hay que proporcionarles agua potable.*

cen todos los requisitos nutritivos de estos animales. No se recomienda el uso de vitaminas y minerales como complemento de estas dietas por el riesgo de sobredosis. No obstante, cuando se necesite un suplemento, es mejor proporcionárselo en forma de polvo, rociándolo sobre algún alimento, en lugar de administrárselo disuelto en el agua, pues los jerbos beben relativamente poco. Es preciso seguir las instrucciones del prospecto atentamente para evitar que el animal ingiera cantidades excesivas que le puedan dañar a largo plazo.

Los jerbos tienen unos poderosos dientes, por lo que más vale ofrecerles la comida en cuencos de barro que no puedan destrozar. Los hay de muy diversos tamaños. Es mejor utilizar dos recipientes distintos, uno para los alimentos frescos y otro para los deshidratados.

Necesidad de agua

Se les ofrecerá el agua en un bebedero especial, para asegurar que no se contamina ni se ensucia con la paja o la comida. Algunas jaulas cuentan con un accesorio para el agua que se acopla con una tuerca. No siendo así, habrá que incorporar la botella del agua enganchándola con un alambre a los barrotes de la jaula.

No hay que olvidar que el bebedero deberá estar a una altura apropiada que les resulte cómoda, para que beban cuando lo necesiten sin que exista peligro de que se les caiga encima y les haga un daño que pueda ser mortal. Conviene rellenarlo hasta el borde para crear vacío y que no gotee después. Asimismo hay que evitar que la boquilla quede en contacto con el lecho para que el agua no se salga por acción capilar y vaya empapando las virutas. Los jerbos beben muy poco, normalmente no más de 10 ml al día.

P/R...

● *¿Es necesario ofrecer insectos a los jerbos como parte de su dieta?*

Algunos jerbos comen insectos, pero no son imprescindibles. Se les pueden ofrecer, por ejemplo, gusanos de la harina, de venta en muchas tiendas especializadas en animales para reptiles y distintas aves, pero en pequeñas cantidades una vez al día. Procure ofrecérselos con la mano ya que, si se desperdigan por el lecho, pueden terminar convirtiéndose en polillas de la harina.

● *¿Cuánto tiempo puede durar un preparado granulado para jerbos sin estropearse?*

Elija un tipo de granulado que dure bastante, según la fecha de caducidad del paquete, y no lo utilice más allá de la fecha recomendada para evitar el riesgo de que se haya deteriorado el contenido en vitaminas.

● *¿Almacenan la comida los jerbos igual que los hámsters?*

No es una conducta que se observe en los jerbos de Mongolia ni en ninguna otra especie que se utilice como mascota, aunque sí que hay casos en los que viven en estado salvaje.

● *Tengo entendido que es beneficioso ofrecerles galletas para perros de vez en cuando. ¿Es cierto?*

Muchas veces se recomiendan las galletas para perros, sobre todo como un medio para que mantengan afilados sus incisivos. No obstante, no será una mala idea rompérsela en trozos de un tamaño razonable para que los puedan manejar.

▼ *Otros elementos que se les pueden ofrecer a los jerbos, tanto para enriquecer su dieta como para que mantengan sus incisivos en buen estado. Los bloques de minerales (izquierda) les aportan importantes nutrientes como, por ejemplo, el calcio del que carecen las semillas. Los artículos de madera (abajo) sirven para roer. Las golosinas (izquierda abajo) se les darán sólo de vez en cuando.*

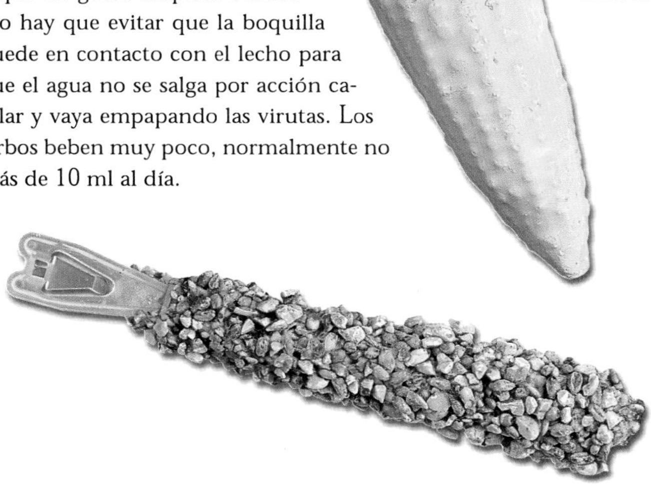

Los cuidados habituales de los jerbos

LOS JERBOS SON UNAS CRIATURAS MUY AMISTOSAS, pero no se dejan acariciar tanto como otros animales pequeños. Además, hay que manejarlos con cuidado, ya que la punta de su cola es muy delicada y la pueden perder con mucha facilidad. Cuando se coja a un jerbo por primera vez, no hay que tratar de agarrarlo rodeándolo simplemente con las manos, pues, a no ser que sea muy manso, es muy probable que muerda. Si son jóvenes, enseguida se acostumbrarán a que los manejen, pero es posible que se desmayen o que se pongan nerviosos si se abusa demasiado. Si esto ocurriera, lo mejor es retornarlo a su jaula para que se recupere.

▼ *Es muy fácil domesticar a un jerbo para que se quede quieto sobre la mano, sobre todo si se le acostumbra desde pequeño (abajo). Como criaturas activas y curiosas que son, enseguida querrán subirse por el brazo hasta el hombro (abajo). Sólo se les debe manejar de uno en uno para evitar escapadas.*

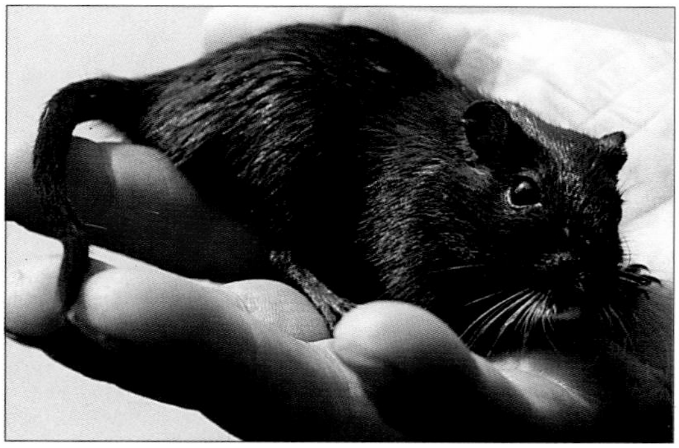

Limpieza de la jaula

Una gran ventaja de los jerbos domésticos es que son animales muy limpios y no despiden ningún olor desagradable, pues solamente producen cantidades muy pequeñas de orina. De manera que no hay por qué limpiar su jaula con tanta asiduidad como en el caso de los ratones, por ejemplo. Bastará con limpiar las partes más sucias y reservar un lavado más a fondo de la jaula para hacerlo cada dos o tres semanas por término medio, si es que no hay crías en el nido. No estará de más contar con un recipiente de plástico acrílico donde depositar a los jerbos mientras se realizan estas tareas.

Medidas de acción ante los escapes

Si un jerbo lograra escaparse dentro de una habitación, lo primero que hay que hacer es cerrar la puerta para asegurarse de que no va a ir más allá. A continuación, habrá que concentrar todo el esfuerzo en

Manejo de un jerbo

- Empiece ofreciéndole comida con la mano.
- Transcurridos unos días, trate de acariciarle suavemente mientras come.
- Reténgalo sujetándole por la base de la cola, obligándole así a que se mantenga a cuatro patas.
- Después, trate de cogerlo con la palma de la mano, con cuidado de que no quede suspendido en el aire.
- Si el jerbo empieza a correr por el brazo, páselo a la otra mano.
- Cuando se quede quieto, acaricielo suavemente o aproveche para ofrecerle algo apetitoso.
- No pasee con el jerbo encima. Es mejor sentarse y colocarlo sobre una mesa, o si no, una silla, pues, si por alguna razón se cayera, evitará así que el daño sea demasiado grave y, por otra parte, será más fácil controlar que no se escape.

atraparlo. Si es lo suficientemente manso, bastará con capturarlo con la mano (sin realizar ningún movimiento repentino que le pueda dañar o asustar). Si esto fallara, tal vez haya que utilizar una red o engatusarle para que se meta en una trampa (por ejemplo un cubo tumbado) llenándolo de comida apetitosa para él. Una vez que se haya aventurado, se levantará el cubo y el animal quedará atrapado.

Colecciones numerosas

Es posible que en un momento dado uno sienta un interés más intenso por estos animales y desee aumentar su colección. La mayoría de los criadores y expositores más serios alojan a sus reservas en casetas de exterior, algunas especialmente construidas para ello y otras que no son sino un cobertizo cubierto. Al igual que si se los colocara en el interior de una casa, es conveniente no situar la caseta en un lugar en el que dé mucho el sol, ya que, en tales circunstancias, los jerbos pueden sufrir golpes de calor que pueden llegar a ser mortales. El interior de la caseta deberá tener estanterías para poder observar bien a sus ocupantes.

P/R...

• *¿Con qué frecuencia debo alimentar a los jerbos?*

Normalmente, basta con darles de comer una vez al día, preferiblemente a una hora determinada. Hay que intentar que se acostumbren a comer de la mano. Asimismo, es necesario cambiarles el agua todos los días.

• *¿Debo sacar a los dos jóvenes jerbos que tengo a la vez para dar su paseo?*

No, no es aconsejable. Controlar a un jerbo joven puede llegar a ser bastante absorbente, pero si están sueltos dos a la vez y deciden escaparse, no cabe duda de que será una misión casi imposible atraparlos antes de que logren escabullirse.

• *¿Cómo se calienta una caseta exterior en invierno?*

Utilice un radiador por convección de aire, como los usados en los invernaderos, en forma de tubo sellado, situado a la altura del suelo. El termostato estará ajustado a unos 10°C.

▼ *Se puede adaptar un cobertizo para acomodar a una amplia colección de jerbos, incluso también a un extenso número de animales pequeños.*

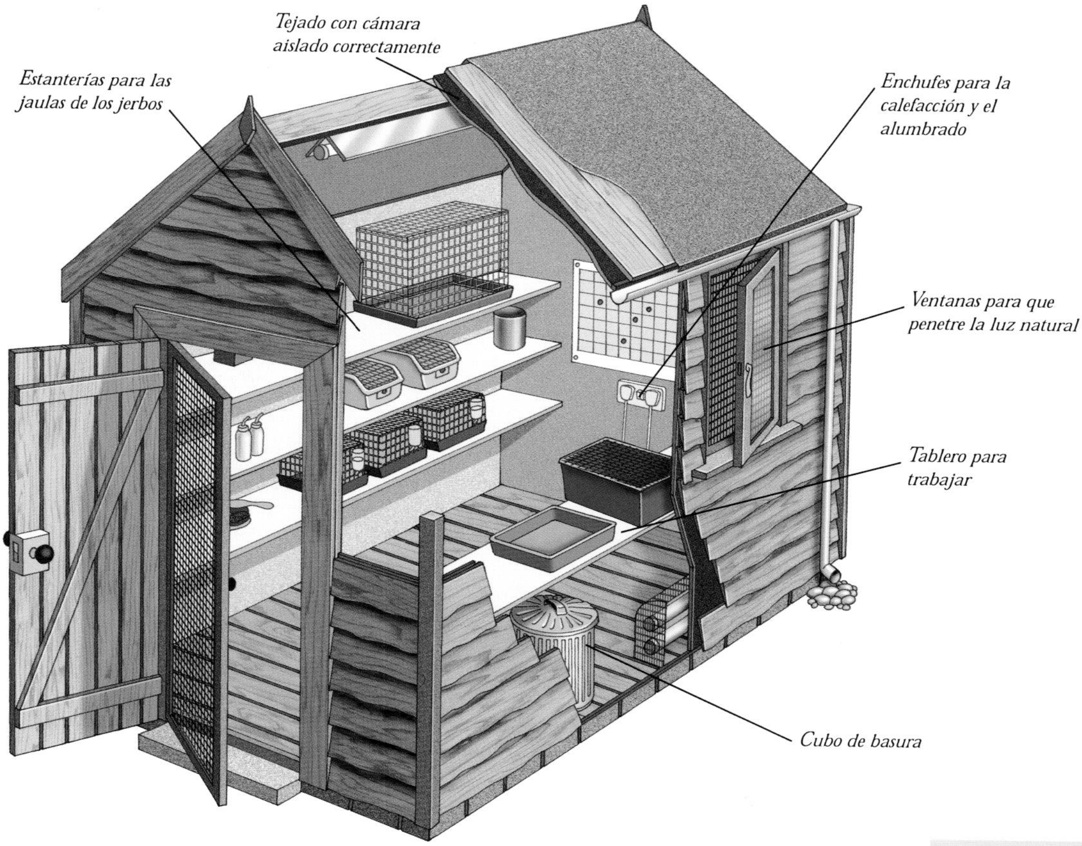

La reproducción de los jerbos

LOS JERBOS PUEDEN SER FÉRTILES muy pronto, en torno a las nueve semanas de vida, aunque tendrán que pasar otras tres semanas, más o menos, hasta que se considere que han alcanzado completamente la madurez sexual. Por lo tanto, conviene juntarlos antes de esta edad, no sólo para que críen, sino también para garantizar que no hay peleas entre los que son del mismo sexo. Esto significa pues que hay que adquirir a los jerbos de entre las seis y las ocho semanas de vida.

Se puede conseguir que los ejemplares más viejos se acepten entre sí metiéndolos en un terreno neutro que no esté impregnado del olor de ninguno de ellos. No obstante, con cada nuevo jerbo, la estrategia es cada vez más difícil y es mayor el riesgo de que se produzcan peleas.

Determinar el sexo de estos roedores no es especialmente difícil, sobre todo en el caso de los jerbos de Mongolia, ya que en edad madura el macho es considerablemente más grande que la hembra. Antes de esta edad, sin embargo, como ocurre con otras especies de jerbos, será necesario examinar la región genitourinaria para poder distinguir con certeza ambos sexos. Los jerbos jóvenes macho presentan una zona oscura en la base de la cola que es el contorno del saco del escroto. A medida que se desarrollan, los testículos descienden aquí desde dentro del abdomen y producen un abultamiento.

P/R...

● ***Se me ha muerto un jerbo hembra que ha dejado dos crías. ¿Puedo criarlas yo?***

Es posible si cuenta con otra hembra que haya parido en la misma época y si las crías tienen menos de una semana. Si son un poco más mayores, es probable que la hembra las rechace. Como paso previo a su traslado, tendrá que disfrazar el olor de las crías huérfanas frotándolas suavemente pero a fondo con el lecho del nido de la madre adoptiva.

● ***¿Es necesario que le ofrezca leche a un jerbo hembra que acaba de parir?***

No, siempre y cuando esté recibiendo una dieta adecuada, no es en absoluto necesario. Por el contrario, hasta podría causarle un malestar digestivo si no está acostumbrada.

● ***¿Qué tipo de registro debo mantener de un jerbo?***

Conviene confeccionar un registro con los datos de la reserva y tener tarjetas individuales de cada pareja. En el registro, se apuntará toda la información sobre la reserva adulta y, en las tarjetas, los apareamientos, las fechas de nacimiento y el número y color de la progenie de cada caso en particular. Más adelante se incluirán estos datos en el registro, junto con otro tipo de información como, por ejemplo, los premios en concursos.

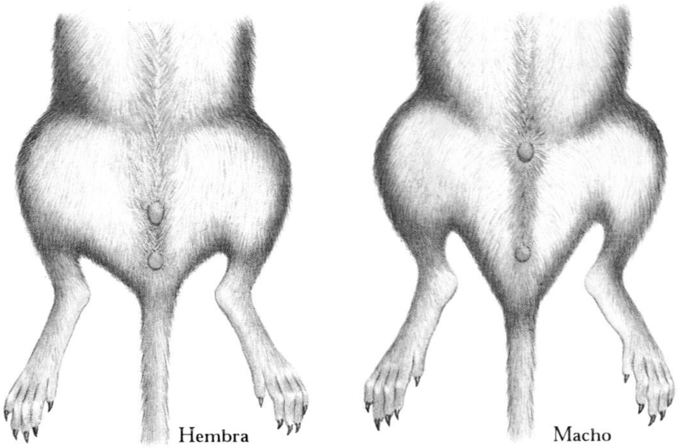

◄ *Es bastante fácil determinar el sexo de un jerbo. La distancia entre el ano y la apertura vaginal de las hembras es mucho más corta en la distancia genitourinaria de los machos. En general, los machos son más grandes que las hembras.*

Momento para el apareamiento

El hecho de dejar que los jerbos de Mongolia crezcan juntos antes del apareamiento es el mejor modo de asegurar que se vayan a reproducir. No obstante, por lo general, el programa de reproducción tiene como objetivo el uso de diferentes patrones. Entonces, se deberá desplazar a los jerbos de su vivienda habitual para meterlos en un territorio neutro para ambos; preferiblemente debe hacerse al atardecer pues es el momento en el que suele tener lugar la cubrición. Los primeros instantes son críticos. Si los animales se huelen y siguen explorando el nuevo recinto, se puede considerar como un buen signo. En cambio, si se lanzan a la pelea, habrá que separarlos enseguida.

En caso de contienda, es mejor colocar un tarugo de madera entre ellos en lugar de tratar de separarlos con la mano, ya que, a no ser que uno lleve unos guantes fuertes, es muy probable que acabe con alguna herida debida a un mordisco. Si se espera unos cuantos días para volverlos a juntar, es posible que el resultado sea mejor, ya que las hembras entran en celo cada cuatro días, durante todo el año. De todas formas, si una pareja sigue sin aceptarse tras varios intentos, se puede probar a aplicarles talco sobre su pelaje para disfrazar su olor. Cuando la hembra esté predispuesta a aceptar al macho, se quedará parada para que tenga lugar la cubrición. El apareamiento suele tener lugar varias veces en rápida sucesión.

Gestación y nacimiento

Únicamente al final del periodo de gestación es cuando empiezan a exteriorizarse los signos de que una hembra está preñada y empieza a ser evidente un aumento del tamaño de su abdomen. El alumbramiento se producirá aproximadamente 24 días después del apareamiento. A las crías de los jerbos les empezará a salir pelo cuando tengan aproximadamente seis días de vida y tendrán que pasar diez días más para que se les abran los ojos y comiencen a moverse por su entorno.

Más o menos en este momento, los jóvenes jerbos empezarán a ingerir alimentos sólidos por sí mismos, si bien el destete no se producirá hasta que no cumplan unas tres semanas más o menos. La mayoría de los criadores esperan una semana más para separar a los hijos de los padres. Una hembra puede volver a concebir inmediatamente después de alumbrar. Por eso, si no se desea otra nueva camada, habrá que separarla del macho en ese momento.

▼ *Esta madre lleva a su cría en la boca para devolverla a la seguridad del nido. Los jerbos nacen completamente indefensos, pero se desarrollan rápidamente.*

Enfermedades de los jerbos

AL IGUAL QUE OTROS ROEDORES, los jerbos son propensos a los trastornos gástricos si se les altera de forma repentina la dieta, aunque es posible que los síntomas de una diarrea se deban a causas más peligrosas, como por ejemplo la enfermedad de Tyzzer, provocada por una infección de bacterias *Bacillus piliformis*. La enfermedad de Tyzzer puede ocasionar un alto índice de mortalidad, sobre todo entre los ejemplares más jóvenes de la colonia. La enfermedad suele introducirse en el grupo a través del contagio de un portador de la infección en una forma subclínica, extendiéndose después a los demás miembros del grupo a través de los excrementos.

Los jerbos que padecen diarreas se quedan como encorvados y pierden el apetito. El tratamiento depende de la identificación de la causa del problema y, por lo general, es precisa la intervención del veterinario para que aplique una terapia de fluidos para prevenir la deshidratación y administre los antibióticos pertinentes para atacar a la infección.

Mantener saludables a los jerbos

- No introducir jerbos nuevos en un grupo ya establecido y asentado.
- Evitar la superpoblación, pues puede causar tensión.
- Limpiar el habitáculo de los jerbos de forma regular.
- No variar la dieta de forma repentina.
- Proporcionar alimentos frescos con moderación. Retirar los restos de comida del día anterior.
- Mantener a los jerbos fuera de las corrientes de aire y la humedad.

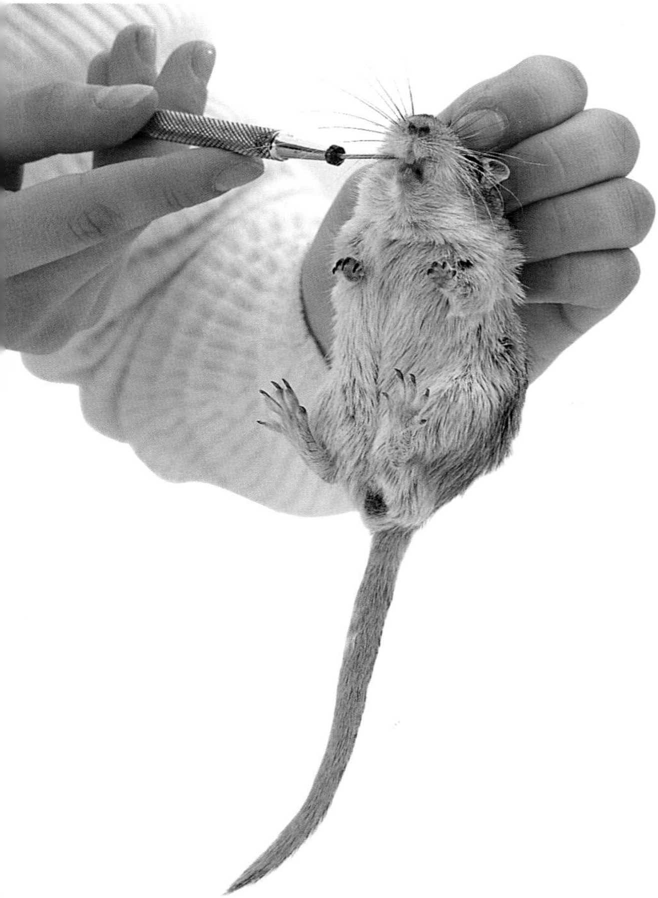

Ataques de epilepsia

Los jerbos de Mongolia también son particularmente propensos a la epilepsia. Los ataques pueden afectar a los ejemplares más jóvenes desde los dos meses en adelante y hacerse más frecuentes a partir de los seis meses de vida. El hecho de que se los manipule y maree demasiado puede ser el detonante de un ataque de este tipo. Por eso, se cree que se trata de un mecanismo de defensa ante los depredadores, que dejan abandonado al animal convulso en el suelo. Por lo general, se recuperarán sin incidentes si se los deja tranquilos. Según los estudios realizados, se ha sugerido que tal vez el problema esté relacionado con determinadas cepas, siendo la endogamia un factor que empeora el mal en la progenie.

Otros problemas corrientes

Otro problema que puede tener un origen genético es la alta incidencia de tumores en el tracto reproduc-

◄ *Los problemas dentales son bastante corrientes en los jerbos, como en todos los roedores. En la fotografía, el veterinario examina los incisivos de un jerbo.*

tor femenino. Suelen desarrollarse en los ejemplares que alcanzan el final de su vida reproductora, en torno a los dos años de edad.

Otros problemas sanitarios de los jerbos asociados a la edad son la diabetes mellitus, que afecta sobre todo a los jerbos obesos, y la insuficiencia renal. Los síntomas de ambas enfermedades son similares en un principio y consisten en que el animal comienza a beber mucho más de lo normal y experimenta una pérdida de peso. En estos casos, para evitar que el animal sufra, habrá que recurrir a la eutanasia.

Los jerbos también tienen riesgo de contraer infecciones respiratorias similares a los resfriados corrientes que puedan afectar a un ser humano pero, más que el virus en sí, lo que representa un peligro para ellos es la bacteria estreptococos asociada a los síntomas de la misma. Es posible que un jerbo acatarrado contagie a los demás de la colonia, manifestándose en ellos los mismos síntomas. En la mayoría de los casos, en pocos días se podrá observar su recuperación, si bien es posible que todavía se les queden los orificios nasales taponados. En tal caso, se puede aplicar una esencia descongestionante en un paño de papel y dejarlo suspendido en la jaula, fuera de su alcance.

Daños físicos

Los daños producidos por una pelea son bastante raros en una colonia ya establecida, pero si así sucediera, lo mejor es transferir al jerbo más débil a un alojamiento distinto. En caso de herida, se aplicará una crema antiséptica sobre ella para reducir al mínimo el riesgo de infección. Cuando una jaula está superpoblada, son más frecuentes las luchas dentro del grupo, así que quizá sea más práctico dividirlo. Fuera de su habitáculo, es posible que un jerbo sufra una fractura a raíz de una caída o porque se le haya enganchado la pata en una rueda de ejercicio mal elegida. Un alto contenido de semillas de girasol (más de un 10% del preparado) puede aumentar la posibilidad de que se produzcan fracturas, pues pueden conducir a una deficiencia de calcio subclínica. De todas formas, cualquier veterinario puede fijar las fracturas óseas sencillas con una tablilla, de manera que la rotura sane enseguida. Deberá dejarse el vendaje de la pata durante dos semanas.

P/R...

• *He perdido varios jerbos por la enfermedad de Tyzzer. ¿Qué puedo hacer para evitar nuevos brotes?*

No es inhabitual su recurrencia, en parte porque las bacterias pueden sobrevivir en el recinto donde viven los jerbos hasta un año y formar esporas que son resistentes a muchos desinfectantes. La mejor forma de eliminar la infección es lavar y sumergir tanto la jaula como los cuencos de comida en una solución de lejía concentrada para destruir todas las esporas antes de que sean dañinas.

• *Mi jerbo tiene una secreción rojiza alrededor de los ojos, pero no se le ve ninguna herida. ¿Qué tengo que hacer?*

Probablemente la causa sea el estrés producido por el hacinamiento en la jaula o una posible irritación ocular provocada por un lecho inadecuado que se refleja en dicho lagrimeo. Los jerbos producen lágrimas rojas como consecuencia de la presencia de un pigmento que se conoce como porfirina, al que se debe el color rojizo alrededor de los ojos. En los casos más graves, un exceso de lágrimas puede causar irritación nasal. Acuda al veterinario para pedir consejo.

• *Creo que mi jerbo tiene dañada la punta de la cola. ¿Qué tengo que hacer?*

Intente aplicar alguna pomada antiséptica en la zona afectada, aunque por lo general, si ha perdido la piel en esta zona, la punta terminará desprendiéndose y el jerbo terminará teniendo una cola un poco más corta que antes.

▶ *A veces, los jerbos pueden sufrir lesiones en su propia jaula. Las ruedas de ejercicio abiertas son especialmente peligrosas pues es posible que se les quede enganchada una pata o la cola en ellas. Es más seguro un diseño cerrado.*

Especies y variedades de jerbos

EL JERBO DE MONGOLIA ES CON DIFERENCIA la especie domesticada más corriente y, hoy en día, es criado en una gama cada vez más extensa de variedades de color, que se pueden dividir en cuatro grupos fundamentales. El primero es el de los jerbos que tienen manchas o parches blancos, que suelen recibir el nombre de marcados. Hay un segundo grupo en el que se encuadran los jerbos cubiertos con un pelaje de un solo color. El tercer grupo es el de las variedades de colores no puros, cuyo pelaje presenta mas de un color, con la región ventral normalmente blanca. Finalmente, está la categoría de los jerbos de puntas de color, un grupo de reciente creación cuyo pelaje presenta un matiz más oscuro en las extremidades que en el resto del cuerpo, con un aspecto similar al de los gatos siameses.

El color natural del jerbo de Mongolia es el agutí: tiene una base de un tono marrón amarillento o pardo rojizo que contrasta con la pigmentación negra de las puntas de cada pelo, lo que crea así un color pardo grisáceo. El color del vientre es blanco. Frecuentemente, este tipo de ejemplares recibe el nombre de agutíes dorados, para distinguirlos de las versiones agutí nuevas que se han desarrollado.

VARIEDADES MARCADAS

La primera mutación registrada de jerbo de Mongolia fue la de manchas blancas. Surgió a finales de la década de 1960 en Canadá. En el pelaje de estos animales resaltan las manchas blancas sobre el resto del

P/R...

• Quiero criar jerbos de manchas blancas para exponerlos, pero me resulta complicado normalizar su patrón. ¿Qué sugerencia me puede dar?

La cría de esta variedad puede resultar bastante frustrante, pues es algo casi imposible de conseguir. Nada garantiza que los adultos marcados tengan una progenie similar, siendo el menos predecible el agutí dorado. Lo ideal es tener como objetivo conseguir manchas de un tamaño uniforme, redondas y grandes, que no estén quebradas por mechones de color.

• Tengo cinco parejas de jerbos de color paloma, pero ninguno de ellos ha producido una camada que consista en este color solamente. ¿Por qué?

El color paloma no es muy seguro. Las camadas que se consigan estarán compuestas de ejemplares de color paloma, lila y blancos con ojos rosas. De todas formas, dado que la combinación genética es aleatoria, no hay que perder la esperanza de que termine apareciendo una descendencia de color paloma, aunque no se puede garantizar.

▼ *Jerbo de Mongolia parcheado negro. La extensión de las manchas es lo que le distingue de los jerbos con manchas blancas. Se ha demostrado que es imposible introducir esta característica del agutí dorado a otras variedades.*

▶ *La variedad lila se encuentra entre las preferidas. Los jerbos de esta clase están cubiertos con un vistoso abrigo gris azulado con un matiz rosado y tienen los ojos de color rosa. Provienen de jerbos negros y dorados argentados.*

pelo (de forma ideal un total de tres situadas en el hocico, la frente y en la parte posterior del cuello). Un ejemplar bien marcado tendrá también las patas blancas, al igual que la punta de la cola. Los jerbos parcheados se pueden distinguir por las amplias zonas blancas que cubren su cuerpo.

VARIEDADES DE COLOR PURO

La primera variedad de esta categoría que se creó fue la de los jerbos blancos de ojos rosados, aunque no es un blanco puro, pues a veces se pueden apreciar mechones negros esporádicos. Representan una versión diluida de los blancos de cola oscura. Es un tipo de pelaje equivalente al de los conejos himalayos y otros pequeños roedores pero, en este caso, sólo afecta al pelo de la cola. Estos jerbos nacen blancos y adquieren su pelo oscuro a partir de las diez semanas aproximadamente.

Los jerbos blancos de ojos rubí constituyen una raza de reciente creación a partir del gris agutí y el lila, una forma diluida del negro. Se parecen mucho a los blancos de ojos rosados pero se los puede distinguir de éstos por la coloración más intensa de sus ojos.

La coloración diluida del lila se ha conseguido a través del cruce de jerbos de este color con ejemplares blancos de ojos rosados. A su vez, esto ha llevado a la creación del jerbo paloma, que se parece al lila pero que presenta un tono bastante más claro de gris, con los ojos de color rosa. La variedad zafiro es la más reciente de estas variedades y consiste en un tono intermedio entre el color paloma y el lila, con un tono más azulado y los ojos de color rubí.

Otro miembro más del grupo de colores puros es el negro, que se dio por primera vez en una camada de jerbos de Mongolia nacida en Tejas. Los ejemplares de este tipo deberán tener un pelaje negro brillante que se haga más mate en la zona ventral. En algunos ejemplares es posible la presencia de manchas blancas esporádicas, aunque esto se considera como una falta grave en los concursos. Tanto los ojos como las uñas son de color negro.

El jerbo dorado argentado presenta un atractivo pelaje de un cálido tono dorado, sin ningún viso de manchas negras en la zona inferior, las cuales presentan un color blanco. Sus ojos son rosas y la falta de pigmentación se puede apreciar asimismo en las orejas, también rosas.

▶ *El jerbo dorado argentado es conocido bajo toda una serie de nombres, entre los que se incluyen canela y dorado, aunque el más habitual es el de dorado de vientre blanco.*

Variedades de colores no puros

No todas las formas de color de los jerbos de Mongolia han despertado un claro interés desde el principio, como ocurre por ejemplo con el jerbo gris agutí, conocido también como chinchilla. Tristemente, se perdió el ejemplar original sin descendencia, pero se pudo volver a crear en una reserva de laboratorio, en el año 1980. Más adelante, se cruzó a estos jerbos con una reserva de blancos de ojos rosados produciendo así una descendencia agutí dorada, que al aparearse produjo ejemplares grises agutí. Al desaparecer completamente la coloración dorada de su pelaje, su tono es básicamente blanco con las puntas negras.

Mientras que los jerbos agutí blancos tienen siempre las puntas pigmentadas de otro color, éste es un rasgo que se desarrolla más tarde en los jerbos miel de ojos oscuros y los argelinos. Las crías de esta variedad tienen un pelaje amarillo, con las extremidades oscuras hasta que los animales cumplen aproximadamente los dos meses de vida. Su aspecto se transforma entonces en virtud de la pigmentación gris de las puntas; en cambio, su vientre permanece blanco. Sus ojos, al igual que las uñas, son negros.

Zorros

En Alemania, los criadores han logrado combinar el agutí plateado con una reserva de jerbos miel de ojos oscuros para crear una variedad conocida como zorro polar. En este caso la coloración blanca reemplaza al amarillo asociado con la variedad miel de ojos oscuros. Dentro del grupo de los zorros, existen otras variantes. El zorro amarillo tiene un aspecto similar al miel de ojos oscuros pero se puede identificar a simple vista por el color rubí de sus ojos, en lugar del negro. También se lo ha denominado miel de ojos rubí y zorro argelino de ojos rojos. El zorro azul o nuez moscada plateado se parece al zorro polar, pero la coloración de las puntas es más un tono azul plateado que negro.

La variedad conocida a veces como zorro rojo es muy similar a la de los jerbos dorados argentados, con la salvedad de que es un tipo de color puro, sin un color blanco en la zona ventral y, por lo general, de un tono más anaranjado que dorado. También recibe el nombre de nuez moscada argentado. Existe otra versión distinta del nuez moscada: estos jerbos nacen dorados y después empiezan a desarrollar una pigmen-

◄ *Ejemplar gris agutí. El primer jerbo de esta variedad fue detectado por un aficionado en un establecimiento de animales en Londres, Inglaterra, sin que se hubiera apreciado aún su belleza única. Este ejemplar ha sido merecedor de varios premios.*

▼ *La consistencia del color no es un rasgo asociado con el jerbo miel de ojos oscuros, ya que les cambia el color del pelaje con la edad. Al principio, tienen un tono brillante, que se va oscureciendo aproximadamente a los dos meses de vida.*

tación oscura en las puntas a las ocho semanas de vida aproximadamente. Se trata de una forma pura, con un pelaje rojo, más que pardo amarillento.

Schimmel

Los jerbos Schimmel constituyen otra variante más que inicialmente se parece al jerbo miel de ojos oscuros. Estos animales pierden el tono dorado de su piel a medida que van madurando, a las nueve semanas de vida, hasta llegar a ser predominantemente blancos, con una pigmentación naranja a tostada en las puntas. Tienen los ojos negros, aunque hoy en día existe una reserva de jerbos Schimmel de ojos rojos.

Los Schimmel plateados carecen del tono dorado, que está sustituido por blanco, y el resto del cuerpo está cubierto de un abrigo de un intenso tono color pizarra. El champán es el nombre que se da a la forma moteada del Schimmel. En este caso, las crías tienen un pelaje naranja quebrado con manchas blancas, que se van aclarando cuando crecen, de manera que cuando son adultos parecen prácticamente blancos. La variedad en crema o crema marfil presenta también un tono pálido. La parte superior del pelaje tiene un tinte crema, carente de pigmentación en las puntas, que contrasta con sus ojos de color rubí. La zona ventral es blanca. Existe una forma en crema marfil claro más ligera que resulta inconfundible.

Puntas de color

Dentro de la gama de los jerbos de Mongolia se ha creado una categoría totalmente nueva caracterizada por tener las extremidades de un color distinto al del resto del cuerpo. Los jerbos siameses, así llamados porque recuerdan a los gatos que llevan este nombre, constituyen una de las formas más originales. El cuerpo es de color crema, con la cola, las patas, las orejas y el hocico de color marrón. Siguiendo el paralelo con el mundo de los gatos, las formas birmanas de los jerbos presentan una coloración más oscura del cuerpo que los siameses, de manera que el contraste con el tono de las extremidades es menos marcado. Los jerbos tonquineses tienen un matiz intermedio entre los dos.

P/R...

● ***¿Cómo puedo distinguir a un jerbo apuntado pizarra de un birmano?***

Si se los compara, un jerbo con las extremidades de color pizarra tiene un tono más gris, con las extremidades negruzcas. No hay que perder de vista, sin embargo, que también existe una versión más pálida de esta variedad, de manera que no hay por qué confundir a un jerbo apuntado pizarra claro con la forma más oscura.

● ***¿Qué se puede decir de las formas de estas variedades con los ojos rubíes?***

No se los puede distinguir a simple vista, al igual que los siameses de ojos rubí. Cada uno de ellos tiene el cuerpo de un color puro, los ojos rubí y las uñas rosas, pero es posible determinar su identidad en función del color de la descendencia.

▼ *El grupo de los jerbos con las puntas de color sigue en pleno desarrollo todavía hoy y ofrece todo un potencial de posibilidades de los criadores. Dada su escasez, aún no están normalizados bajo un patrón, de manera que aún es posible contemplar algún que otro mechón no deseado.*

Otras especies de jerbos

Existen otras especies de jerbos y roedores similares que han sido introducidas en el mundo de las mascotas, aunque suelen ser coto privado de los criadores especializados. Las reservas de la mayoría de estos animales provienen de colecciones de zoológicos o de laboratorios.

Gerbilinos

Los gerbilinos de Shaw (*Meriones shawi*) son parientes cercanos de los jerbos de Mongolia, pero provienen de zonas más occidentales, en las regiones áridas del norte de África y de Egipto. Su coloración es similar. Al juntar a una pareja para su crianza, habrá que hacerlo en un territorio neutral. Pueden llegar a nacer hasta cinco crías en un intervalo de 25 días.

Otros jerbos

Para reproducir a los jerbos de Jerusalén (*M. crassus*) se aplican las mismas medidas de apareamiento. Estos animales tienen el doble de tamaño que sus parientes mongoles y constituyen uno de los miembros más grandes del género. Los ejemplares de este grupo deben alojarse individualmente y, dado que tienden a morder más que los demás de su especie, se debe poner mucho cuidado en su manejo.

El jerbo pálido pequeño (*Gerbillus perpallidus*) es originario de la misma parte del mundo que el gerbilino de Shaw. Exige unos cuidados idénticos al jerbo de Mongolia y es igual de sociable por naturaleza. En lo que se refiere a la coloración, la parte superior de su pelaje es de un tono dorado y el blanco de la parte ventral se extiende hacia arriba y rodea los ojos. Tienen las orejas relativamente grandes y en su cara resaltan unos redondos ojos negros. El jerbo egipcio (*G. gerbillus*) es otro de los miembros de este género, a veces asequible. Su cola está cubierta por un pelo ralo, pero carece de penacho en la cola y tiene una coloración más rojiza que la del jerbo pálido. Los jerbos egipcios se pueden domesticar, sobre todo si se los tiene desde pequeños.

Una de las especies más curiosas dentro del grupo son los jerbos de Duprasi o de cola gruesa (*Pachyuromys duprasi),* originarios de la región septentrional del desierto del Sahara en África. Lo que más llama la atención es su cola, desnuda, rosada y ancha, de la que se vale para sobrevivir en el duro entorno en el que vive, ya que en ella almacena la grasa que puede metabolizar en forma de agua y energía cuando lo requiere. Su cola

▼ *El gerbilino de Shaw es un poco más grande que el jerbo de Mongolia. Al contrario que sus parientes mongoles, las hembras son muy agresivas por lo que no se las puede juntar en grupo. Por lo demás requieren los mismos cuidados.*

es más larga y menos flexible que la de otras especies y el perfil de su cuerpo algo más redondeado.

Como ocurre con muchos otros roedores que viven en el desierto, los jerbos de cola gruesa son criaturas solitarias y prefieren vivir por su cuenta. Son menos activos que otros jerbos, pues duermen durante largos periodos y tienden a ser nocturnos. El apareamiento deberá tener lugar en un terreno neutro bajo vigilancia para evitar las peleas. Normalmente, nacen aproximadamente cuatro crías tras un periodo de gestación de 19 días. Después del destete, deberán ser transferidos a un alojamiento distinto, en torno a las cuatro semanas de vida.

Jerboas

Los jerboas están íntimamente relacionados con los jerbos, con una longitud de cuerpo de 10 cm, por término medio. También son originarios de las zonas desérticas, con una distribución que abarca desde partes del norte de África hasta China, hacia el este. Es posible llegar a domesticarlos como mascotas, aunque estos animales pueden ser bastante nerviosos. Responden al peligro utilizando sus poderosas patas traseras para saltar y llegan a brincar hasta 3 m de un solo golpe, por lo que es prácticamente imposible atraparlos si se escapan en una habitación. Por consiguiente, son roedores para contemplarlos más que para manejarlos. La crianza tiene lugar con mayor probabilidad en primavera y principio del verano, y la gestación dura cerca de 40 días. Las crías son independientes ya al cabo de seis semanas.

▲ *Gran jerboa egipcio. Las necesidades de un jerboa son más especializadas que las del jerbo de Mongolia. Se puede adaptar un terrario como jaula, pero estando siempre muy atentos a las escapadas cuando se levante la tapa.*

P/R...

• ***Me gustaría adquirir jerbos de cola gruesa, pero en la tienda de animales de mi barrio no me pueden ayudar, ¿qué puedo hacer?***

Trate de entrar en contacto con alguna sociedad de amigos de los jerbos y averigüe si algún criador los tiene disponibles. Aunque estas especies menos corrientes no suelen participar en los concursos, sí que cuentan con entusiastas. También puede consultar las páginas de publicidad de las revistas de animales o buscar información en Internet.

• ***¿Es posible mantener jerboas en un recinto de exterior?***

No, pues deben vivir en un lugar cálido y, además, al igual que los jerbos, son animales aficionados a excavar madrigueras y se pueden escapar fácilmente de este tipo de entornos a través de los túneles que fabriquen.

• ***¿Puedo alojar a unos jerbos de Jerusalén como a los jerbos de Mongolia?***

Los jerbos de Jerusalén son más grandes y pueden destruir la parte inferior de una jaula de plástico. Así pues, es más aconsejable acomodarlos en un acuario de vidrio que, además, les resultará mucho más espacioso.

RATAS Y RATONES

LAS RATAS Y LOS RATONES DOMESTICADOS QUE CONOCEMOS hoy están muy alejados de sus parientes salvajes, pues su crianza selectiva se ha practicado durante cientos de generaciones. Los primeros intentos de domesticación de estos roedores se remontan a principios del siglo XIX, época en la que las ratas en particular suponían una verdadera amenaza, pues invadían las calles y eran un foco de infecciones y enfermedades. Para paliar el problema surgió el oficio de trampero de ratas. Para aumentar sus ingresos, los tramperos empezaron a vender los ejemplares cazados en las tabernas, donde se hacían apuestas sobre el tiempo que tardarían los perros Terrier en acabar con las ratas dentro de unos fosos que se construían especialmente para el espectáculo.

Ocasionalmente, uno de estos tramperos encontraba algún ejemplar con un color peculiar y lo vendía para su exposición, en lugar de sacrificarlo en el foso. Jack Black, trampero oficial de la reina Victoria, llevó más allá su oficio pues, según cuenta la leyenda, crió un gran número de ratas moteadas y las llegó a vender a Francia. Parece ser que en su colección se incluían también ratas blancas, negras y de otros colores más exóticos, como el gamuza y el carey.

También en el siglo XIX empezó a extenderse la popularidad de los ratones como mascotas y objeto de exposición. No obstante, en otras partes del mundo, la costumbre de mantenerlos en cautividad era muy antigua. Así, por ejemplo, los ratones blancos se asociaban como imagen muy común en los templos griegos desde el año 25 a. C, e igual de antigua parece ser la domesticación de estos animales en China.

El gran ímpetu de la afición moderna por los ratones domesticados proviene de Walter Maxey, gran amante de los animales, cuyo recuerdo sigue vigente, ya que la jaula más socorrida para exposiciones lleva su nombre. No solamente fue Maxey el pionero en la exposición de ratones domesticados o *fancy*, evolucionados a partir de cepas de laboratorio, sino que potenció también la participación de las ratas domesticadas en los concursos organizados por el Club Nacional de Amantes de los Ratones. En este sentido contó con la dedicada colaboración de Mary Douglas, que contribuyó enormemente a extender la afición por las ratas a principios del siglo XX.

▶ *En comparación con los ratones, se han creado pocas variedades de color en las ratas. Tanto unos como otros pueden llegar a ser muy mansos si se los acostumbra al contacto con los hombres desde pequeños, si bien los ratones tienden a ser más nerviosos.*

Estilo de vida de ratas y ratones

TODAS LAS CEPAS DE RATONES DOMESTICADOS que conocemos hoy en día provienen del ratón doméstico (*Mus musculus*), que está extendido por todo el mundo, incluso en el Antártico, gracias a la inadvertida asistencia del ser humano. Los ratones fueron llevados tanto hasta allí como a otras partes del mundo, como por ejemplo Australia, en los barcos de suministro. Después, los ratones supieron adaptarse perfectamente a su nuevo entorno, en parte gracias a su rápida capacidad de reproducción. Esta característica también ha contribuido en gran medida al desarrollo de infinidad de variedades y colores.

El ancestro de la rata domesticada o *fancy* que conocemos actualmente es la rata parda (*Rattus norvegicus*), que empezó a desplazar a su pariente la rata negra (*Rattus rattus*) en Europa durante el siglo XVIII, hasta quedar ésta prácticamente desaparecida un siglo después. No obstante, en los albores de su domesticación, se mantenían en cautividad algunas versiones de color de las ratas negras para su exposición, incluyendo la extraña variedad de color verdusco. Otros de los tipos que existieron durante la década de 1920 eran las ratas gamuza y las blancas de ojos negros. Dado que las ratas negras eran claramente menos amistosas que las pardas y enseguida estaban dispuestas a morder a sus dueños, no creció tanto su popularidad.

P/R...

● ***Aparte de su tamaño, ¿existe mucha diferencia entre los ratones y las ratas como animales domésticos?***

Las ratas suelen ser animales intrépidos y amistosos, mientras que los ratones son más tímidos y les gusta pasar la mayor parte del tiempo escondidos en sus refugios. El menor tamaño de los ratones implica que son má fáciles de manejar y, por otra parte, se ha conseguido una mayor gama de variedades de color. Por último, los ratones llegan a vivir por término medio dos años, en cambio las rata duran entre tres y cuatro años.

● ***En la tienda de animales de mi barrio sólo venden ratas blancas. ¿Cómo puedo conseguir un ejemplar de un color menos corriente?***

Póngase en contacto con alguna organización de amantes de las ratas domesticadas, donde la facilitarán información sobre los nombres de criadores de su zona. No es mala idea tampoco acudir a las exposiciones y concursos en los que participan criadores expertos con sus reservas. Otra opción es buscar las direcciones de los proveedores por Internet.

● ***¿Es cierto que los ratones no ven el color?***

Sí. Se debe a la ausencia de conos en la retina de sus ojos. (Los conos son los responsables de la visión de color.) Los ratones tienen solamente bastoncillos, de modo que su imagen del mundo es monocroma. Con todo, pueden ver mucho mejor que nosotros en la oscuridad, obedeciendo a su forma de vida.

▼ *El ratón doméstico (izquierda) y la rata parda (abajo) son los ancestros de todas las variedades domesticadas que conocemos hoy. A pesar de su proximidad, las ratas tienden a atacar a los ratones, de modo que nunca se los deberá alojar juntos.*

▲ *Este ratón está royendo un cable eléctrico con sus afilados dientes, un ejemplo de los peligros con los que puede encontrarse una mascota que se escapa.*

Datos de interés

Nombres: ratón domesticado y rata domesticada.

Nombres científicos: *Mus musculus; Rattus norvegicus.*

Peso: ratones 30 g; ratas 300-500 g, siendo los machos más pesados que las hembras.

Compatibilidad: los ratones son especialmente sociables por naturaleza y se los puede enjaular en grupos compuestos de ejemplares del mismo sexo si no se pretende criarlos, aunque es posible que los machos se peleen. Las ratas son compatibles en pares o tríos del mismo sexo, dentro de un alojamiento espacioso.

Atractivo: inteligentes, alegres y fácilmente domesticables. Su cuidado no es nada complicado.

Dieta: mezclas de semillas o una fórmula granulada completa.

Enfermedades: son sobre todo vulnerables a las infecciones respiratorias que se suelen manifestar por estornudos y secreciones nasales en sus primeros estadios. Los animales más viejos pueden tener tumores.

Peculiaridades de la crianza: no se debe dejar que el macho permanezca con la hembra cuando vaya a nacer la camada, ya que puede volver a cubrirla a las pocas horas de que haya parido.

Gestación: ratones de 19 a 21 días; ratas de 21 a 23 días.

Tamaño típico de la camada: de 9 a 11 crías.

Destete: ratones de 16 a 21 días; ratas de 21 a 23 días.

Duración: ratones 2 años; ratas de 3 a 4 años.

Vecinos próximos

Una de las características que ha contribuido al éxito de los ratones domésticos y de la rata parda es su capacidad de adaptación. Pueden vivir perfectamente en diferentes hábitats y subsistir con tipos de alimentación muy diversos, además de ser capaces de reproducirse prolíficamente, siempre y cuando las condiciones sean propicias. Asimismo, los incisivos de las ratas y los ratones son enormemente fuertes, hasta el punto de que las primeras pueden llegar a roer el cemento. Esta capacidad destructiva implica que puedan vivir muy próximos a los humanos e invadir sus despensas con relativa facilidad. Tanto una especie como otra tienen muy desarrollados los sentidos del olfato y el oído, mientras que su vista está más especializada para ver en la oscuridad. Por lo general, son de hábitos nocturnos y también prefieren los lugares oscuros donde permanecer ocultos. Sus prominentes bigotes les ayudan a buscar el camino en los pasadizos estrechos.

Conducta de las ratas y los ratones

La enorme velocidad de reproducción de las ratas y los ratones incide directamente en la capacidad que tenga para alojarlos su dueño, quien puede llegar a juntar cientos de retoños en el curso de un solo año a partir de una sola pareja. Sin embargo, los ratones no duran mucho y por eso, si se pretende tenerlos como mascotas, más vale adquirirlos desde que son pequeños.

Uno de los aspectos desafortunados de mantener a los ratones y ratas en cautividad es su olor, sobre todo en los machos. Este olor proviene de su orina y, por lo tanto, es inevitable. Se puede mitigar el problema limpiando con frecuencia su habitáculo y limitándose a tener hembras, si es que no se desea criarlos.

Al vivir en partes del globo en las que la comida suele ser abundante, estos roedores no han desarrollado ningún instinto acaparador como ocurre con los hámsters, por ejemplo. Comen una amplia variedad de alimentos, aunque son esencialmente vegetarianos. Pueden utilizar sus patas delanteras para agarrar la comida y también son buenos escaladores. Para ello se valen en gran medida de su larga y escamosa cola que les sirve para mantener el equilibrio.

Alojamiento para ratas y ratones

EXISTE TODA UNA GAMA DE JAULAS ADECUADAS para estos roedores, aunque se puede adaptar perfectamente un acuario para alojarlos. Si se tiene la opción de elegir, es mejor comprar una jaula que tenga dos pisos, o incluso tres, ya que así se les dará más juego para que escalen y se muevan. En caso de utilizar un acuario habrá que prever elementos para que puedan trepar. Las jaulas que tienen los barrotes horizontales, por otra parte, resultan mejores que las que los tienen verticales, pues tendrán la oportunidad de subirse por las paredes. En las jaulas de varios pisos, se incluye una escalerilla que comunica los distintos niveles.

Un punto importante que se debe tener en cuenta a la hora de elegir un acomodo para estos roedores es la limpieza de la jaula, ya que tanto ratas como ratones despiden un desagradable olor. En este sentido, son recomendables las jaulas que tienen sobre el metal un recubrimiento de resina epoxídica duro y una base de plástico, pues resultan cómodas para limpiarlas. Asimismo, merece la pena invertir un poco más de dinero en un recipiente de plástico acrílico para meterlos mientras se asea su habitáculo, evitando así el peligro de que se escapen.

Hay que comprobar bien los enganches de las dos partes de la jaula y, si son de plástico, no estará de más averiguar si se venden sueltos cierres de otro tipo, ya que los de plástico se pueden deformar o incluso romper. También es muy importante que el cierre de la puerta sea seguro, pues estos roedores no sólo son intrépidos escaladores, sin que también pueden llegar a tener suficiente destreza para abrir una puerta mal cerrada y escaparse. Así pues, no estará de más la precaución de reforzarlo con un candado.

Accesorios para la jaula

Aunque las ratas y los ratones son animales inquisitivos y juguetones, no conviene introducir en su jaula una rueda con los escalones abiertos ya que se les puede enganchar fácilmente la cola y, por lo general, las ruedas resultan demasiado pequeñas para las ratas.

▲ *Tanto a las ratas como a los ratones les encanta subir y bajar por este tipo de juguetes. No obstante, habrá que reponerlos de vez en cuando porque se terminan ensuciando con la orina y también los roen.*

◀ *Este diseño de jaula en dos pisos ofrece la oportunidad de trepar, siendo muy adecuado para ratas y ratones, si bien las primeras requerirán una versión más grande.*

De todas formas existe una serie de juguetes apropiados para ellos. Los tubos de cartón con un diámetro interior adecuado pueden hacer las veces de túneles y se los puede sustituir fácilmente si los ensucian o si los mordisquean.

Asimismo, se les puede proporcionar una especie de refugio que esté cubierto con un lecho apropiado. Se deberán evitar las casetas de madera, ya que es un material absorbente y es fácil que el desagradable olor de la orina quede impregnado en ella por mucho que se lave o se cambie el lecho.

El tipo de lecho que se elija para cubrir el suelo de la jaula es muy importante, pues estos roedores son muy propensos a las infecciones respiratorias y las irritaciones oculares. Por ejemplo, no se deberá emplear bajo ningún concepto serrín, pues es un material demasiado polvoriento y fino. Desgraciadamente, las virutas que se pueden encontrar en cualquier tienda de animales, que son las que se llevan utilizando durante años y que absorben bastante bien la humedad, han dejado de tener buena prensa por su posible toxicidad.

Las maderas de pino y de cedro tienen un aroma característico que viene dado por las sustancias químicas que contienen, llamadas hidrocarburos aromáticos. Cuando las ratas o los ratones las inhalan, pasan a su sangre y, en consecuencia, deben ser descompuestas por el hígado. Con el tiempo, es posible que el hígado presente signos de inflamación como consecuencia de esta tensión crónica y es posible que el sistema inmune del animal se vea negativamente afectado.

P/R...

● *¿Les viene bien a las ratas y a los ratones mordisquear trozos de madera?*

Son realmente recomendables, pues les ayudan a afilar sus incisivos y mantenerlos en buen estado y, por otra parte, les disuade de roer la base de plástico o los barrotes de su jaula. En cualquier tienda de animales se pueden encontrar este tipo de artículos. También son adecuadas para este fin las cortezas duras de pan tostado en el horno. No hay que olvidar dejarlas enfriar antes de ofrecérselos a los roedores.

● *¿Es necesario darles heno a las ratas y a los ratones?*

Sí. Es muy importante, tanto para que formen su lecho como para que lo ingieran. No obstante, deberá asegurarse de que sea de primera calidad y que no tiene polvo. Habrá que tener cuidado también de que no haya cardos con los que se pueda pinchar su mascota.

● *¿Qué son las cajas de ratón?*

Es un tipo de alojamiento muy extendido entre los criadores, que consiste en un artilugio similar a una caja con una tapa de bisagra y una rejilla muy fina en la parte frontal. Las cajas de este tipo están divididas en dos secciones con un entrante hacia atrás. Los ocupantes se pueden esconder así de la vista. De modo que no es un tipo de jaula muy recomendable para quien desea una mascota.

▼ ▶ *Tradicionalmente, se han venido utilizando virutas para formar el lecho de la jaula de ratas y ratones al ser un material absorbente, aunque la tendencia actual es utilizar granos de maíz (derecha) o también recortes de papel reciclado.*

Alimentación de ratas y ratones

COMO OCURRE CON LA MAYORÍA de los pequeños mamíferos que se cuidan como mascotas, existe una enorme gama de fórmulas especiales para ratas y ratones. De todas formas, no es nada complicado preparar una mezcla adecuada a base de granos de cereales, como trigo, cebada y avena mondada (sin cáscara). El maíz es otro elemento más de su dieta, ya sea triturado, en copos o en forma de harina. Se debe evitar ofrecerles una cantidad demasiado grande de semillas de girasol o cacahuetes, ya que su alto contenido oleaginoso puede causar problemas cutáneos, sobre todo en las ratas, sin mencionar la obesidad. En muchos establecimientos especializados se venden galletitas de colores de mezclas adecuadas, aunque no habrá problema en emplear las galletas para perros, sobre todo para dárselas a las ratas, que las pueden manejar mejor. El pan duro les sirve por otra parte para afilar sus incisivos.

A pesar de que este tipo de mezclas preparadas constituye la base de la dieta, tanto a los ratones como a las ratas les viene muy bien la variedad de alimentos. Así pues, el heno verde les aporta la fibra necesaria y también se les puede dar alimentos frescos con moderación. Los trozos de zanahoria, apio y calabaza les darán la oportunidad de mordisquear y además se los puede rociar con un suplemento de vitaminas y minerales.

▼ *Hay muchas posibilidades distintas para la alimentación de ratas y ratones. Tradicionalmente se utilizan las mezclas de semillas (izquierda), aunque cada vez está más extendido el uso de los granulados mixtos especiales para estos roedores (derecha).*

Preparados completos

- Es posible comprar fórmulas granuladas completas como alternativa a las mezclas de semillas para ratas y ratones.
- No se debe añadir ningún suplemento a estos alimentos mixtos, ya que contienen todos los nutrientes necesarios en lo que a vitaminas y minerales se refiere.
- Los preparados se deben consumir antes de la fecha de caducidad que se indica en el paquete para asegurar que el contenido vitamínico no se ha deteriorado seriamente.
- Se debe guardar este tipo de comidas en un recipiente cerrado y garantizar que esté seco.
- En caso de tener una colección de ratones o ratas en el exterior, conviene guardar su comida en cubos de metal, que no atraigan las incursiones de sus parientes silvestres, ya que podrían introducir enfermedades en la reserva.

El queso es uno de los alimentos asociados a ratas y ratones por excelencia, sin embargo, aunque sí se les puede ofrecer como golosina, no conviene hacerlo de forma regular. Tampoco se les deben dar quesos blandos; en cambio el queso Cheddar es una buena opción. Una fuente de proteínas puede ser también un huevo cocido de vez en cuando, sobre todo durante el periodo de crianza. Normalmente, los ratones y ratas domesticados no necesitan proteínas animales, aunque sí se les debe dar a los ratones espinosos y las ratas del Nilo (*véase* páginas 169 y 171) en forma de gusanos de la harina. De todas formas, no todos los roedores son aficionados a ellos y, por otra parte, no conviene ofrecerles mucha cantidad, ya que se pueden caer entre el heno y convertirse en polillas que terminen revoloteando por la habitación. Para dar mayor variedad a la dieta, es posible incluir otros alimentos, pero siempre con cuidado, ya que una cantidad excesiva puede conducir a trastornos digestivos. Se puede hablar, por ejemplo, de un poco de arroz, patatas y otros vegetales como el maíz cocido y enfriado. Todos los alimentos perecederos deberán ir en comederos distintos a los alimentos deshidratados, para retirar los restos diariamente y evitar así que se enmohezcan. La cantidad de comida que consumen estos roedores es bastante reducida, así por ejemplo, un ratón necesita solamente 7 g de comida al día.

Necesidad de agua

La jaula deberá ir equipada con un bebedero de tipo botella con una boquilla de acero inoxidable (*véase* página 119) para que los animales puedan beber. El bebedero tendrá que estar suspendido de forma segura a una altura adecuada para acceder a él fácilmente. Para evitar que gotee una vez fijado en su sitio, conviene llenarlo hasta arriba. Ni las ratas ni los ratones necesitan beber gran cantidad de agua, si bien la ingestión de fluidos puede variar dependiendo de la dieta y del entorno.

P/R...

- ***Un amigo da a sus ratas huesos para que los muerda, ¿es buena idea?***

Algunas ratas disfrutan royendo huesos, pero hay que tener cuidado con algunos tipos de huesos, como por ejemplo los de pollo, que se resquebrajan fácilmente y les puede provocar alguna herida. A las ratas les gusta mordisquear los restos de carne que quedan sobre el hueso y afilar después sus incisivos con él. De todas formas, hay que tener cuidado y retirárselo antes de que se pudra la carne. Como alternativa pueden usarse masticables, como los que aparecen en la fotografía.

- ***¿Existe un mayor riesgo de canibalismo si dejo que mis ratas se coman la carne de los huesos?***

Es un mito popular, pero no hay nada de cierto en ello. El hecho de mordisquear la carne les da un aporte más rico de proteínas y, además, es una actividad a la que suelen dedicarse cuando viven en libertad. Lo que se describe como canibalismo suele ser la consecuencia directa de una pelea provocada por algún problema en la estructura social de los roedores.

▼ *Las ratas y los ratones acostumbran a comer una dieta muy variada, incluyendo diversos tipos de semillas y verduras. La rata de la fotografía mordisquea una mazorca de maíz. Se les deberá ofrecer este tipo de alimentos todos los días.*

Los cuidados habituales de ratas y ratones

POR LO GENERAL ES POSIBLE MANEJAR a los ratones y a las ratas con poco riesgo de que muerdan. De todas formas, no hay que perder de vista que tienen unos afilados incisivos y que son bastante cortos de vista. Así pues, si se les da de comer con la mano, hay que procurar elegir alimentos que impidan que el animal inflija un mordisco de forma accidental. Al coger a estos roedores, se debe evitar agarrarlos rodeando su cuerpo, ya que pueden responder agresivamente. Por el contrario, el método consiste en dejarles que olisqueen la mano y cogerlos después, cuando se suban. Pronto se acostumbrarán al olor de su dueño y aprenderán que no hay peligro.

Evidentemente, pasarán varias semanas hasta que la nueva mascota se muestre más dócil. Por eso, sobre todo al principio, hay que tener mucho cuidado de sujetarla bien. La forma correcta consiste en formar una especie de pinza con el índice y el pulgar de

P/R...

● ***¿Son un buen lecho para los ratones y las ratas lo recortes de periódico?***

No. No es muy recomendable ya que la tinta del periódico puede disolverse con la orina de estos roedores y mancharles la piel, sobre todo en el caso de los ejemplares de piel clara.

● ***¿Es verdad que la televisión puede molestar a las ratas y los ratones?***

Se ha demostrado que puede ser así, de modo que no convendrá poner a este tipo de mascotas cerca de la pantalla de televisión o de los altavoces del equipo estéreo. Por lo general, están más a gusto en entornos más tranquilos y calmados.

▼ *Fases para coger y sujetar a un ratón o a una rata, tal como se ha descrito en el texto. Conviene ganarse su confianza antes de tratar de agarrarlos.*

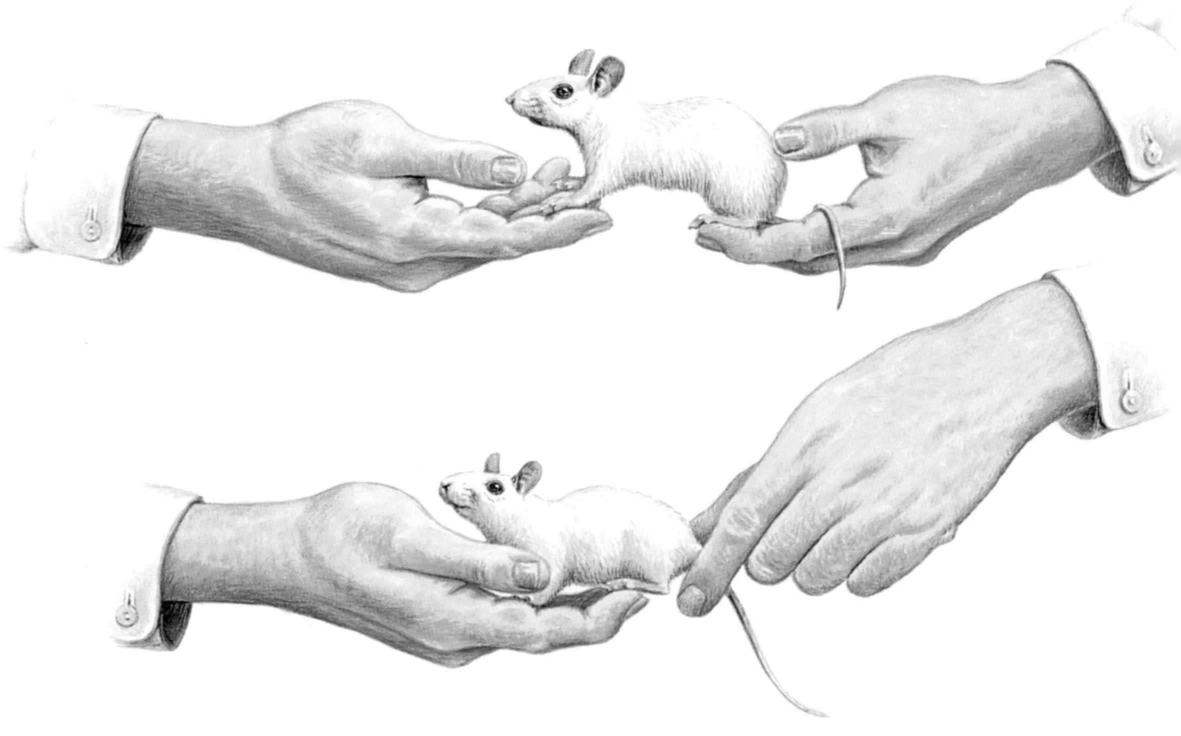

la mano izquierda cerca de la base de su cola. Pero, nunca se les deberá coger por la punta de la cola, pues no sólo es la peor forma de agarrarlos, sino que podemos hacerles daño. Hay quienes gustan de llevar a este tipo de mascotas en el hombro cuando ya las han domesticado, sin embargo, antes de animarse a hacerlo por primera vez, conviene estar sentado por si acaso se cayera.

Limpieza de la jaula

Generalmente, conviene trasladar a este tipo de mascotas a otro lado para cambiar el lecho de la jaula una vez a la semana. Se puede tirar directamente al cubo de la basura y limpiar después la base de plástico utilizando un desinfectante especial para ello. Asimismo, no está de más pasar también un paño o un cepillo por los barrotes de la jaula, aunque convendrá hacerlo en el jardín o en la terraza para evitar que salpique el agua. Después de enjabonar, es preciso enjuagar bien para evitar que queden restos de desinfectante y, antes de volver a ensamblar la jaula, habrá que secarla también muy bien.

Aparte de la higiene, el lavado tiene como objetivo eliminar las trazas de olor que acompañan siempre a estos roedores. Si se pretende introducir un nuevo compañero en un grupo ya formado, el mejor momento es justo después de haber limpiado a fondo la jaula, de manera que ninguno piense que está en su territorio marcado por su olor.

Aseo

Las ratas y los ratones requieren un aseo mínimo por lo general, pues bastará con acariciarles un poco con la mano de vez en cuando. Son animales bastante limpios, tal como se puede observar por el lavado regular que ellos mismos se hacen. De todas formas, antes de presentarlos a un concurso, hay quienes gustan de bañar a sus mascotas para asegurar que su pelaje queda imponente.

Está demostrado que las ratas son unos buenos nadadores y que no muestran ningún miedo instintivo al agua. No obstante, conviene introducirles en el baño con tiento. Lo perfecto es usar un barreño de plástico. Primero, se llenará al ras, a un nivel suficiente como para cubrir las patas del animal. Deberá utilizarse un jabón suave para bebés para lavarles el pelo añadiendo agua templada para aclarar. En un principio, se deberá dejar seca la cabeza y avanzar con el enjabonado desde atrás hacia delante. A continuación, se le aplicará jabón en la cabeza pero con mucho cuidado de no introducírselo en los ojos ni las orejas. Terminada esta operación, se levantará al animal con cuidado para desalojar el agua y volver a llenar el barreño con agua templada para el aclarado. Por último, se le frotará con una toalla seca y se mantendrá al animal en un ambiente cálido hasta que se seque.

◀ *A pesar de su fama, tanto las ratas como los ratones son animales muy limpios que utilizan sus patas delanteras para lavarse. De todas formas, también se los puede acariciar de vez en cuando para desprender la suciedad de su pelaje.*

Reproducción de ratas y ratones

LA ENORME CAPACIDAD DE REPRODUCCIÓN de estos roedores implica que el apareamiento ha de llevarse a cabo con mucha precaución y prever siempre que se cuenta con espacio suficiente para alojar a todas las crías que nazcan. En caso de no desear que estos animales críen, no hay más que separarlos por sexos; aunque también está la opción, si se van a juntar machos y hembras, de castrar a los primeros a las ocho semanas de vida. No obstante, no se debe perder de vista que antes de esta edad son sexualmente maduros y, por lo tanto, no deben compartir la misma jaula que las hembras antes de someterlos a esta operación. En lo que se refiere a las ratas, no es recomendable que se reproduzcan hasta cumplir esta edad. No ocurre lo mismo con los ratones, que se pueden aparear sin nin-

Signos de apareamiento y embarazo

La hembra produce tapones copulatorios cerosos blancuzcos después del apareamiento y los deposita en su territorio. Si se encuentra uno de ellos, será signo certero de que ha tenido lugar el apareamiento.

Las glándulas mamarias de las ratas y ratones hembra se inflaman a partir de las dos semanas aproximadamente.

Se observa un claro aumento de peso durante toda la gestación.

La preparación del nido se produce aproximadamente una semana antes del parto, tanto en caso de las ratas como en el de los ratones.

▼ ▶ *Es fácil determinar el sexo de las ratas y los ratones. La distancia entre los orificios del ano y los genitales es mayor en los machos que en las hembras. El saco del escroto de los machos se puede apreciar claramente en los ejemplares maduros.*

Ratón

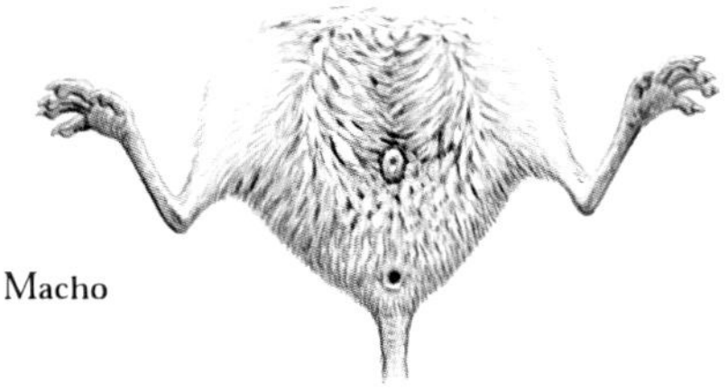

Macho

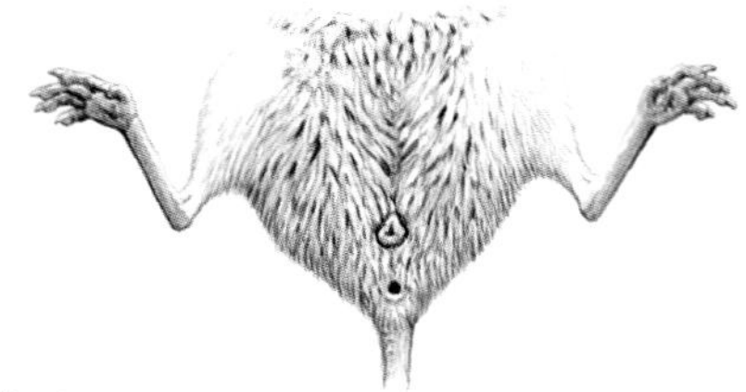

Hembra

Rata

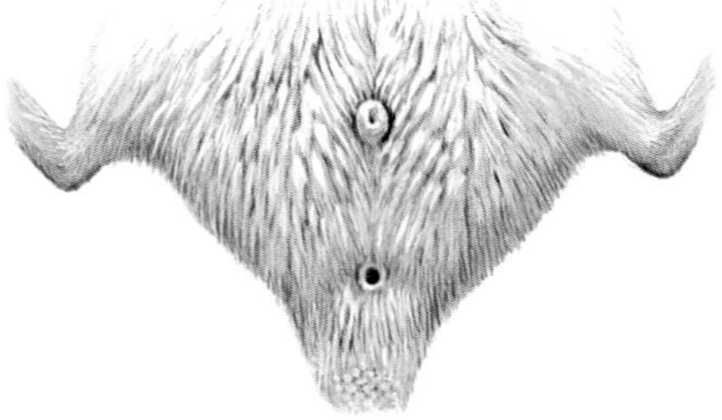

Macho

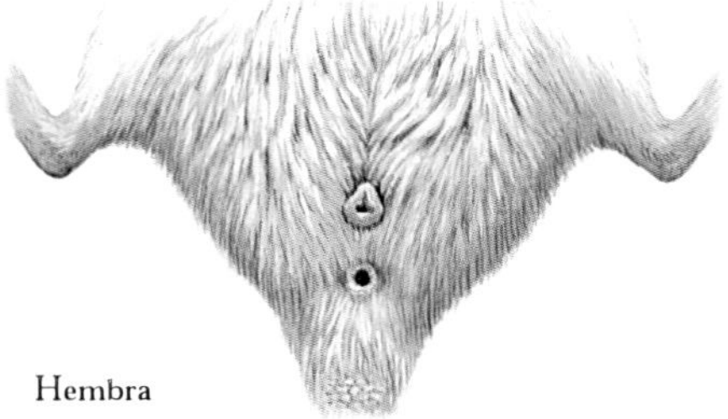

Hembra

gún problema a las siete semanas de vida aproximadamente.

La cría de las ratas y los ratones no tiene complicaciones, pero, de todas formas, por lo general es mejor buscar un acomodo especial temporal para ellos. De este modo, se evitará la posibilidad de que se queden preñadas otras hembras del grupo.

El estro en estos animales es de ciclos cortos que duran entre cuatro y cinco días y los apareamientos se suelen dar por la noche. Aproximadamente una semana antes de que nazcan las crías, conviene sacar al macho de la caja y dejar sola a la hembra, ya que, si no, es muy probable que vuelva a montarla inmediatamente después de que nazcan las crías, momento en el que la hembra vuelve a ser fértil de nuevo.

Ratas y ratones recién nacidos

No se debe molestar a la madre ni a los recién nacidos, ya que es posible que ésta los abandone o incluso que los sacrifique. Las crías nacen completamente indefensas, desnudas, ciegas y sordas, pero su desarrollo es bastante rápido. Durante este periodo la hembra necesitará comer y beber mayor cantidad para satisfacer las necesidades nutritivas de su progenie. A las crías de las ratas les comienza a salir el pelo a los diez días y se les abren los ojos una semana más tarde. Será el momento en el que se aventuren a salir del nido, aunque todavía les hará regresar la madre si se van demasiado lejos.

Los ratones recién nacidos se desarrollan de modo similar, produciéndose el destete en ambos grupos entre las tres y las cuatro semanas de vida. A menudo se suele recomendar transferir a la hembra preñada a una jaula o terrario de plástico acrílico por separado, ya que es posible que las crías se cuelen por los barrotes en sus primeras incursiones fuera del nido.

Llegado este momento, será posible distinguir los dos sexos sin mucha dificultad para separarlos en dos grupos del mismo género y evitar que se vuelvan a reproducir, ya que estos animales están sexualmente preparados para criar relativamente pronto. No hay problema alguno en alojar a la madre con las crías hembra, siempre que la jaula sea espaciosa, pero si la madre vuelve a quedarse preñada, probablemente lo mejor sea separarla de todos sus hijos antes de que alumbre a la nueva progenie.

P/R...

● *A un amigo mío le mordió una hembra cuando trataba de coger a las crías, ¿fue una coincidencia?*

Casi seguro que no. Las ratas hembra pueden ser fieras protectoras de sus hijos y pueden sentir como una amenaza el hecho de que quieran coger a sus crías, de modo que pueden morder como mecanismo de defensa. Es mejor siempre dedicarle a la madre un poco de atención para que se sienta segura antes de tocar a las crías.

● *¿Es cierto que un grupo de hembras que comparten un mismo espacio entran en celo en el mismo momento?*

Es algo que ocurre en ausencia de un macho y se denomina el efecto de Whitten. Lo que sucede es que las hembras interrumpen sus ciclos naturales y, al introducir a un macho en la jaula, todas las hembras entran en celo a los tres días más o menos.

● *¿Por qué cambia tanto el tamaño de una camada a otra de una misma hembra?*

La edad es un factor muy importante, por eso las hembras que crían más o menos antes de las 13 semanas de vida producen camadas relativamente pequeñas. También al final de su ciclo reproductor, a partir de los 14 meses, el número de hijos por camada se reduce. Por otra parte, ciertas líneas y variedades de color son menos prolíficas que otras. Por último, está la dieta, que desempeña un importante papel, y si es más pobre, el número de hijos por parto será menor.

▼ *Las crías de las ratas y los ratones se desarrollan enseguida. Estas ratas de Berkshire tienen sólo una semana de vida, pero se puede ya apreciar fácilmente su coloración.*

Enfermedades de ratas y ratones

A PESAR DEL HECHO DE QUE TANTO RATAS COMO RATONES salvajes son portadores de muchas enfermedades a las que son aparentemente inmunes, sus parientes que viven en cautividad pueden sucumbir fácilmente a una serie de estados patológicos. La razón hay que buscarla principalmente en el entorno. Si sobre todo están alojados en un recinto sucio, la acumulación de amoníaco de la orina puede atacar a las delicadas paredes de su tracto respiratorio, dejando el rastro de la propensión a las infecciones. Así pues, su sistema respiratorio queda vulnerable a un gran número de microbios que producen síntomas bastante similares, normalmente secreciones nasales y estornudos frecuentes. Si no se aplica tratamiento, este tipo de afecciones puede evolucionar en neumonía, caracterizada por una dificultad respiratoria. Por otra parte, el pelo quedará crespo en lugar de caer lacio.

El mal estado del pelaje puede ser un signo externo de enfermedades, así como la diarrea. Muchas de las enfermedades que padecen estos animales se propagan con rapidez al resto del grupo, de modo que la intervención inmediata de un veterinario será necesaria.

Afecciones del pelaje y la piel

La pérdida de pelo es corriente en las ratas y en los ratones y puede ser producto de alguna deficiencia en la dieta. Por ejemplo, puede venir dada por un alto contenido en grasa por un exceso de semillas oleaginosas, como las de girasol. En tal caso, bastará simplemente con cambiar el tipo de alimentación para solucionar el problema. Sin embargo, si persisten los síntomas, es posible que haya que buscar la causa en una infección por tiña. La tiña es una enfermedad fúngica que reviste una particular importancia, ya que puede ser contagiada al ser humano.

En el ser humano, la tiña causa alopecia siguiendo un patrón circular y se caracteriza por la aparición de costras rojizas de tamaño similar en el cuero cabelludo. La infección se extiende rápidamente y las espo-

▼ *Los ratones y las ratas pueden ser atacados por parásitos como los ácaros y los piojos. Los signos más corrientes son irritación y una pérdida de pelo localizada. Siendo así, se deberá acudir al veterinario para que recete un tratamiento adecuado. La invasión de ácaros (fotografía) puede curarse con un sencillo tratamiento en el que se incluyen baños medicinales.*

ras de los hongos pueden permanecer latentes en objetos como los cepillos y los cuencos de la comida. En caso de observar cualquier signo que haga sospechar de esta enfermedad, no hay que dudar en acudir inmediatamente al veterinario.

Si no existe causa alguna evidente de la pérdida del pelo, habrá que observar de cerca al grupo, pues tal vez uno de sus miembros, normalmente el que domina, se dedique a mordisquear a los demás. La pérdida excesiva de pelo puede ser un reflejo de la falta de fibra de la dieta, de manera que bastará con ofrecerles heno y tubérculos como zanahorias para resolver la cuestión. Si no es así, será necesario separarlos, pues es posible que la raíz del problema sea el hacinamiento. Este tipo de afecciones es más corriente en los ratones que en las ratas.

Bultos y tumores

Se debe examinar a los animales de vez en cuando para detectar cualquier tipo de bulto que puedan tener. Los ratones y las ratas pueden sufrir abscesos, generalmente provocados por mordeduras, así como diversos tipos de tumores. A modo orientativo, se puede mencionar que los abscesos se forman rápidamente, normalmente en el punto de la herida, y, a medida que se inflaman, despiden calor. En tal caso, será necesaria la intervención de un veterinario, quien aplicará el tratamiento apropiado con la mayor brevedad posible.

Cuando se trata de un absceso, es posible que sea cuestión de esperar a ver los síntomas, si bien no hay que perder de vista que si, por el contrario, es un tumor, su extirpación quirúrgica tendrá más posibilidades de éxito si se realiza en sus primeros estadios. Si se aprecia que el abdomen del animal se cae de forma considerable, tal vez sea un signo de la presencia de un tumor, aunque también se da este cambio cuando las hembras están preñadas.

Problemas renales

Una enfermedad muy extendida en los ejemplares más viejos es la insuficiencia renal crónica, aunque también se puede dar en los jóvenes. Entre los síntomas se incluyen la sed y una mayor producción de orina, así como decaimiento y inflamación abdominal. Por lo general, está asociada a un alto contenido en proteínas en la dieta, que va minando de forma progresiva los riñones. Una vez que se manifiestan los síntomas claramente, el estado será grave, si bien es posible paliar el problema modificando la dieta, que consistirá en una menor cantidad de proteínas, como un poco de arroz cocido con un suplemento de vitaminas y minerales.

▼ *Las infecciones de las orejas suelen estar relacionadas con las condiciones del lecho. Se puede detectar si el animal se rasca de manera persistente y el tratamiento inmediato será fundamental para evitar que se extienda la infección por el canal auditivo.*

P/R...

● ***¿Es cierto que los ratones pueden sufrir una osteoartritis?***

Es una enfermedad común entre los ejemplares más maduros, pero sus síntomas se pueden tratar fácilmente con antiinflamatorios como la aspirina, siguiendo siempre las instrucciones del veterinario. Se les puede administrar la dosis utilizando una sustancia que sea soluble en el agua que bebe el animal.

● ***La rata de un amigo lagrimea sangre, ¿a qué puede deberse?***

Existen varias causas posibles de las lágrimas rojas en las ratas, pero no hay que alarmarse porque no se trata de una hemorragia causada por una lesión ocular, sino que se debe a los pigmentos producidos por las glándulas de Harder de los ojos, que suelen activarse como resultado de una infección respiratoria. Las manchas rojas pueden detectarse asimismo en las patas, con las que se restriegan la cara. El tratamiento dependerá de la causa del problema.

● ***Algunos criadores hablaban de una desagradable enfermedad llamada cola anillada. ¿Qué es?***

Si se mantiene a ratas jóvenes en un entorno muy seco, su cola queda constreñida e inflamada y habrá que cortársela desde la parte que está inflamada. Se trata de una afección que se da en condiciones de menos de un 50 por ciento de humedad relativa, una situación bastante rara, si bien la calefacción central puede hacer descender la humedad relativa de forma considerable.

Especies y variedades de ratones

EN LA ACTUALIDAD SE PUEDE HABLAR DE más de ochocientas variedades de ratones domesticados, muchas más que en cualquier otro tipo de animal convertido en mascota. La razón de ello es sin duda la enorme facilidad que tienen estos roedores para reproducirse.

PUROS

Los primeros ejemplares que se conocieron, hace más de 2.000 años, fueron los ratones blancos de ojos rosados, que no son sino la verdadera raza albina. Aunque los ejemplares jóvenes suelen tener un pelaje puramente blanco, no es raro que a medida que maduren vayan adquiriendo un matiz más amarillento, a partir de los seis meses en adelante.

El ratón negro también cuenta con una larga historia, pues fue registrado por primera vez en Japón en el año 1600 aproximadamente. Su pelaje tiene un brillo negro reluciente y uniforme en el que no resalta ningún tipo de mechón más claro. A principios del siglo XVIII, se documenta la existencia de una variedad diluida de este color, el ratón gris paloma, con los ojos rosados. La variedad en un azul puro presenta un tono más oscuro en gris pizarra, aunque también en este caso la profundidad de la coloración difiere de un individuo a otro.

El color chocolate puro es otra antigua variedad. Los primeros datos escritos que de ella existen se registraron en Japón hace más de 400 años, aunque la línea se perdió, de modo que los ejemplares que conocemos hoy en día son los que se crearon en la década de 1870. La coloración oscura y uniforme propia de la variedad chocolate es muy buscada para las exposiciones y concursos. La forma diluida de este color es el champán puro, caracterizado por unos ojos rosados y un pelaje pardo achampanado, con cierto matiz rosáceo.

Una de las variedades más sorprendentes que existe hoy en día es el rojo puro, sobre todo en combinación con la mutación satinada (que aumenta el brillo del pelaje). Por otra parte, la variedad gamuza presenta un profundo tono tostado, con un matiz anaranjado muy especial. En combinación con la mutación chinchilla, este tipo de ratones gamuza desempeñaron un papel muy importante en el desarrollo de la versión crema con los ojos rosados. Asimismo, existe la variedad en crema con los ojos negros, derivada del cruce entre chinchillas y color puro lila.

Otra variedad muy popular dentro de los colores puros y cuyos ancestros fueron el producto de pruebas y experimentos de cruces es el plateado de ojos rosas. Este tipo de ratones tienen la zona ventral de un tono azulado glaciar y el resto del pelaje de un tono similar al de una moneda de plata. Los ratones plateados de ojos negros son mucho más raros, y se los puede confundir con los lila puro, ya que los ejemplares más pálidos de este color tienen un pelaje argentado.

OTRAS FORMAS PLATEADAS

Generalmente se suelen confundir los plateados con los grises plateados, sobre todo en los ejemplares jó-

▶ *Se puede decir que los ratones blancos de ojos rosados son los más populares hoy en día. Tienen las orejas rosas, lo que no es sino un reflejo de la falta de melanina en su pelaje. Por esta razón también, tienen los ojos de color rosa.*

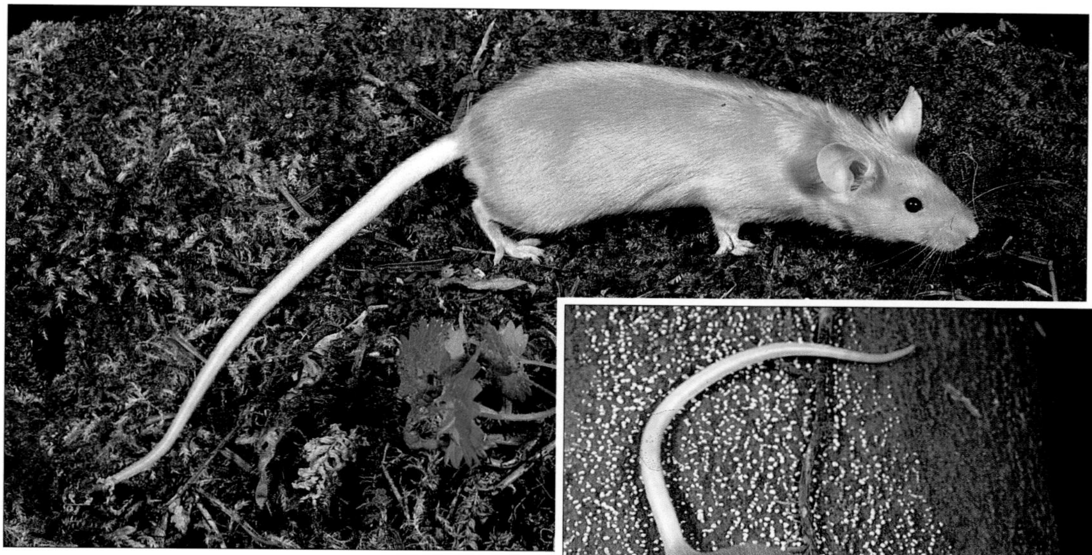

▲ *Ejemplar rojo satinado. La característica satinada imparte un brillo especial al pelaje de estos ratones. Uno de los defectos que suelen considerarse como falta en los concursos en este tipo de ratones es un tamaño de orejas demasiado pequeño.*

▶ *Ratón gamuza. Estos ratones reciben este nombre porque su pelaje recuerda al abrigo aterciopelado de este animal. En la creación de este tipo de ratones participaron subespecies de ratones domésticos de ojos rojos.*

venes. Es más fácil distinguirlos a partir del mes de vida, momento en el que las bandas blancas y negras que recorren cada pelo del animal crean el aspecto característico del gris plateado. Existen tres tonos reconocibles que abarcan desde el claro al oscuro pasando por el intermedio. Se pide que los ejemplares presenten una coloración uniforme, considerándose como un defecto un tono más claro. Las variedades gamuza plateada y pardo plateado llegaron a ser muy corrientes, pero hoy en día son bastante escasas.

El pelaje perla es muy parecido al gris plateado. En sus orígenes fue denominado chinchilla y se puede distinguir fácilmente por el tono blancuzco de la parte del vientre. Las puntas del pelo son negras o grises, dependiendo del individuo, dando lugar a que unos ejemplares sean más oscuros que otros. La forma chinchilla del ratón doméstico presenta un color de pelaje que se parece al roedor sudamericano del mismo nombre (*véase* página 172); presenta un tono gris azulado, en parte gracias a la pigmentación negra de las puntas de cada pelo en particular, siendo el color interior el blanco.

P/R...

• ¿Es cierto que algunas variedades de ratones domesticados son más propensas a la obesidad que otros?

Parece ser que sí y es posible que sea un reflejo de las diferencias de metabolismo de los diferentes linajes. Los rojos puros, los gamuza puros y las estirpes relacionadas con ellos son particularmente tendentes al problema, de manera que se debe evitar ofrecerles demasiada cantidad de semillas de girasol o similares. Asimismo, suelen tener camadas más reducidas.

• Me ha nacido una camada de ratones negros que tienen la piel claramente gris. ¿Es normal?

Todos los ratones negros son de este color al nacer, así que no hay por qué preocuparse. A partir del primer mes de vida empezará a desarrollarse el pelo que les caracteriza.

P/R...

• ¿Cuál es la variedad más rara de ratones?

Probablemente sea la tricolor. Se trata de una variedad que nunca ha llegado a establecerse, aunque de vez en cuando se ha registrado la existencia de ejemplares con un original pelaje de tres colores diferentes.

• ¿Puede darme algún consejo sobre el cuidado de los ratones espinosos?

Estos roedores (especie Acomys) que se caracterizan por tener un pelo erizado, son originarios de regiones áridas del mundo, en la franja comprendida entre el norte de Africa y Asia. Conviene alojarlos en terrarios cubiertos, pues su tamaño es pequeño y se debe tener mucho cuidado al manejarlos, ya que su cola es muy frágil. Requieren una dieta similar a la de los ratones domesticados, aunque habrá que ofrecerles además cierta cantidad de gusanos de la harina, asequibles en las tiendas de animales. Las hembras tienen embarazos largos, que duran en torno a 40 días por término medio, y solamente producen dos o tres crías por camada. Nacen completamente desarrollados y puede producirse el destete a las dos semanas. Maduran a las ocho semanas de vida.

▲ *Los ratones zorro tienen la parte ventral blanca de forma definida, diferenciándose así del grupo de los ratones tostados, en los que esta parte es de color tostado. En la fotografía aparece un ejemplar de ratón zorro chocolate.*

OTRAS VARIEDADES DE COLOR

Existen distintas variedades de color en los ratones que se corresponden con los tipos existentes para los demás tipos de mamíferos pequeños. El ratón zorro plateado es uno de los ejemplos más típicos, con un diseño de pelaje muy similar al del conejo del mismo nombre (*véase* página 70). También se puede hablar de las formas en negro, chocolate y azul. La coloración plateada viene dada por la pigmentación blanca en las puntas que recorre el pelaje hasta los lomos y las patas, en claro contraste con la parte inferior del cuerpo, totalmente blanca. La combinación de la mutación chinchilla y tostado negro ha conducido al desarrollo de estos colores.

▼ *En los tostados, se puede apreciar una nítida línea en cada lomo que demarca el color de la parte superior e inferior del cuerpo. En la fotografía se puede ver a un ejemplar champaña y tostado.*

VARIEDADES DE DISEÑO

En los ratones tostados debe existir una clara delimitación entre el tono de la parte superior del cuerpo y la zona ventral, tostada. Hoy en día, se puede hablar ya de las combinaciones de tostado con todos los colores puros.

También se han creado ratones domesticados que presentan una gran variedad de manchas blancas. Por ejemplo, se puede reconocer fácilmente la variedad de manchas uniformes porque tienen las orejas del mismo color. En los ejemplares de marcas quebradas, en cambio, las manchas blancas y de color deben contrastar con la coloración de las orejas. Existe la variedad holandesa, con el tipo de marcado que presenta el conejo de nombre equivalente (*véase* página 67). Una variante más peculiar es la del ratón rabadilla blanco, en el que se combina el pelaje de color con la rabadilla, las patas traseras y la cola blancos.

La mutación himalaya está bastante establecida y fue registrada por primera vez en una cepa de laboratorio americana, en la década de 1920. El pelaje de estos ratones es blanco, pero las crías enseguida desarrollan una característica coloración más oscura en las puntas. Son comunes también las versiones en negro y chocolate. La variedad siamesa, con manchas similares a las de los gatos que portan el mismo nombre, presentan un pelaje beige sobre el que contrasta una pigmentación más oscura en las puntas, la nariz, las orejas, las patas y la cola.

La mutación chinchilla ha demostrado ser una de las más importantes dentro de la historia de los ratones domesticados, ya que ha contribuido al desarrollo de muchas variedades. La forma «normal» del ratón doméstico domesticado se conoce como agutí dorado, debido al tono dorado de su pelaje. Al combinar este rasgo con las características del chinchilla, se ha conseguido la creación del agutí plateado, que presenta una coloración gris plateada que sustituye el cálido tono bronceado.

La argentada es una versión más pálida del agutí dorado, con los ojos rosados, y la mutación de la variante chinchilla correspondiente se describe como crema argentado. Otra variedad que presenta una pigmentación en las puntas distinta es la canela, que se puede reconocer por el tono chocolate, en lugar de negro, de éstas.

Algunas variedades de color son bastante raras. Entre ellas se incluyen la de marta cibelina, creada a partir de la combinación de chinchillas y cibelinas. Estos ratones tienen la parte ventral blanca, en contraposición con la coloración tostada dorada de los ratones cibelina. Los cibelina se pueden criar fácilmente a partir del cruce de tostados negros y rojos puros.

VARIEDADES DE PELAJE

Aparte de las variedades de coloración y diseño, existen varias mutaciones que están ya establecidas en relación con las diferentes texturas de la piel, entre las que se incluyen dos variedades rex distintas. La variedad Astrex es la más antigua, descrita por primera vez en el año 1936. Tanto los bigotes como la piel de todo el cuerpo son rizados, aunque a partir de los dos meses de vida, resulta difícil diferenciarlos de los ratones normales. Este cambio no se produce, sin embargo, en el caso de los rex, creados en la década de 1970, aunque su piel es más fina. Los ratones de pelo blanco fueron creados por primera vez en 1966. Sus orejas son algo más pequeñas de lo normal.

▼ *Grupo de ratones espinosos. Este tipo de ratones recibe su nombre por la textura de su pelo, más parecido a las púas, aunque no pinchan al tacto. Esta característica no es tan notoria en las crías.*

Especies y variedades de ratas

A MEDIDA QUE HA TENIDO LUGAR LA DOMESTICACIÓN de las ratas, se ha ido abandonando la coloración original de la rata salvaje en favor de las nuevas creaciones.

COLORES PUROS

Probablemente la variedad más extendida hoy por hoy sea la de las ratas albinas, caracterizadas por un pelaje blanco y los ojos rosados. Las ratas blancas con ojos negros, criadas por primera vez a principios de la década de 1980, son bastante más raras. En la variedad crema también se dan los dos tipos de color de ojo, aunque es poco corriente. La más común, champán puro, presenta un tono similar, pero con un matiz más rosado que contrasta con sus ojos rosados.

Las ratas chocolate puro nacieron relativamente pronto dentro de la historia de las ratas domesticadas, pues se registraron por primera vez en 1915. Sin embargo, no adquirieron popularidad hasta 1980. Como ocurre con otros colores puros, la coloración de estas ratas debe estar distribuida uniformemente. Las de color negro son otra variedad de color puro, con un color negro azabache que no está manchado por ningún mechón claro.

▲ *Las ratas perla presentan un tono plateado muy pálido con pigmentación gris en las puntas y un pelo interior color crema. Tienen el vientre gris plateado. Los ejemplares perla canela presentan un brillo plateado sobre el tono dorado predominante.*

▶ *La rata capuchina es una de las variedades de las ratas domesticadas. La mancha de color se extiende desde la cabeza hasta el tórax y los hombros, con una franja que recorre todo su dorso. El resto del cuerpo es blanco.*

Existe toda una serie de variedades que se corresponden con las mismas variedades de pelaje de los ratones, entre las que se incluyen las formas himalaya y siamesa, caracterizadas por una coloración más oscura en las extremidades. No obstante, la variedad visón puro no encuentra la misma versión en los ratones. Se cree que probablemente se trate de la misma mutación descrita originariamente como azul puro, que se extinguió a principios del siglo XX. Estas ratas presentan un color café claro con un característico matiz azulado. La versión diluida de este color se conoce como lila puro, aunque existe bastante diferencia de un individuo a otro, siendo unos de un gris claro más ligero que otros.

El visón puro ha sido utilizado para crear la versión perla. También existe el perla canela y el canela puro, con un tono chocolate y pardo rosado, con el pelo de protección de un tono más bien chocolate que plateado.

Las variedades en plata se han hecho muy populares en los últimos años, jugando con distintos matices y reflejos en este pelaje. El gamuza plateado, más conocido en Norteamérica como gamuza anaranjado o ámbar, es una de las variedades más atractivas. Tienen los ojos rojos y la parte ventral de un blanco claro, que contrasta con el tono gamuza anaranjado del resto del pelaje.

Variedades de diseño

Existe toda una serie de originales marcados en la familia de las ratas domesticadas. La rata encapuchada se caracteriza por tener la cabeza de un tono distinto, sin ir más allá de las orejas y pudiendo estar presente un mechón blanco entre los ojos. Este rasgo en particular está siempre presente en las ratas abigarradas que deben presentar zonas claramente delimitadas de blanco y color por todo el cuerpo.

La variedad irlandesa toma el nombre de una subespecie de rata negra que fue identificada en Irlanda en el año 1837, en virtud de su diseño similar. Tienen una zona blanca característica que presenta la forma de un triángulo sobre el pecho, extendiéndose de forma ideal hasta las patas delanteras. La rata irlandesa americana (en contraste con la variedad inglesa) tiene un diseño diferente que guarda bastante similitud con la rata de Berkshire, sin que domine tanto el blanco. El aspecto de la rata de Berkshire proviene de la raza de cerdos que lleva este mismo nombre. La mancha blanca que tienen en la frente las hace inconfundibles, aparte de las franjas blancas simétricas que se extienden en sus patas traseras y delanteras hasta los tobillos, así como en parte de la cola.

Hoy en día se siguen desarrollando nuevas variedades de ratas domesticadas, entre las que se incluyen ratas Husky, con un pelaje gris claro y la zona ventral blanca.

Variedades de pelaje

Las diversas clases de pelaje se están desarrollando a igual velocidad, sobre todo los pelajes satinados y rex. Las ratas desnudas, llamadas esfinges, fueron registradas en Estados Unidos en la década de 1930, pero no gozan de gran popularidad. Las ratas de Manx, con la cola corta, fueron creadas en la década de 1940, pero sufren problemas en su estructura ósea que afectan a sus cuartos traseros, por lo que no están muy extendidas.

▼ *Las ratas del Nilo resultan más difíciles de domesticar debido por una parte a su voluminoso tamaño y, por otra, a su instinto destructivo. Llegan a medir 71 cm y pesan alrededor de, 1,5 kg.*

P/R...

- **¿Qué son las ratas Dumbo?**

Se las llama así en recuerdo al famoso personaje de Walt Disney, pues su rasgo más peculiar son sus orejas gachas, grandes y redondeadas. Fueron criadas por primera vez en Estados Unidos en 1991 a partir de una reserva de ratas domesticadas normales y, desde entonces, se han convertido en unos animales muy populares, gracias a su carácter apacible y simpático.

- **Aparte de las variedades de rata parda, ¿existen otras especies de ratas?**

Existen otras tres especies de ratas cuya crianza está cada vez más extendida, aunque siguen estando reservadas a los criadores más experimentados, quizá porque suelen ser más agresivas y pueden morder si se las molesta. Se trata de la rata del Nilo (*Arvicanthus niloticus*), la rata gigante africana con abazón (*Cricetomys gambianus*) y la rata del algodón (*Sigmodon hispidus*).

CHINCHILLAS

LA POPULARIDAD TAN GENERALIZADA DE LA QUE GOZA LA CHINCHILLA hoy como animal doméstico no habría sido posible sin el afanoso esfuerzo del ingeniero de minas M. F. Chapman. En torno al año 1920, cuando Chapman trabajaba en Sudamérica, se estaba cazando a estos roedores para el comercio de su suave y apreciada piel de forma tan masiva, que estaban casi al borde de la extinción. Las anteriores tentativas de crianza de chinchillas en cautividad habían fallado, pero Chapman estaba decidido a conseguirlo con vistas a la enorme recompensa comercial que ello supondría. Así pues, se propuso instalar una granja de chinchillas en Estados Unidos.

La situación de las chinchillas por aquel entonces era tan crítica que, a pesar de que contrató a un equipo especializado, apenas consiguió localizar 11 ejemplares salvajes tras una exploración que se prolongó durante tres años. Chapman se las ingenió para llevarse a los animales cazados a California, donde estableció la granja. Este primer grupo resultó bastante prolífico, hasta el punto de permitir que su dueño pudiera suministrar su producto a otras granjas.

Tal vez sorprenda que, hasta la década de 1960, las chinchillas no empezaran a aparecer en el mundo de las mascotas, pero la razón hay que buscarla en su precio. Incluso ahora que están mucho más extendidas, siguen clasificándose entre los roedores más caros, pues no son demasiado prolíficos. Por otra parte, tampoco existe gran variedad de colores y tipos nuevos, lo que supone que se eleve aún más su valor. Así pues, su condición de animales caros les ha dado una imagen de exclusividad, reforzada, sin duda, por su vistoso aspecto natural. Por otra parte, estas especies requieren una dieta especial y unos cuidados más minuciosos que cualquier otro roedor doméstico. De todas formas, su creciente popularidad ha ido acompañada de la comercialización de todos los objetos necesarios para mantener y admirar a las chinchillas.

En el momento actual, estos animales no suelen participar en las exposiciones, aunque todo apunta a un cambio próximo en la situación, pues cada vez son más numerosas y asequibles las variedades de color, y cualquier criador que se precie las conoce perfectamente.

► *Chinchilla común. Las variedades de color van siendo cada vez más asequibles, pero, a menudo, la única que se puede encontrar en un establecimiento de animales corriente es ésta.*

Estilo de vida de las chinchillas

LAS CHINCHILLAS VIVEN EN LA REGIÓN ANDINA de Sudamérica, un entorno bastante inhóspito en el que las temperaturas caen en picado por la noche y donde escasea la comida. Existen dos especies distintas de chinchilla: la *Chinchilla brevicaudata,* que es la más extendida y vive en zonas de Perú, Bolivia, Chile y Argentina; y las variedades domesticadas que han derivado de la *Chinchilla lanigera*, que se dan únicamente en el norte de Chile y que son fácilmente reconocibles porque tiene la cola y las orejas más largas.

Dado que en las altitudes en las que viven existen muy pocos refugios naturales donde esconderse, estos animales tan sólo cuentan con sus sentidos ante el aviso de cualquier posible depredador. Sus grandes orejas son enormemente sensibles a los sonidos y pueden ser capaces de localizar el origen de un ruido con gran precisión. Las chinchillas sufren la amenaza constante de los zorros en tierra, y de las aves de presa en el cielo. La pigmentación agutí de las chinchillas silvestres, de un tono gris combinado con blanco, les ayuda a camuflarse ante el peligro y les permite confundirse con el terreno.

Datos de interés

Nombre: chinchilla de cola larga.

Nombre científico: *Chinchilla lanigera.*

Peso: 0,5 a 0,7 kg.

Compatibilidad: normalmente, son compatibles las parejas de un único sexo, sobre todo si pertenecen a la misma camada o se los junta desde pequeños. Tampoco surgen problemas si se aloja en un mismo espacio a parejas de pura raza. En cambio, la convivencia de dos machos adultos es mucho más complicada.

Atractivo: son animales simpáticos y tienen un espléndido y suave pelaje. Son limpios y no despiden ningún olor desagradable.

Dieta: requieren una dieta específica a base de preparados granulados y heno de pradera de buena calidad.

Enfermedades: son sobre todo propensas a los trastornos digestivos y problemas dentales.

Peculiaridades de la reproducción: se debe tener cuidado al cruzar nuevos colores, ya que pueden producirse problemas genéticos.

Tamaño de la camada típico: de 1 a 4 crías.

Gestación: aproximadamente 111 días.

Destete: aproximadamente 56 días.

Duración: de 10 a 15 años.

▼ *La actitud de esta pareja de chinchillas gamuza demuestra la naturaleza sociable de estos roedores. Esta variedad de color ha sido resultado de la domesticación.*

En su hábitat natural, las chinchillas viven en pequeñas cuevas y en afloramientos rocosos donde se pueden esconder ante el peligro. Permanecen gran parte del día en sus refugios hasta la noche, cuando salen en busca de alimento. Las chinchillas tienen unos ojos relativamente grandes de los que se valen para sobrevivir en su entorno. Aunque estén en cautividad, se pasarán la mayor parte del tiempo dormidas y no saldrán de sus escondrijos hasta el atardecer, lo que las convierte en las mascotas ideales para quien trabaja durante todo el día fuera de casa. Son criaturas tranquilas y sus chillidos no llegarán a molestar nunca a los vecinos.

Al igual que todos los roedores, las chinchillas poseen un par de potentes incisivos en cada una de las mandíbulas. Son exclusivamente vegetarianas en sus hábitos alimenticios y comen principalmente hierbas y cortezas de arbustos propios de su hábitat natural. También se incluyen dentro de su dieta los frutos de los cactus, siendo unos de los favoritos los cactus quisco, llamados «guillavas».

Las chinchillas son animales sociables y, en la naturaleza, viven en pequeños grupos. Se pueden comunicar entre sí a través de una especie de suaves llamadas características; y, cuando están enfadadas, pronuncian un sonido parecido a una tos. Cuentan también con otro chillido de timbre más alto que les sirve para alertar a los de su grupo de la proximidad de un peligro. Su sentido del olfato les permite detectar la presencia de otros miembros de su grupo, a los que suelen olfatear para saludarlos. No son muy corrientes las peleas, aunque en ocasiones los machos se pueden enfrentar.

Piel única

Para muchas de las personas que poseen chinchillas, su atractivo principal es su suave y densa piel, que no es sino una protección excelente para defenderse de los fríos propios del entorno de donde son originarias. Desde un solo folículo pueden nacer hasta 80 pelos, en lugar de un único pelo como es lo normal en la mayoría de los mamíferos. El abrigo de las chinchillas está tan poblado que ni siquiera es atacado por pulgas ni ningún otro parásito. El pelaje se extiende por todo su cuerpo hasta la punta de la cola y sus prominentes bigotes hacen las veces de un sensor que les da información sobre lo que les rodea y les ayuda a encontrar el camino incluso en condiciones de total oscuridad.

▲ *El alojamiento que se le proporcione a una chinchilla deberá incluir siempre algún objeto por el que escalar, como por ejemplo un tronco de madera.*

P/R...

● ***La suave piel de las chinchillas invita a acariciarlas, ¿les gusta realmente?***

Desgraciadamente, no son muy amigas de que las acaricien tanto como a otros cavimorfos, como por ejemplo los cobayas. Esto no quiere decir que sean criaturas ariscas, ya que se puede conseguir amansarlas si se las tiene desde pequeñas.

● ***¿Las chinchillas son muy activas?***

Sí, y también se pueden mover con gran rapidez, pues son capaces de recorrer distancias de hasta 50 cm de un solo salto cuando huyen de un depredador. Aparte de ser animales muy ágiles, también son buenas trepadoras.

● ***¿Podría juntar a una chinchilla con un conejo?***

A pesar de que es poco probable que se peleen, no es muy recomendable hacerlo. Incluso aunque se los aloje en una jaula suficientemente espaciosa, las necesidades dietéticas tan específicas de las chinchillas hacen que esta combinación sea inapropiada.

El alojamiento de las chinchillas

LA ALTURA DEL ALOJAMIENTO deberá ser un punto de consideración importante a la hora de buscar acomodo para las chinchillas ya que, por una parte, son animales relativamente grandes en relación con otros roedores y, por otra, son expertos trepadores. Por eso habrá que incorporar al menos una tablilla de madera en la jaula, a otra altura, para que puedan escalar, aunque también será necesario reponerla de vez en cuando, pues lo más probable es que acabe roída. Por lo tanto, es fundamental que el material con el que esté hecha sea madera sin tratar ni pintar. La madera de sicomoro es una buena opción, en cambio el pino puede resultar tóxico si lo ingieren. Estas tarimas deberán estar bien enganchadas para evitar que se caigan. Existe la posibilidad de comprar una jaula especialmente diseñada para chinchillas que las incluya.

A modo orientativo, la jaula de una chinchilla deberá tener una altura de al menos 60 cm. El largo y ancho puede ser menor, aunque conviene que sea lo más grande posible. Otra opción más para alojar a estos animales dentro de una casa puede ser una pajarera de interior pero, en tal caso, es posible que sea necesario sustituir la base de plástico antes de que acabe mordida, ya que su ingestión puede resultar mortal para las chinchillas.

Así pues, lo más seguro es una base de metal, examinando siempre bien que no existan bordes salientes o picos con los que se puedan dañar. Asimismo,

▼ *Aparte de la caja de anidar, conviene incluir en la jaula algunos elementos diversos para que se esconda la chinchilla. Un tiesto tumbado, como el de la fotografía, o tubos de arcilla con un diámetro de 15 cm y una longitud de 23 cm aproximadamente son perfectos.*

Para cubrir el suelo de la jaula

- No hay por qué cubrir el suelo si la jaula tiene una base de barrotes metálicos, ya que la orina y los excrementos pasarán a través de la malla a la bandeja de abajo y se podrá limpiar cuando la chinchilla esté dormida.
- Si la jaula tiene una base sólida, habrá que cubrir el fondo con una capa fina de virutas gruesas, que se pueden adquirir en cualquier tienda de animales.
- No se deberán emplear virutas que contengan preservadores de la madera tóxicos. Tampoco es recomendable la madera de cedro pues su resina es dañina.
- No conviene utilizar tiras de papel de periódico para cubrir el lecho, ya que las tintas pueden ser peligrosas si es que les da a las chinchillas por morder el papel.

conviene considerar el tamaño de la puerta de la pajarera, ya que éstas suelen ser demasiado pequeñas y tal vez terminen siendo incómodas a la hora de sacar y meter a la chinchilla en su jaula.

Otro elemento importante de la jaula es un lugar donde se puedan refugiar, como por ejemplo una caja de tipo nido que les sirva para retirarse a dormir. Por lo general, se la colocará encima de la plataforma y su tamaño ideal será de aproximadamente de 50 cm de largo por 25 cm de ancho y alto, aunque quizá haya de ser más reducida dependiendo del tamaño de la jaula. Deberá contar con un orificio de entrada con un diámetro de aproximadamente 15 cm en la parte central.

Ramas para escalar

Se pueden meter en la jaula ramas gruesas para que las chinchillas ejerciten sus destrezas escaladoras, aunque también en este caso se deberá tener mucho cuidado de que no hayan sido tratadas previamente con productos químicos. A las chinchillas les gustará mordisquearlas para afilar sus incisivos, de manera que las ramas finas son las más propicias para este fin. Hay que procurar que las ramas estén más o menos fijas, para que no acaben amontonadas en el fondo de la jaula. La razón principal por la que se recomienda un espacio relativamente grande es que las chinchillas se puedan mover cómodamente y ejercitar su agilidad natural, aunque sólo sea con los elementos que se les proporcionen, sobre todo si no tienen posibilidad de corretear fuera de la jaula de forma regular.

P/R...

- ***¿Qué tamaño de malla se recomienda para la jaula de una chinchilla?***

Lo más recomendable es que no exceda aproximadamente de 12 mm². De esta forma, se evitará el riesgo de que se le quede atrapada una pata en la rejilla y al mismo tiempo se esquivará el problema de que le puedan atacar las garras de otro animal, por ejemplo del gato con el que comparte la casa.

- ***He oído hablar a un criador de una unidad de alojamiento polígamo. ¿En qué consiste esto?***

Se trata de un recinto para crianza comercial que consiste en tres o cuatro unidades independientes para alojar a una hembra en cada una. Estos acomodos están comunicados con la jaula del macho a través de una serie de túneles, de manera que éste puede desplazarse hasta el habitáculo de la hembra; en cambio, a las hembras se les impide el paso por estos túneles ya que se les acopla un collar que las disuade de hacerlo. Este tipo de estructura da cabida a que el macho sirva de semental para unas cuantas hembras.

▼ *Muchas jaulas típicas para roedores sirven para acomodar a una chinchilla, no sólo por el tamaño sino por su diseño. La de la fotografía tiene un diseño apropiado, con puertas de acceso en la parte superior y en el lateral y plataformas fijas a distintas alturas. Si se opta por un recinto con el fondo de plástico, habrá que asegurarse de que el animal no lo puede morder ni desencajar.*

Alimentación de las chinchillas

ORIGINARIAS DE UNA REGIÓN DEL GLOBO en la que escasea la comida, las chinchillas se han adaptado a un tipo de alimentación magra, con un alto contenido en fibra. Son animales totalmente vegetarianos y requieren una dieta muy específica. Por mucho que parezca monótona, no se deben experimentar cambios de su ración regular, pues ello puede ser detonante de trastornos digestivos muy graves, incluso mortales. Se debe alimentar a las chinchillas con fórmulas granuladas especiales para mantenerlas saludables. Estos preparados pueden encontrarse en las tiendas de animales o solicitarse por correo a los proveedores pertinentes. Consisten principalmente en hierba seca y otros ingredientes, además de las vitaminas y minerales adecuados para cubrir las necesidades nutritivas de las chinchillas.

A pesar de que resulte más barato comprar estos granulados a granel, es importante no descuidar la fecha de caducidad, ya que eso implicaría el deterioro de su contenido vitamínico. Asimismo, es preciso que estos preparados se mantengan secos y en buen estado.

Puede que, en un principio, la comida de las chinchillas parezca cara, pero si se tiene en cuenta la poca cantidad que consumen al día, por término medio aproximadamente 35 g diarios (que equivale a una o dos cucharadas al día), esto no nos debe preocupar. No obstante, no estará de más leer detenidamente las instrucciones del fabricante para garantizar que se les suministra la cantidad correcta.

Otros ingredientes

El otro ingrediente principal que se debe incluir en la dieta de las chinchillas es heno de buena calidad. Es vital que no contenga polvo y que no esté enmohecido ni contaminado por ningún otro roedor, como por ejemplo ratones. En las tiendas de animales venden este tipo de forrajes empaquetados en bolsas, que se pueden guardar en un lugar seco para ir utilizándolo a medida que se necesite. Hay que tener cuidado con las ofertas, aunque, si se cuenta con espacio suficiente, resultará más económico comprarlo en forma de balas. Se les deberá ofrecer en un cuenco, en vez de suelto, para que no se mezcle con el lecho que cubre el suelo de la jaula. Otra posibilidad es proporcionárselo en forma de cubos compactos que les servirán además para roer y desgastar sus incisivos.

También puede resultar beneficioso ofrecerles algún producto fresco, pero con una moderación estricta. Más vale darles un poquito todos los días, que de forma intermitente y en cantidades abundantes, pues, de lo contrario, la consecuencia más probable será una indisposición digestiva. Las chinchillas suelen producir unos excrementos bastante duros y secos y cualquier signo de diarrea deberá remediarse inme-

▲ *Los piensos granulados especiales deberán constituir la dieta básica de una chinchilla, sin incluir semillas. Estos roedores tienen unas necesidades nutritivas muy específicas, por lo que hay que ser muy precavido con su alimentación.*

◀ *Los tacos de alfalfa son un suplemento para cubrir las necesidades de fibra de una chinchilla. Lo más adecuado será ofrecérselo en un cuenco de barro.*

diatamente con la ayuda del veterinario, pues puede ser potencialmente grave.

Por lo general, las golosinas, tan propicias para otros roedores, no son recomendables en el caso de las chinchillas. Desgraciadamente, estos animales enseguida se aficionan a alimentos que no les vienen bien, como las semillas de girasol o los cacahuetes, ya que tienen un alto contenido en grasa que no puede metabolizar su organismo. La consecuencia final de este tipo de comidas será una lesión hepática, pérdida de peso y puede que su muerte.

Necesidad de agua

En su entorno natural, las chinchillas beben poco y se hidratan simplemente con el agua que contienen los alimentos y dando lengüetadas al rocío. No obstante, cuando están en cautividad, conviene ofrecerles siempre agua. Para ello, lo mejor es una botella con la boquilla de acero inoxidable, provista con una protección en la parte frontal para evitar que pinchen el plástico con sus afilados dientes. La botella deberá estar enganchada en la jaula fijamente.

▼ *Las chinchillas emplean sus patas delanteras para sujetar y mordisquear los trozos de comida que no pueden tragar directamente. Los productos vegetales deberán constituir una parte muy reducida de su dieta. No se les debe ofrecer fruta.*

P/R...

● ***Me gustaría comprar una bala de heno para mis chinchillas, pero no tengo cobertizo. ¿Dónde podría guardarla?***

Métala en una bolsa de basura de plástico limpia y haga unos cuantos orificios para que respire. Al cortar la hebra de la bala, notará que el heno se deshace en secciones compactas. Éstas son las que deberá meter en el saco. Átelo bien y almacénelo en un armario. De esta forma, podrá ir cogiendo lo que necesita y atarlo después.

● ***¿Cómo puedo comprobar que mis chinchillas están en buen estado?***

Realmente, resulta bastante complicado, pues el denso pelaje que las cubre no dará ninguna pista. Aparte de pesarlas con asiduidad, la solución más sencilla será palparles la espalda y la caja torácica. En esta zona los huesos deberán estar bien guarnecidos. No siendo así, significará que el animal ha perdido peso. Por otra parte, es muy raro que sufran de obesidad, siempre y cuando reciban una dieta adecuada.

● ***¿Puedo utilizar otro tipo de preparado para mis chinchillas?***

No, no es recomendable en absoluto, ya que su contenido nutritivo está diseñado para otros roedores. Por ejemplo, el contenido en grasa de otras fórmulas resulta demasiado peligroso para las chinchillas.

Los cuidados de las chinchillas

UNO DE LOS CUIDADOS DE LAS CHINCHILLAS que no se debe olvidar es el baño de serrín que necesitan para mantener su piel en buen estado. Para este propósito existen bañeras especialmente diseñadas, aunque muy bien se puede utilizar un recipiente de vidrio que sea lo suficientemente grande para que el animal se revuelque cómodamente mientras se cubre el cuerpo con el serrín. Será necesario llenar el recipiente hasta la mitad. El serrín es un material similar a la ceniza volcánica que utilizan estos roedores en su entorno natural. En cualquier tienda especializada en animales que vendan comida para chinchillas se podrá encontrar. En ningún caso se debe intentar sustituir el serrín por arena. El baño consistirá en aproximadamente una capa de 5 cm de grosor en la que el animal se reboce durante más o menos cinco minutos para eliminar la grasa de su pelaje.

Por término medio, las chinchillas requieren un baño de serrín cada dos días, aunque en las épocas de calor la frecuencia puede ser diaria, según lo indique el estado de su pelaje, pues el pelo estará más separado, lacio y grasiento de lo normal. Tampoco es beneficioso que se bañen con demasiada frecuencia pues el polvo les podría secar demasiado la piel y causarles irritaciones. Si el animal comienza a rascarse demasiado, el paso siguiente consistirá en reducir la frecuencia de los baños: lo más seguro es que deje de rascarse.

Las chinchillas adultas saben cómo utilizar el baño de forma instintiva, en cambio cuando son más jó-

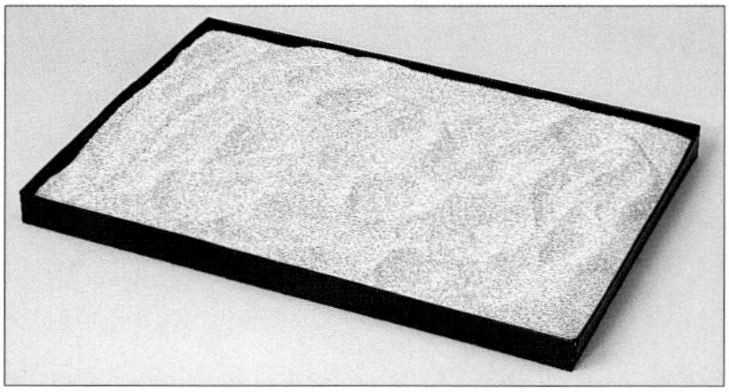

◄▼ Baño de serrín de una chinchilla. Este recipiente (recuadro) contiene polvo para el baño que requieren las chinchillas para mantener su piel en buen estado. Deberá haber espacio suficiente para que se revuelque con comodidad entre el serrín, y éste penetre en su piel.

Cómo manejar a una chinchilla

- El manejo de una chinchilla no entraña mucha dificultad, sobre todo si se la acostumbra a que la cojan desde pequeña, aproximadamente entre las 10 y 12 semanas de vida.
- Las chinchillas pueden morder si se asustan y se despeluchan ellas mismas si se las maneja con descuido.
- No se debe coger nunca a una chinchilla por la cola, ya que es bastante frágil.
- Para cogerla, hay que ponerle una mano por detrás para evitar que escape y la otra, rodeando su abdomen. Una vez así, se la puede coger con ambas manos.
- Si hay que desplazarla, la forma más segura de hacerlo es apoyándola contra el cuerpo con su cabeza hacia el frente y sentándola sobre una de las manos.

venes hay que estimularlas para que se aventuren a hacerlo.

Aseo de una chinchilla

El abrigo de las chinchillas requiere un aseo regular de dos veces a la semana por término medio, para lo cual es preciso saber agarrar al animal. Para cepillarles, hay unos peines especiales. Se debe empezar desde atrás pasando por los lomos y la espalda para que su pelaje quede suave, más abierto y esponjoso, de manera que penetre mejor el serrín.

El aseo de una forma asidua es particularmente importante durante los periodos de muda, que se producen cada tres meses más o menos. En esta etapa, se podrá apreciar claramente el pelo nuevo que le va creciendo al animal. Por lo general, habrá una clara limitación entre el pelo antiguo y el nuevo, por lo qu podrá comprobar perfectamente las diferencias entre uno y otro.

Es lo que se conoce como línea de apresto, un término que se creó en el mercado de las pieles, considerándose que la piel de la chinchilla estaba en un estado excelente cuando el pelo nuevo llegaba a la base de la cola.

▶ *Cuando se coge a una chinchilla hay que sentarla sobre la mano y sujetar firmemente su cuerpo contra el pecho, tal como se ve en esta fotografía.*

P/R...

- ***¿Se puede dejar a la chinchilla suelta por la habitación para que corretee?***

Las chinchillas jóvenes son muy curiosas y les gusta investigar lo que les rodea, de manera que si se las deja sueltas, casi se volverán locas correteando por todas partes, en cambio, las adultas son más mansas y se adaptan mejor a esta situación. No hay que perder de vista que su afición a saltar significará que puedan tirar algún adorno y que mordisqueen los cables, de manera que habrá que preparar la habitación antes. Por otra parte, deberá tenerse mucho cuidado con los perros y los gatos y además, dado que no se las puede entrenar para que hagan sus necesidades en un rincón, habrá que estar dispuesto para limpiar el suelo de vez en cuando.

- ***¿Es posible volver a utilizar el serrín?***

Siempre y cuando se eliminen los grumos más sucios, es posible utilizarlo durante una semana más o menos. Cada jaula deberá tener su propio baño y su propio serrín para evitar el riesgo de contagio de enfermedades.

- ***¿Las chinchillas tienen mucho calor en una casa?***

Sí. A más de 24-27 °C, es posible que el animal muestre signos de asfixia por calor y que su respiración se haga más pesada, de manera que intente buscar el frío. Si así fuera, habrá que trasladarla inmediatamente, aunque sea temporalmente, a un lugar más fresco, pero en el que no haya corrientes. En tales circunstancias, un buen accesorio será un ventilador o una unidad de aire acondicionado. En cualquier caso, nunca deberá colocar la jaula junto a la ventana, pues la incidencia de los rayos del sol puede ser nefasta, incluso en los días más suaves.

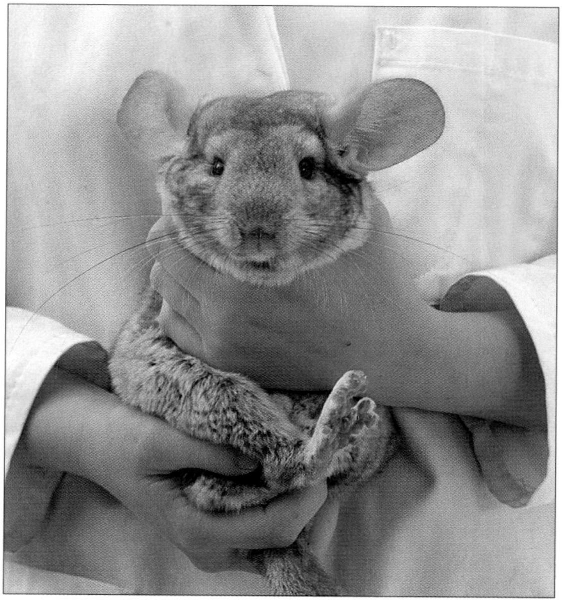

La reproducción de las chinchillas

LAS CHINCHILLAS PUEDEN EMPEZAR A REPRODUCIRSE a partir de los siete meses de vida aproximadamente. Si son de edades similares, habrá menos probabilidades de que surja conflicto entre ellas. (Es posible que un macho adulto ataque a una hembra joven si ésta no responde a sus avances). Para criarlas, se suele alojar a las chinchillas en lugares próximos durante una semana más o menos, para que se conozcan antes; finalmente, se transfiere al macho al habitáculo de la hembra. Es de esperar, entonces, que tras un rito inicial en el que ambos se olisquean, se produzca la cubrición. No obstante, conviene vigilar a la pareja por si acaso hay desavenencias.

Tal vez antes del apareamiento, se produzca un juego entre ambos, pero se puede advertir perfectamente si se trata de una pelea o si van de buenas. Si se observa que la hembra se dedica a rociar con la orina a su futuro compañero, estará claro que hay que separarlos. Para ello, convendrá llevar puestos unos guantes resistentes para esquivar las posibles mordeduras. En tales circunstancias, no habrá más remedio que esperar e intentarlo de nuevo una semana más tarde, en un entorno tranquilo. Tal vez entonces se lleguen a aceptar.

Normalmente, se puede observar con facilidad cuándo una hembra está predispuesta a aparearse, pues la forma de su orificio vaginal cambia de una ranura a una forma ovalada. La cubrición puede tener lugar por la noche, en un momento en el que no nos demos cuenta. De todas formas, la hembra deja como rastro, en el suelo de su jaula, una secreción blanca y cerosa, denominada normalmente tapón copulatorio.

Gestación y nacimiento

La pareja puede permanecer junta durante gran parte del embarazo, pero es preferible retirar al macho justo antes del alumbramiento para evitar un nuevo apareamiento inmediatamente después, momento en el cual la hembra puede volver a concebir. La gestación dura típicamente 111 días y, en las últimas etapas, es muy importante aumentar la ración de comida de la futura madre. La chinchilla engordará en el último trimestre y, durante este periodo, no conviene cogerla más que lo estrictamente necesario para evitar posibles daños a las crías.

Hembra **Macho**

▲ *Puede llegar a ser enormemente complicado distinguir correctamente el sexo de una chinchilla, sobre todo cuando son jóvenes. Un error muy corriente es confundir el orificio urinario de la hembra, ligeramente protuberante, con el pene del macho. No obstante, la distancia entre el orificio genital y el urinario es mucho más corto en la hembra que en el macho. En los individuos maduros, este espacio mide aproximadamente 12 mm. Por otra parte, en las hembras se puede apreciar una ranura entre las dos aperturas que representa la vagina y que se hace más prominente cuando las chinchillas están en celo. En los individuos adultos, se pueden distinguir los dos géneros por su aspecto general, ya que los machos son más pequeños y tienen la cabeza más grande y proporcionada.*

▲ *Chinchilla mamando. A veces, sobre todo si se trata de camadas numerosas, es posible que la madre no tenga leche suficiente y que se produzcan agresivas disputas entre las crías que compiten por el alimento.*

Es bastante normal que una hembra pierda el apetito cuando está a punto de dar a luz y que duerma de lado. Se deben suprimir los baños de serrín durante este período, ya que existe el riesgo de que contraiga una infección vaginal. Las crías nacen por la noche, completamente desarrolladas y el parto dura entre dos y tres horas.

La hembra de la chinchilla da de mamar de pie a sus crías, que buscarán la leche de la madre transcurrida una hora desde el nacimiento. El destete se produce cuando las crías tienen entre seis y ocho semanas de vida. Llegado este momento hay que tener cuidado, ya que el exceso de comida para las crías recién destetadas puede ser causa de diarreas. Se debe partir de la mitad de la cantidad de granulado y de heno recomendada hasta los cinco meses, aumentando la ración poco a poco cada mes hasta llegar a la de un adulto.

P/R...

● ***¿Hay algún signo especial que indique que el alumbramiento no marcha normalmente?***

Por lo general, es un trance que se pasa sin problemas, y no hay que preocuparse porque la hembra grite en los primeros momentos del parto. Por otra parte, es bastante normal que se coma la placenta. Si se prolongara el parto, sin embargo, excediendo por ejemplo más de cuatro horas, sí que habría que avisar al veterinario. La razón de ello podría ser que alguna de las crías hubiera quedado encajada en el canal del parto por ser demasiado grande. Siendo así, habría que practicar una cesárea.

● ***¿Es necesario darles el biberón?***

Es posible que las camadas numerosas, compuestas de cuatro crías, requieran un complemento de leche. Se les puede ofrecer leche concentrada disuelta en agua embotellada (sin cloro) en una proporción 1:1, administrándosela con un cuentagotas. Las crías deben comer cada tres o cuatro horas al principio. Hay que dejarlas que beban a su propio ritmo y después desinfectar y lavar bien el cuentagotas. Es importante asegurar que las crías tienen calor suficiente, ya que las chinchillas recién nacidas son muy vulnerables a la hipotermia.

Enfermedades de las chinchillas

P/R...

● *¿Es necesario que una chinchilla tenga los dientes y las orejas amarillentos?*

Es el color normal de sus dientes; si estuvieran blancos, sería un indicio de falta de vitamina A. En cambio, las orejas amarillas, reflejan una carencia de vitamina E, así como de colina y metionina, que regulan la función hepática. En su ausencia, los pigmentos vegetales que contienen caroteno se depositan en la piel y la grasa del cuerpo.

● *Mi chinchilla tiene lágrimas en los ojos de forma constante. ¿Qué tengo que hacer?*

Fije una cita con el veterinario para que revise sus dientes, ya que el lagrimeo puede ser un primer síntoma de algún problema dental provocado por las raíces de los dientes, que estén creciendo hacia los ojos. La secreción persistente de lágrimas puede tener su origen también en el polvo del serrín, o el heno, que haya podido penetrar en el ojo.

● *¿Qué tipo de enfermedad es el hígado adiposo?*

Es posiblemente consecuencia de una dieta inapropiada, en la que se incluyan cacahuetes, semillas de girasol e ingredientes similares y supone el acortamiento de la vida del animal. Y puede estar relacionada con una carencia de vitamina E y con la obesidad. Un cambio de la dieta solucionará el problema.

▼ *Cuando una chinchilla se retuerce y se contorsiona es posible que sufra abotagamiento por una acumulación de gases en el intestino. Es una enfermedad que requiere asistencia veterinaria.*

EL ESPECTACULAR PELAJE DE LAS CHINCHILLAS puede estropearse como consecuencia de una dieta pobre o a raíz de un manejo inexperto. Por otra parte, tampoco es algo extraño que las chinchillas se mordisqueen su propio pelo, cosa que puede ocurrir tanto si una pareja debe compartir el mismo espacio, como cuando la chinchilla está sola en la jaula. Cuando presentan dicho comportamiento, las partes más afectadas suelen ser los lomos y los hombros, de modo que se puede observar un claro deterioro del pelaje, pues queda visible el pelo interior. Por lo general, resulta bastante difícil determinar la causa, pero lo que sí es cierto es que en algunos linajes es más corriente que en otros, lo que hace pensar en que sea hereditario.

Por otra parte, tienen que ver las circunstancias del entorno, de manera que en condiciones de superpoblación o de un calor excesivo es más corriente. Este tipo de conducta ha sido relacionado también con trastornos internos, como por ejemplo afecciones hepáticas, y con factores dietéticos como falta de fibra.

Por consiguiente, es muy posible que resulte difícil aislar la causa que lleve a una chinchilla a despelucharse y por eso será necesario acudir a la experiencia de un veterinario especializado en chinchillas. Siempre que se pueda corregir la causa subyacente, el pelo volverá a salir.

Un problema específico que puede darse en los machos como resultado de la gran densidad de pelo es la presencia de marañas de pelo. Llegado a este estado, el pene del animal se puede quedar atrapado en estos nudos tras el apareamiento. Así pues, al menor indicio de la presencia de una maraña de pelo, se debe acudir inmediatamente a la consulta del veterinario.

Dientes

Es muy importante también vigilar la dentadura del animal, para asegurar que no crece demasiado. Los incisivos de la mandíbula superior frontal crecen relativamente rápido (hasta 7,5 cm o más al año). Si los dientes llegan a ser demasiado largos, la consecuencia directa será que el animal no podrá alimentarse correctamente y se debilitará. Aumentará en-

La inflamación de las orejas puede provenir de un rascado persistente
La inflamación ocular puede ser el resultado de una infección o una irritación por el heno
La salivación puede ser un indicio de un problema dental
Una distensión del abdomen, acompañada a menudo de una respiración trabajosa, suelen ser signos de abotagamiento
Se pueden producir fracturas en las patas como consecuencia de una caída
La pérdida de piel y pelo en la cola suele provenir de una pelea o de un manejo inapropiado

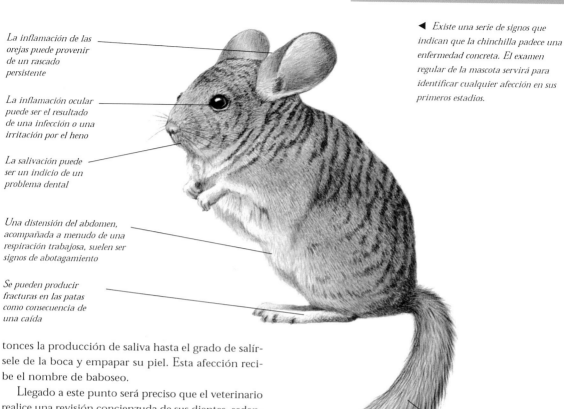

◄ *Existe una serie de signos que indican que la chinchilla padece una enfermedad concreta. El examen regular de la mascota servirá para identificar cualquier afección en sus primeros estadios.*

tonces la producción de saliva hasta el grado de salírsele de la boca y empapar su piel. Esta afección recibe el nombre de baboseo.

Llegado a este punto será preciso que el veterinario realice una revisión concienzuda de sus dientes, sedando al animal para ello. Después, le cortará o torneará los dientes según lo necesite. Si el animal cuenta con elementos para roer en todo momento, incluyendo un bloque de piedra pómez, es posible que se esquive el problema. Dado que estos defectos son hereditarios, no conviene que estos ejemplares críen.

Problemas dietéticos

Las necesidades dietéticas de una chinchilla son muy específicas. Por eso un cambio en la alimentación puede suponer todo un espectro de trastornos digestivos potencialmente graves. El abotagamiento es relativamente común en crías que reciben una alimentación artificial. Este estado producirá graves molestias a las crías, por lo que precisará una atención veterinaria urgente. Si se diluye la fórmula que se le esté administrando, es posible que se pueda prevenir el problema.

El abotagamiento puede venir dado también por una alimentación errónea y puede provocar además efectos más graves para el organismo del animal. Los cacahuetes y las semillas oleaginosas pueden afectar al hígado produciendo depósitos adiposos en dicho órgano.

Cuando una chinchilla sufre de diarrea, es prácticamente imposible determinar la causa primigenia exacta, pero en cualquier caso se deberá aplicar un tratamiento inmediato. El primer curso de acción que determinará el veterinario será la reposición de líquidos para contrarrestar la deshidratación que suele acompañar a esta enfermedad. Los resultados de los análisis de laboratorio servirán para dilucidar cuál ha sido la causa del problema y, sobre todo, para determinar si se debe a un ataque microbiano.

Una tostada fría puede ayudar a aliviar las indisposiciones de este tipo pero, dado que el ritmo natural del sistema digestivo se desequilibra, es muy corriente que se produzca estreñimiento después. En tales circunstancias, lo más recomendable es la ingestión de verduras con moderación.

Variedades de color

LA FORMA NORMAL DE LA CHINCHILLA, que se describe como estándar, consiste en una combinación de pigmentación gris azulada en las puntas y el vientre más pálido. La intensidad de la coloración varía considerablemente dependiendo de un ejemplar a otro, siendo unos más oscuros que otros. Este rasgo viene dado por el tipo de pigmentación que tenga cada pelo individualmente. Las subdivisiones dentro de la categoría estándar se encuentran actualmente en pleno desarrollo, en paralelo a su participación cada vez más frecuente en las exposiciones y concursos. Así pues, hoy en día, se puede trazar una clara separación entre los tipos estándar medio y oscuro. La pigmentación en las puntas, llamada a veces velo, se extiende por todo el cuerpo, a excepción de la parte ventral, hasta la punta de la cola.

VARIEDADES DE COLOR CLARO

Las variedades de color de la chinchilla fueron registradas por primera vez en la década de 1950 y, desde entonces, su número se ha incrementado enormemente. La forma blanca original, conocida como blanco de Wilson, en honor a su creador, puede distinguirse

P/R...

- *¿Qué son los factores letales?*

Existen algunas variedades de color de chinchillas a las que están asociados ciertos factores letales. Esto quiere decir que si se aparean, las probabilidades de descendencia son poco probables porque no se desarrollan los embriones. Así pues, no se aconsejan las parejas de ejemplares blancos, sino su cruce con chinchillas estándar, por ejemplo, lo que permitirá mantener la calidad de la lustrosa piel del animal. De manera similar, existe un factor letal asociado con las chinchillas terciopelo negras y marrones.

- *¿Qué influye en el precio de las chinchillas de color?*

Depende de diversos factores, aunque viene dado principalmente por la relativa escasez de la forma de color escogida. Los colores nuevos suelen ser más raros y, por tanto, más caros que los ya establecidos. La calidad del pelaje puede ser también un factor decisivo.

▼ *La chinchilla blanca rosada resulta inconfundible por el matiz rosado de sus orejas y sus ojos. Las formas blancas de la chinchilla, que fueron creadas en Carolina del Norte, en el año 1955, son corrientes hoy en día.*

del blanco rosado por sus orejas oscuras y sus ojos negros. Todas las chinchillas blancas deben estar cubiertas por un pelaje de un blanco tan puro como la nieve.

Otros colores claros son el plateado, con una pigmentación gris argentada y el platino, con un matiz más azulado. Se han desarrollado asimismo las formas moteadas, en cuyo pelaje ha desaparecido en muchas zonas la pigmentación de las puntas. Reciben el nombre de mosaicos.

La chinchilla beige se da también en dos variedades, aunque ambas provienen de la misma mutación. En circunstancias normales, los genes responsables de las características individuales, incluyendo el color, están localizados en los cromosomas presentes en el núcleo de todas las células vivas del organismo. En ocasiones, ambos genes responsables de la variedad de color son los mismos. Es lo que se denomina homocigótico. En cambio, cuando los genes responsables de una variedad específica son diferentes, la combinación recibe el nombre de heterocigótico.

Generalmente, no es posible distinguir a simple vista entre individuos homocigóticos y heterocigóticos, ya que uno de los colores domina sobre el otro. Sin embargo, la mutación beige de la chinchilla es poco corriente en el sentido de que sí que se puede observar la diferencia entre los ejemplares homocigóticos y los heterocigóticos. La chinchilla beige homocigótica presenta un tono crema muy claro, con un matiz rosado. Tiene los ojos rosas y el iris blanco. La chinchilla beige heterocigótica es más oscura, con un tono entre crema y beige oscuro, según el ejemplar. La parte ventral es considerablemente más clara que el cuerpo y los ojos son rojizos. Los ejemplares de color claro reciben también la denominación de perlas, y los más oscuros, pasteles.

VARIEDADES DE COLOR OSCURO

Los primeros ejemplares negros de la chinchilla surgieron en el año 1956 y se los conoce normalmente por chinchillas negras aterciopeladas. Su coloración varía entre mate y brillante, siendo la zona ventral más clara. La variedad carbón presenta un tono gris uniforme por todo el cuerpo pero, en ambos casos, la zona del vientre no es tan brillante.

Existe una división similar en las variedades marrones, entre el marrón puro, con una coloración uniforme, y el terciopelo marrón, en la que el pelaje superior es más oscuro que la zona ventral. La variedad marrón recibe el nombre de ébano marrón y tiene las orejas y los ojos rosas.

Las chinchillas violeta constituyen una de las últimas adquisiciones, y se distinguen por tener un suave pelaje gris, con la parte ventral blanca. Esta variedad es originaria de Zimbabwe.

▼ *Ejemplar de chinchilla negra aterciopelada. Se puede observar que la parte ventral es más clara que el resto del cuerpo, un rasgo que la distingue de la chinchilla color ébano.*

ARDILLAS Y OTROS ANIMALES PEQUEÑOS

EL CRECIENTE INTERÉS POR LA ADQUISICIÓN DE ANIMALES PEQUEÑOS como mascotas ha llevado en los últimos años a una afición cada vez mayor por la cría y el cuidado de otras especies. Aunque sus necesidades son más exigentes que las de otros animales descritos en este libro, se puede vislumbrar ya algún indicio de que las especies cuya manutención resulta más sencilla empiezan a competir en popularidad con otros roedores plenamente establecidos.

En Norteamérica, los erizos pigmeos africanos se encuentran entre las mascotas domésticas más apreciadas, una vez que se ha conseguido que esta especie prospere en el entorno doméstico. También se puede observar una afición cada vez mayor por el degú, un animal emparentado con la chinchilla. Las ardillas listadas se han criado en cautividad desde hace mucho tiempo; sin embargo, a la vista de su conducta tan indisciplinada, no se las puede considerar verdaderas mascotas, sino más bien animales para observarlos a cierta distancia. Requieren recintos espaciosos, pues son muy activas. Las ardillas voladoras, por su parte, han de ser alojadas en estructuras de tipo pajarera, y las maras deben acomodarse en recintos cerrados con candado.

En general, muchos de los pequeños animales exóticos nuevos que acaban de introducirse en el mundo de las mascotas descienden de animales de reservas zoológicas. Por otra parte, también se puede encontrar a algún criador especializado en una especie menos corriente que esté dispuesto facilitar a las personas que lo soliciten alguno de los ejemplares que les sobra.

Uno de los factores clave para determinar si una especie se podrá adaptar o no a la cautividad es el número de individuos no emparentados con el que se cuente en un principio. Aunque el hámster sirio ilustra la posibilidad de domesticar a una especie a partir de un número reducido de individuos próximamente emparentados, no deja de constituir una excepción. Existen otros roedores cuya crianza en reservas ha tenido éxito durante varios años, pero que han experimentado un descenso espectacular de la fertilidad como consecuencia de una endogamia repetida, hasta el punto de llegar a desaparecer en algunos casos.

▶ *Las ardillas listadas son criaturas alegres y vivaces. Les gusta estar por el suelo o trepando por las ramas de los árboles, de manera que su alojamiento deberá estar adaptado a ello.*

Estilo de vida de la ardilla listada

LAS ARDILLAS LISTADAS SON REPRESENTANTES del tercer orden del grupo de los roedores compuesto además por los esciuriformes y los animales de tipo ardilla. Este grupo está bastante extendido por todos los continentes del mundo, si bien los esciuriformes son nativos de Australia. Las ardillas listadas están íntimamente relacionadas con las verdaderas ardillas arborícolas, tal como lo demuestra su aspecto. Ambas tiene una cola enormemente flexible, así como unas patas delanteras adaptadas para colgarse y manipular fácilmente la comida.

Esta similitud se advierte asimismo en su conducta. Las ardillas listadas se mantienen activas durante el día y son aficionadas a escalar, trepar, subir y saltar por las ramas de los árboles. Además, cuentan con un excelente sentido del equilibrio. Los zoólogos las describen en realidad como ardillas terrestres, ya que pasan la mayor parte del tiempo en el suelo y se dedican a acumular la comida en madrigueras bajo tierra.

Todas las especies de ardillas que se conocen, en total 25, salvo una, viven en Norteamérica y no difieren mucho unas de otras en cuanto a los cuidados que necesitan, sin embargo, la más aceptada como mascota es la especie siberiana, que está extendida mayormente por Asia. A pesar de su nombre, la zona en la que vive esta ardilla abarca gran parte de Asia, ya que no sólo está distribuida en Siberia, sino también en Mongolia, el norte y centro de China y Corea. Dentro de esta franja se pueden encontrar subespecies, siendo una de las más vistosas la que ha evolucionado en la isla japonesa de Hokkaido.

Originarias de una zona templada del globo, en la que los inviernos pueden llegar a ser muy fríos, las ardillas listadas han desarrollado distintas destrezas y características para sobrevivir en estas condiciones. Su pelaje se hace más espeso y poblado en invierno ofreciéndole así una mejor protección contra los elementos. Antes del comienzo de la época de nieves, construyen despensas de comida para abastecerse durante este periodo. En contraposición con las ardillas terrestres (especie *Spermophillus*), las listadas no hibernan, si bien sí que entran en un estado de amodorramiento continuo cuando baja demasiado la temperatura y son capaces de permanecer dormidas en sus madrigueras sin comer durante ocho días.

Datos de interés

Nombre: ardilla siberiana.

Nombre científico: *Eutamius sibericus.*

Peso: de 100 a 125 g.

Compatibilidad: hay pocas probabilidades de desacuerdo si se juntan parejas o grupos compuestos de un solo macho con hasta tres hembras. Los machos pueden pelear fieramente.

Atractivo: tienen un atractivo aspecto. Son criaturas simpáticas y activas durante el día. Se las puede alojar tanto dentro como fuera de casa en la mayoría de las partes.

Dieta: mezcla de semillas y frutos secos, además de fruta y verduras.

Enfermedades: pueden presentar problemas dentales, sobre todo de los incisivos en la parte frontal de la boca como consecuencia de un crecimiento excesivo o una lesión.

Peculiaridades de la reproducción: hay que asegurar que la hembra cuenta con suficiente material para cubrir su nido, sobre todo cuando viven en el exterior.

Gestación: de 4 a 5 semanas.

Tamaño típico de la camada: hasta 8 crías, como término medio 4 por camada.

Destete: de 40 a 45 días.

Duración: típicamente de 5 a 6 años. Pueden llegar a durar 12 años.

Coloración del pelaje

El vistoso pelaje de estos animales les sirve para camuflarse en los bosques donde viven. Las listas de su cuerpo rompen el color del pelaje de tal forma que se pueden confundir fácilmente con las ramas de los árboles. La búsqueda de comida supone un potencial peligro para estos animales, por eso, como los hámsters, se dedican a almacenar lo que encuentran en las bolsas que tienen en las mejillas. Después lo llevan a sus madrigueras para comérselo o para construir su despensa.

Las ardillas listadas siberianas se convirtieron en mascotas ya en la década de 1950, sin embargo, hasta los años 80 no se extendió demasiado su popularidad. Dentro de los linajes de animales domesticados que se conocen hoy en día, es posible observar la influencia de la subespecie Hokkaido, por el matiz rojizo o canela de su pelaje. Por lo general, estas ardillas presentan un tamaño ligeramente más pequeño que las formas auténticas.

Asimismo, se han desarrollado dos mutaciones de color. La forma diluida o blanca es la más corriente, con un pelaje mucho más claro de lo normal y listas beige hasta la cola, con los ojos color rubí. No obstante, en el nido, las crías se parecen a las normales hasta aproximadamente los 12 días de vida, momento en el que empieza a ser visible un tono visiblemente más claro. Las variedades albinas, más raras, se diferencian de las blancas por tener un pelaje totalmente blanco y los ojos rojos. Estas ardillas suelen ser más pequeñas y, en general, se recomienda su apareamiento con ejemplares de otros colores, tanto para mejorar el tamaño como para mantener su fertilidad. La misma estrategia se debe aplicar a las variedades diluidas.

▼ *Las ardillas listadas son parientes cercanas de las auténticas ardillas. Al igual que ellas pueden saltar de rama en rama con gran agilidad gracias a sus musculosas patas traseras.*

P/R...

• *¿Qué tipo de conducta debo esperar de una ardilla amaestrada?*

A estos roedores no les gusta que los acaricien como, por ejemplo, los conejos. Tampoco se quedan quietas durante ratos largos, ya que son muy activas. Con todo, es posible domarlas lo suficiente como para que coman de la mano y que se suban al hombro.

• *¿En qué tengo que fijarme a la hora de comprar una ardilla listada?*

Los puntos en los que hay que fijarse son muy similares a los de cualquier otro roedor. Es importante que sus incisivos no hayan crecido excesivamente y que encajen perfectamente en su boca. Su actitud deberá ser activa y vivaz; hay que renunciar a los especímenes que estén demasiado quietos y despeluchados. No deberá haber ningún tipo de calva en el pelaje, ni deberá observarse ninguna secreción nasal. Los ojos deberán tener cierto brillo sin trazas de opacidad y las orejas no deberán estar vueltas. La cola estará recta, sin desviaciones que pudieran implicar una fractura.

• *¿Cuál es la mejor edad para adquirir una ardilla?*

Si lo que se desea es domesticarla, conviene adquirirla desde pequeña, entre los dos y tres meses de vida. Hay que tener mucho cuidado con los ejemplares más viejos, en cambio, a no ser que se obtenga información sobre su pasado, ya que es posible que se hayan hecho agresivas.

Alojamiento y alimentación de las ardillas listadas

LAS ARDILLAS LISTADAS REQUIEREN UN HABITÁCULO ESPACIOSO, diseñado al modo de una estructura de pajarera. Para un alojamiento de interior, es posible comprar una jaula de metal especial o, como alternativa, una jaula que se pueda colgar, como las que se utilizan para las aves. Sea cual sea el tipo que se elija, lo importante es que sea lo más espacioso posible para acomodar a estos activos animales.

Asimismo, es posible alojarlos en recintos de exterior, que se deberán construir en la misma línea que las pajareras pequeñas. Se pueden comprar paneles especiales para ello y atornillarlos simplemente, aunque también es posible cortarlos uno mismo. En tal caso, se deberán utilizar listones de 4 cm por lo menos para el marco y cubrirlos con una rejilla de 16 mallas. Los alambres de la rejilla serán de 12 mm^2, para evitar que otros roedores, como por ejemplo ratones, hagan incursiones en la jaula y contagien enfermedades a las ardillas.

Los paneles deberán estar fijos sobre un reborde de ladrillo a una altura de al menos 30 cm sobre el suelo que irá unido con un soporte especial. El recinto deberá estar situado en una zona protegida del jardín, en un lugar lo más resguardado posible del viento. Teniendo en cuenta que estos animales son expertos excavadores, habrá que asegurar perfectamente la base con cemento o con losetas para evitar que hagan túneles y se escapen por ellos. Se cubrirá la base con unos centímetros de virutas de corteza para que puedan fabricar sus túneles.

Es muy importante prever la protección frente a los elementos climatológicos si es que se pretende alojar a las ardillas en el exterior durante todo el año. Así pues, se les incluirá un refugio dentro de la jaula para

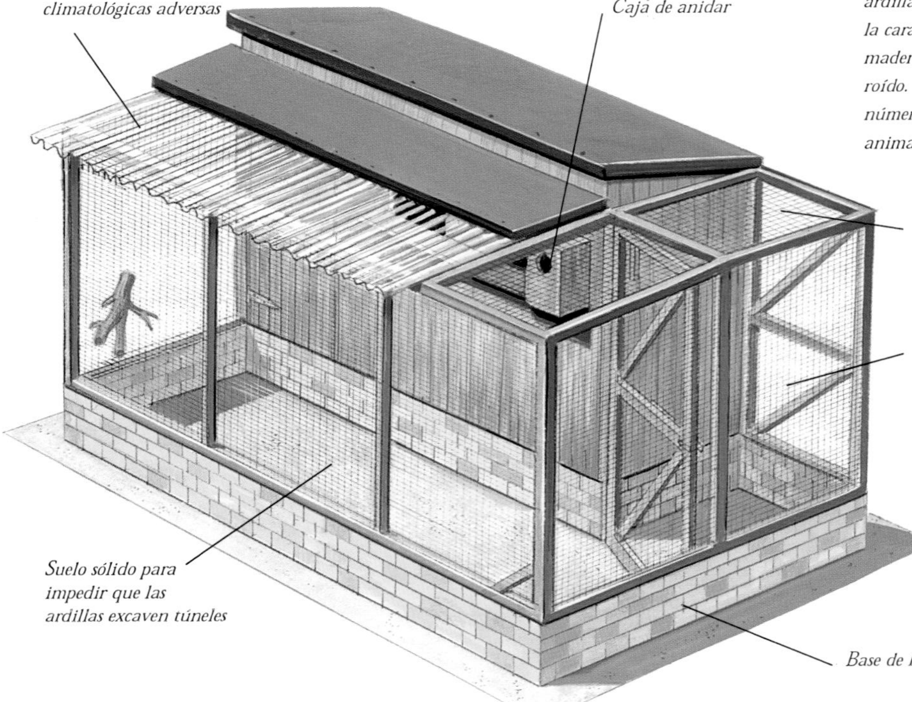

◄ *Recinto de exterior para ardillas. La rejilla está unida por la cara interior del marco de madera para evitar así que acabe roído. Hay que añadir un buen número de ramas para que el animal pueda trepar.*

Nidos para las ardillas listadas

- Deberá elegirse una caja para anidar que mida aproximadamente 20 cm^2.
- Las cajas para anidar deberán estar hechas de una madera relativamente gruesa, por un lado, para resistir a las roeduras de las ardillas y, por otro, para proteger al animal del frío.
- Las cajas para anidar deberán fijarse a la estructura con un soporte para asegurar que están bajo cubierta.
- Los nidos no se deberán colocar directamente sobre el suelo, ya que su base se humedecerá inevitablemente.

que tengan un lugar seco y protegido en el que almacenar su comida.

Equipamiento de la jaula

Se pueden colocar en el suelo de la jaula troncos y túneles de barro para que las ardillas se entretengan y hagan ejercicio. No está de más incluir también alguna que otra rama (por ejemplo de manzano) para que puedan trepar de un lado a otro o entren en su nido, sin perder nunca de vista que estas ramas no resulten tóxicas para el animal y que no hayan sido fumigadas recientemente con productos químicos. Las ramas deberán ser relativamente gruesas y estar bien sujetas con ganchos especiales de manera que se queden fijas en la parte vertical de la jaula como si fueran ramas de árboles.

Alimentación de las ardillas listadas

La alimentación de las ardillas listadas es muy sencilla. Al igual que muchos otros roedores herbívoros, tienen un ciego bastante grande en el que se alojan bacterias que favorecen la descomposición de la materia vegetal de la que se compone su dieta (*véase* página 32). Se comen sus primeros excrementos para obtener los nutrientes que se derivan de ellos en virtud de su segundo paso por el tracto intestinal.

Existe la posibilidad de adquirir fórmulas mixtas especiales para ardillas, aunque bastará con los preparados para ratones y ratas normales. No se les debe ofrecer avena, ya que se les pueden clavar en las mejillas las puntas de este cereal. Se puede complementar su dieta con piñones.

P/R...

- *Tengo miedo de que la ardilla se escape cuando abra su recinto. ¿Me podría dar alguna sugerencia para evitarlo?*

Utilice un porche de seguridad, de manera que cuando pase dentro pueda cerrar la puerta exterior antes de entrar en el recinto del animal. Si se escapa alguna, se quedará confinada en el porche de seguridad, desde donde se le puede obligar a entrar de nuevo en su habitáculo.

- *¿Qué protección adicional se les debe facilitar a las ardillas listadas contra la intemperie?*

En los días de peores condiciones climatológicas, una sensata precaución consistirá en fijar una lámina de plástico ondulado sobre la sección del tejado, cerca del refugio y también adyacente a los laterales de la estructura.

- *¿Es preciso ofrecerles a las ardillas alimentos frescos?*

Se les debe ofrecer de forma regular alimentos como manzana, zanahoria y verduras, pero sin dárselas en grandes cantidades, ya que almacenarán el excedente en su nido y es posible que termine enmoheciéndose, de manera que suponga un riesgo para su salud.

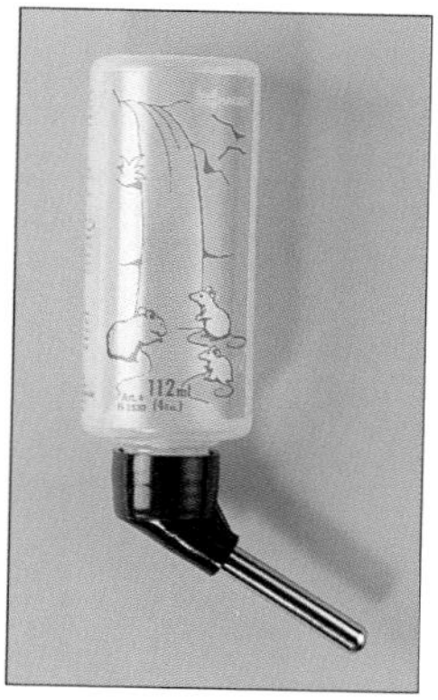

◄ *El agua potable se suministrará en una botella que irá unida a la rejilla del recinto. Se deberá asegurar y fijar bien para garantizar que la ardilla no la desenganche.*

Gusano de la harina

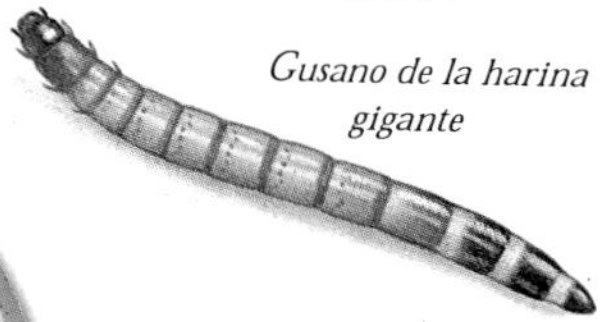

Gusano de la harina gigante

◄▲ *Conviene utilizar un recipiente de barro que pese para ofrecerles la comida, que no deberá incluir gran cantidad de semillas de girasol por su alto contenido en grasa. En cambio, los gusanos de la harina pueden servir para enriquecer el aporte de proteínas.*

Reproducción y enfermedades de las ardillas listadas

HABRÁ OCASIONES EN LAS QUE SEA NECESARIO atrapar y coger a una ardilla listada, en particular cuando se desea determinar el sexo o cuando hay que examinarlas para detectar cualquier problema sanitario. A pesar de que se puede entrenar a estos animales para que se suban al hombro, cogerlos puede convertirse en una tarea realmente complicada, pues no les gusta en absoluto. Lo ideal para atraparlas es una red con palo y reborde de madera como las que se venden para cazar pájaros. Será preciso moverse despacio y con cautela para evitar que se asuste el animal y lanzar después la red cuando la ardilla se encuentre sobre una superficie adecuada.

A continuación, habrá que sacarla con mucho cuidado, con guantes de jardinero para protegerse de las posibles mordeduras. Habrá que sujetarla de manera que los dedos le inmovilicen la cabeza y con el resto de cuerpo apoyado sobre la palma. De esta forma, quedará visible gran parte del cuerpo. Nunca se la cogerá por la cola, pues se la podría dañar.

P/R...

- ***Estoy deseando que mis ardillas críen pero, ¿cómo debo hacerlo?***

Tendrá que alojarlas para que estén próximas y esperar a que la hembra emita su grito de llamada. Llegado ese momento, deberá transferirla al recinto del macho y sacarla unos días después, una vez que se haya producido la cubrición.

- ***¿Podría echar un ojo al nido para ver si han nacido las crías?***

No. No es recomendable, ya que es posible que al hacerlo moleste a la madre, sobre todo si se tocan las paredes, dejando así un olor extraño. Esto puede suponer que la madre abandone, o incluso ataque, a sus propios hijos. Deberá limitarse a examinar el nido únicamente en caso de que observe que algo marcha mal.

▼ *Es posible alimentar a las ardillas con biberón utilizando leche en polvo diluida con dos partes de agua hervida y enfriada. Se deberá preparar la mezcla con cada toma y ofrecérsela en una jeringuilla sin aguja. Hay que lavar y enjuagar bien los utensilios.*

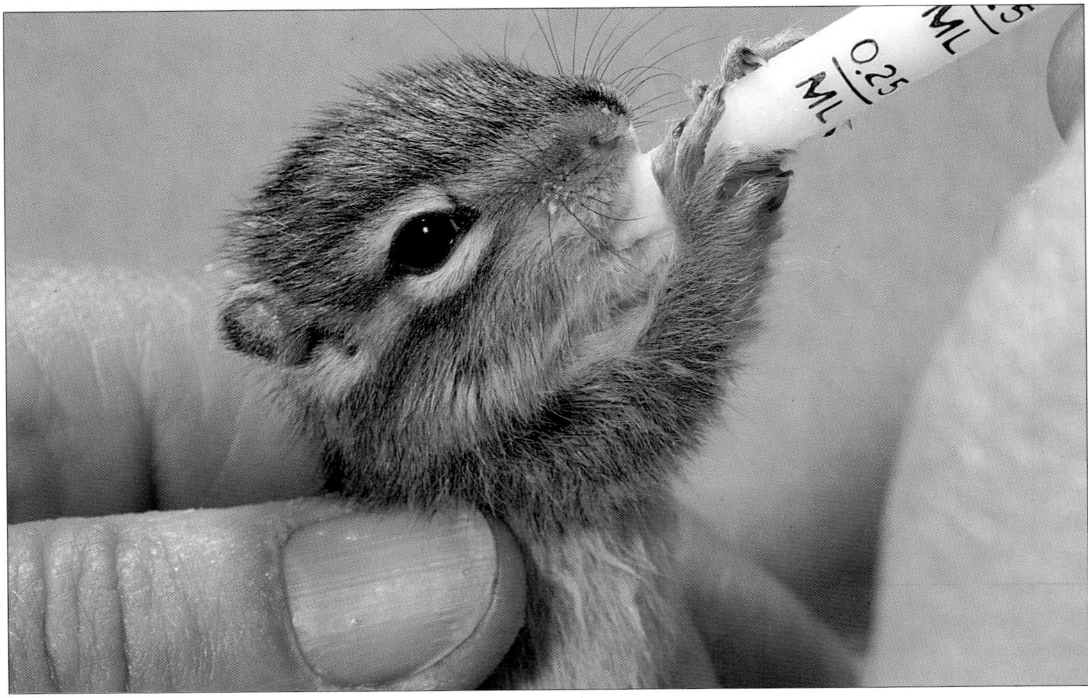

Apareamiento y nacimiento

Al igual que en los demás roedores, se puede distinguir fácilmente entre los dos sexos por la distancia entre los orificios genital y urinario, sea cual sea la edad. En el caso de los machos, la distancia es mayor. El espacio anogenital es visible cuando el animal está boca arriba. No obstante, los testículos del macho únicamente se aprecian claramente cuando el animal se encuentra en edad de procrear.

El apareamiento se produce a lo largo de la primavera y el verano. Las hembras entran en celo aproximadamente dos semanas después de que los testículos del macho vuelvan a descender al escroto. Se puede saber fácilmente cuándo una hembra está predispuesta a aparearse, ya que emite un grito característico para atraer al macho. El celo dura aproximadamente tres días. El apareamiento suele tener lugar el segundo día.

Antes de alumbrar a su camada, la futura madre se dedicará a preparar el nido. Las crías nacen ciegas e indefensas. Aunque se oiga su llamada desde el nido, eso no debe ser motivo de alarma. Se les abrirán los ojos a las dos semanas de vida y también en este momento les empezará a crecer el pelo. Aproximadamente a las cinco semanas, harán sus primeras incursiones fuera del nido y tendrán ya el aspecto de adultos en miniatura.

No hay problema en que la familia permanezca junta dos meses más, pero cuando las crías cumplan más o menos siete semanas, convendrá sacarlas, si no se pretende que críen de nuevo. Generalmente, las ardillas listadas tienen una sola camada al año. Una vez separadas las crías, habrá que reemplazar el nido por uno limpio.

Enfermedades

Las ardillas listadas que viven en el exterior son propensas a los parásitos, como por ejemplo pulgas o ácaros, que abundan en la época de verano y que se pueden alojar en los bordes del nido. El rascado persistente, distinto al aseo normal, combinado con la pérdida de pelo son dos indicadores típicos de un problema parasitario. En tal caso, se deberá acudir al veterinario para que aplique un tratamiento terapéutico propicio y preventivo para evitar el riesgo de otra futura infestación.

Otras causas de prurito que pueden manifestar las ardillas están asociadas con una ingestión excesiva de copos de maíz.

▲ *Al coger a una ardilla hay que procurar inmovilizarla perfectamente para evitar mordeduras. Posiblemente las ardillas sean los roedores más difíciles de atrapar, por la sencilla razón de que no están habituadas a ello.*

Asimismo, si a una ardilla se le ofrece una comida inadecuada y se le priva de la oportunidad de roer ramas, es posible que le crezcan los incisivos de forma excesiva. Como medida preventiva, conviene ofrecerles una galleta para perros de forma regular, de modo que tengan oportunidad de desgastar sus dientes.

Los afilados dientes de las ardillas pueden producir dolorosas mordeduras si se pelean, que pueden derivar en abscesos si las heridas infligidas llegan a infectarse. Si se trata de lesiones leves, bastará tratarlas con un antiséptico, pero si se inflaman, habrá que pedir consejo al veterinario. En tales circunstancias, puede llegar a ser necesario un tratamiento con antibióticos.

Las heridas en los ojos pueden provenir igualmente de alguna pelea, si bien también es posible que el material que se haya colocado para el lecho pinche y sea inadecuado. Por esta razón, es importante ser muy precavido a la hora de elegir el tipo de colchón que tenga el nido. El tratamiento de las lesiones oculares consistirá en la aplicación de una pomada oftálmica o gotas, varias veces al día. Siendo necesario tal remedio, no será mala idea colocar a la ardilla en una jaula pequeña, ya que el hecho de tenerla que coger de forma regular puede resultar estresante.

Otros roedores del Nuevo Mundo

APARTE DE LAS CHINCHILLAS Y LAS COBAYAS, existen otros roedores cavimorfos que están adquiriendo cada vez mayor número de adeptos entre los aficionados.

DEGÚ

En el momento actual, se puede mencionar principalmente al degú que, como muchos de los roedores mascota modernos, fue mantenido en cautividad en un principio para fines de investigación médica en la década de 1950. Los degús viven en colonias en la región andina de Sudamérica. Son capaces de saltar a gran velocidad huyendo de depredadores, pues en su hábitat natural existen pocos refugios naturales en los que esconderse y, por otra parte, su pelaje agutí les ayuda a camuflarse. Su cola está cubierta por un pelo relativamente áspero y terso, aunque la punta es bastante delicada, de manera que nunca se los debe coger por la cola para no dañarlos. Cualquier lesión significará que la pierdan. Una de las características que los diferencia de las chinchillas es que están provistos de garras con las que pueden cavar.

Un acomodo propicio para una pareja de estos animales habría de ser un recinto grande con rejilla, pero sin olvidarse de tomar las precauciones necesarias para evitar que puedan horadar orificios con sus potentes incisivos para escaparse. No estará de más colocar túneles de barro en la jaula para que se oculten dentro o sirvan como pasadizo al nido, si se los puede comunicar con éste. También hay que incluir ramas para que las roan. Una alternativa puede ser un acuario adaptado, con una tapa que incluya un mecanismo de ventilación.

P/R...

● *¿Existen otros tipos de roedores en esta parte del mundo que puedan llegar a ser mascotas populares?*

Resulta difícil de predecir, pero existe una serie de hutías cubanas *(Capromys pilorides)* provenientes de una reserva de un zoo que ha pasado a ser una colección privada. Se trata de unas criaturas muy atractivas, trepadoras de árboles, de piel gris plateada. Sin embargo, dado que pueden llegar a medir hasta 60 cm de longitud y pesar hasta 7 kg, requieren un recinto espacioso. Las hutías cubanas son fundamentalmente vegetarianas y subsisten principalmente de lo que pastan, cortezas de las ramas y frutas. Se adaptan a la vida en los árboles y utilizan su cola para apoyarse al trepar por las ramas. Las hembras suelen parir unas cuatro crías que nacen completamente desarrolladas tras un periodo de gestación de aproximadamente 20 días.

Datos de interés

Nombres: degú, mara (cobaya de la Patagonia, liebre de la Patagonia).

Nombres científicos: *Octodon degus; Dolichotis patagonum.*

Peso: de 250 a 350 g; mara de 8 a 9 kg.

Compatibilidad: son bastante sociables, pero puede haber enfrentamientos si hay hacinamiento.

Atractivo: son animales poco corrientes pero interesantes.

Dieta: pueden comer los preparados granulados para chinchillas; la dieta de la mara consiste en verduras, heno y un granulado especial.

Enfermedades: problemas dentales relacionados con los incisivos.

Peculiaridades de la reproducción: las hembras que acaban de parir pueden mostrarse nerviosas, sobre todo si es la primera vez.

Gestación: para ambas especies, unos 90 días.

Tamaño típico de la camada: degú, 5 crías; mara de 1 a 3 crías.

Destete: degú 5 semanas; mara de 8 a 12 semanas.

Duración: degú de 5 a 6 años; mara de 10 a 12 años.

◀ *Los degús son animales diurnos. Son criaturas inquisitivas, lo que significa que en el entorno doméstico pueden llegar a aprender a ser mansas, siempre y cuando se les dedique una atención regular.*

La dieta de estos roedores puede consistir en un preparado granulado para chinchillas (*véase* página 178) y un complemento reducido de verduras y fruta, en combinación con heno en abundancia. Aunque algunos criadores son partidarios de una dieta a base de semillas, ésta resulta menos satisfactoria, ya que puede ser causa de obesidad, con la añadidura de un posible riesgo de diabetes mellitus. Los degús se pueden bañar como las chinchillas (*véase* página 180) por lo que se les puede proporcionar un baño de serrín para ello.

La determinación del sexo es muy sencilla, pues la distancia entre el ano y los genitales es mayor en los machos que en las hembras. Por lo general, empiezan a reproducirse a partir de los seis meses de vida. No hay inconveniente en que la pareja permanezca en un mismo espacio durante toda la gestación. Las crías nacen completamente desarrolladas. Empezarán a mordisquear la comida sólida a las dos semanas de vida. Es posible domesticarlos, siempre y cuando se los acostumbre desde pequeños, de modo que aprendan a comer en la mano. Su carácter activo e inquieto implica que muestren siempre resistencia a que los encierren.

Mara

La mara es un animal muy similar al degú en lo que a su aspecto se refiere, pero es más grande. Dada la amplitud que requieren, son más propios de los zoos. No obstante, si se cuenta con un terreno suficiente para construir un recinto resistente a las escapadas, no cabe duda de que su observación resultará fascinante, sobre todo si se trata de un grupo. Además de correr y retirarse a sus madrigueras, las maras son expertas brincadoras.

Para las maras que vivan en un interior, será necesario proporcionarles un barril para que se refugien y colocar una buena capa de paja por el suelo. Es preciso que el lugar donde se las aloje esté relativamente cálido, para lo cual, se puede utilizar una lámpara calorífica, sin olvidar que el enchufe deberá estar fuera del alcance de sus dientes para evitar accidentes.

Las maras son vegetarianas, pero es importante no variarles la dieta de forma repentina. No se debe perder de vista este detalle, sobre todo si se las saca de repente y se les permite que correteen por el terreno libremente presentándoseles pues la oportunidad de pastar la hierba. Conviene proporcionarles un poco de hierba recién cortada por lo menos dos semanas antes de dejarlas pastar libremente e ir aumentando la cantidad para que su sistema digestivo se vaya adaptando. La dieta habitual de los rumiantes de los zoos puede constituir perfectamente la base de su comida. Se puede añadir asimismo heno, alfalfa, zanahorias y otras verduras, así como otros alimentos diversos como manzanas, con moderación. Los machos pueden mostrarse a veces agresivos contra las crías, de manera que lo más aconsejable es dejar sola a la hembra con los retoños. Las crías nacen completamente desarrolladas.

▼ *Cría de mara con su madre. Ciertamente, este tipo de roedores no son los más adecuados para tenerlos en casa dado su tamaño. Por otra parte, aunque se cuente con un terreno, sus exigentes necesidades complican en gran medida su manutención.*

Otros animales pequeños

SE PUEDEN CITAR OTROS EJEMPLOS MÁS DE ANIMALES PEQUEÑOS, O MASCOTAS DE BOLSILLO, tal como se los llama en Norteamérica. No obstante, existen ciertas restricciones legales en algunos de los estados americanos que limitan su cría y su cautividad. Para conocer la normativa actual al respecto remitimos a la oficina que represente al USDA en su localidad.

ERIZO PIGMEO AFRICANO

El erizo pigmeo africano es un animal insectívoro, más extendido en la actualidad en Norteamérica que en Europa. Los ejemplares que conocemos son descendientes de una reserva de un zoo y empezaron a atraer la atención entre los aficionados a las mascotas en la década de 1980.

A pesar de que los primeros erizos que se criaron presentaba una timidez natural, las cepas domesticadas fueron liberándose poco a poco de dicho carácter y ya «no se enroscan», tal como dicen los entendidos. Esto significa que han perdido el miedo a las personas hasta el punto de no encogerse en una bola cuando se los coge. Su alojamiento es bastante sencillo, pues es suficiente una jaula de interior cubierta, si bien los criadores suelen preferir las conejeras cerradas para las hembras que están preñadas con el fin de que las crías tengan más intimidad al nacer.

▼ *El manejo de un erizo pigmeo no resulta demasiado incómodo, ya que sus púas no son especialmente rígidas. No obstante, siempre será aconsejable llevar un par de guantes de piel como protección.*

Datos de interés

Nombres: erizo pigmeo africano; ardilla voladora.

Nombres científicos: *Atelerix albiventris; Petaurus breviceps.*

Peso: erizo pigmeo africano, 0,45 kg; ardilla voladora de 95 a 160 g. Los machos suelen pesar más.

Compatibilidad: el erizo pigmeo africano suele vivir en soledad; la ardilla voladora es muy sociable.

Atractivo: el erizo pigmeo africano es simpático y fácil de coger; la ardilla voladora tiene unos hábitos de reproducción y un aspecto originales.

Dieta: la alimentación de un erizo pigmeo africano puede consistir en una fórmula especial para erizos, invertebrados, huevos duros y fruto troceada; las ardillas necesitan fruta, néctar e invertebrados como, por ejemplo, gusanos de la harina o grillos.

Enfermedades: son animales sanos por lo general, aunque pueden padecer diarrea a causa de una dieta inadecuada o la contaminación de los comederos.

Peculiaridades de la reproducción: las hembras que acaban de parir pueden mostrarse nerviosas, sobre todo si son madres por primera vez. Por esta razón, se debe evitar manejarlas y molestarlas demasiado.

Gestación: erizo pigmeo africano, de 32 a 36 días; ardilla voladora, 16 días de gestación más 70 días en la bolsa.

Tamaño típico de la camada: erizo pigmeo africano, de 4 a 5 crías; ardilla voladora 2 crías.

Destete: erizo pigmeo africano, 6 semanas; ardilla voladora de 24 a 32 semanas.

Duración: de 10 a 12 años.

Hoy en día existen comidas enlatadas o deshidratadas especiales para los erizos pigmeos africanos que suelen encontrarse en los establecimientos especializados en animales más grandes, aunque también se puede recurrir como alternativa a las comidas para gatos y perros. Además, se puede incluir de vez en cuando en la dieta huevos cocidos, queso blanco e invertebrados, como gusanos de la harina; no obstante se debe suprimir la leche, pues puede ser origen de diarreas. Deberán contar con agua en todo momento, proporcionándosela preferiblemente en un cuenco pequeño que pese en la base.

Si se le da la vuelta a un erizo, se podrá determinar fácilmente su sexo. En los machos, el pene está apuntado hacia delante, prácticamente en el centro del vientre, mientras que en las hembras, se pueden ver claramente cinco pares de tetas; por otra parte, la distancia entre el ano y los genitales es más corta en los machos, que suelen ser asimismo más grandes en edad adulta. Para aparearlos suele bastar con dejar al macho y a la hembra durante dos días, separarlos otros diez y volverlos a juntar durante un período similar repitiendo el proceso a ciertos intervalos, ya que las hembras no ovulan regularmente. Conviene proporcionar una caja para anidar a las hembras que van a parir, que deberá estar forrada con una capa de virutas de madera. Durante este período no se debe molestar a la futura madre, ya que, de lo contrario, es posible que se coma a sus hijos. Las crías nacen desnudas pero pronto les aparecen las púas, que no son sino pelo modificado. Cuando las crías tienen un mes de vida, empiezan a abandonar el nido y pronto se animarán a comer alimentos sólidos.

Ardillas voladoras

Los cuidados que exigen las ardillas voladoras son bastante exigentes, ya que requieren un habitáculo más espacioso para vivir, como por ejemplo una pajarera de interior. Este tipo de zarigüeyas han sido acostumbradas a la cautividad desde hace años en los hogares australianos; también son nativas de Nueva Guinea. Tal como sugiere su nombre, las ardillas voladoras están provistas de unos pliegues de piel en los lomos de su cuerpo que, al extenderse, les permiten planear distancias cortas de árbol en árbol. Son animales sociables y viven armoniosamente en grupos.

En lo que respecta al alojamiento, se deberá prever la comodidad para su limpieza. La dieta consistirá básicamente en frutas, tanto frescas como deshidratadas, que abarcarán las tres cuartas partes de su alimentación. También se incluirán en su alimentación otros productos vegetales, frutos secos y proteínas en forma de comida para gatos o gusanos de la harina. Es posible que también requieran una solución de néctar del estilo de las que se da a los pájaros, que se les ofrecerá en un recipiente cerrado, ya que es muy pringosa.

Es muy importante ajustar la cantidad que se les ofrezca a su apetito. Dado el carácter perecedero de estos alimentos, conviene darles de comer dos veces al día. Los utensilios que se utilicen para alimentarles deberán ser lavados a fondo con detergente, al igual que la jaula donde vivan, pues sus excrementos la ensuciarán bastante.

P/R...

• ¿Se ha creado alguna variedad de color del erizo pigmeo africano?

Sí, un erizo de color claro, en contraposición con la coloración agutí normal. Entre ellos se incluyen blancos de ojos rojos (que son verdaderos albinos), y blancos de ojos oscuros, además de las variedades moteadas.

• ¿Cómo debo preparar la caja para anidar de una ardilla voladora?

Utilice madera aglomerada revestida con melamina, pues es un material fácil de limpiar pasando simplemente un paño húmedo. Para cubrir el nido se puede utilizar un lecho de papel blando, del tipo que se vende para animales pequeños.

▼ *Las ardillas voladoras son marsupiales y, al igual que los canguros, sus crías son muy pequeñas y embriónicas al nacer. Deben agazaparse en la bolsa de la madre, en la parte inferior del cuerpo, para continuar su desarrollo. Al cabo del año, se las considera totalmente maduras.*

Nociones de genética

La genética es el estudio de la ciencia de la herencia. Al igual que cualquier ser vivo, los animales pequeños poseen un conjunto de cromosomas en sus células que están constituidos por genes que determinan todas las características del individuo (como, por ejemplo, el género, el color del pelaje y o la longitud de las orejas, en el caso de los conejos). El número de cromosomas es constante y varía según la especie; los ratones, por ejemplo, tienen un total de 40 cromosomas, mientras que las ratas tienen 44. Esta diferencia evita de forma efectiva el cruce entre ambas especies de roedores. Los miembros del grupo de los caviomorfos tienen un número de cromosomas mayor como es el caso, por ejemplo, de los cobayas con 64 cromosomas.

Los grupos de cromosomas se disponen normalmente en pares. El espermatozoide y el óvulo tiene solo la mitad del grupo de cromosomas pero, tras la fertilización del óvulo femenino con el espermatozoide masculino, cuando tiene lugar la reproducción, se unen los cromosomas de ambos para formar pares completos de nuevo. De esta forma, la progenie recibe la mitad de cromosomas de cada uno de los padres.

Mutaciones autosómicas recesivas

En la reproducción, participa una serie de reglas que recibe el nombre de reglas de la herencia. Básicamente, cuando se forma el par cromosómico, una vez que tiene lugar la fertilización, los genes de uno de los cromosomas (que representan la forma normal de un organismo) pueden ser genéticamente dominantes en relación con los presentes en el otro cromosoma. Esta situación es la que se produce en la mutación autosómica recesiva, que es el tipo de mutación más común que demuestra las reglas de la herencia. Así, por ejemplo, cuando se aparea un hámster sirio de pelaje corto con un ejemplar de pelo largo, toda la progenie nacerá con el pelo corto, porque el gen de pelo corto normal es dominante con respecto al contrario de pelo largo.

No obstante, cuando se aparean un hámster de pelo normal y un hámster de pelo largo, el gen responsable del pelo largo se transmite también a la descendencia, a pesar de que nazcan con el pelo corto. El alcance que tiene esto supone que en los apareamientos en los que coinciden dos genes recesivos y no exista por tanto un gen dominante que enmascare su efecto, el resultado sea la expresión del gen recesivo. Es imposible diferenciar a simple vista un individuo de pelo normal u homocigótico (en el que ambos genes codifican esta característica) de un individuo heterocigótico que tenga un gen de pelo corto y un gen de pelo largo, ya que el gen de pelo corto se expresa solamente en el aspecto del animal o fenotipo.

En lo que se refiere a esta mutación son posibles cinco emparejamientos diferentes, tal como se presenta en la página siguiente. Aunque en el ejemplo expuesto y en la ilustración se haya descrito sólo la longitud del pelo en los hámsters sirios, se pueden aplicar los mismos principios genéticos a otras características distintas, como el color o la textura del pelaje, por ejemplo.

Como ocurre con cualquier predicción genética, estas cifras son sólo un promedio, ya que las recombinaciones genéticas son aleatorias, y el resultado de emparejamientos individuales puede diferir del resultado predecible. No obstante, si un individuo de pelo normal emparejado con un individuo de pelo largo produce una progenie de pelo largo, se puede tener la certeza de que el progenitor de pelo normal es heterocigótico. En circunstancias normales, en relación con las mutaciones autosómicas recesivas, la característica recesiva no volverá a surgir hasta la segunda generación, conocida como la generación F2 (lo que se corresponde con los emparejamientos segundo, tercero y cuarto que se describen en los diagramas de la página siguiente).

Relación con el sexo

A veces, la característica recesiva, por ejemplo, un color determinado, está presente en el par de cromosomas sexuales que determinan el género del individuo. Un ejemplo de ello es la mutación carey que se observa en el hámster sirio. En este caso, el modelo de herencia es ligeramente diferente, ya que en el macho, este par de cromosomas tienen una longitud desigual. Un cromosoma, descrito como el cromosoma Y es más corto que el cromosoma X correspondiente.

Como consecuencia, los machos no pueden ser heterocigóticos o «dividirse» y, por lo tanto, no pueden llevar ambos genes, ya que únicamente uno está presente en la porción no emparejada del cromosoma X. Su composición genética se ajustará por lo tanto a su

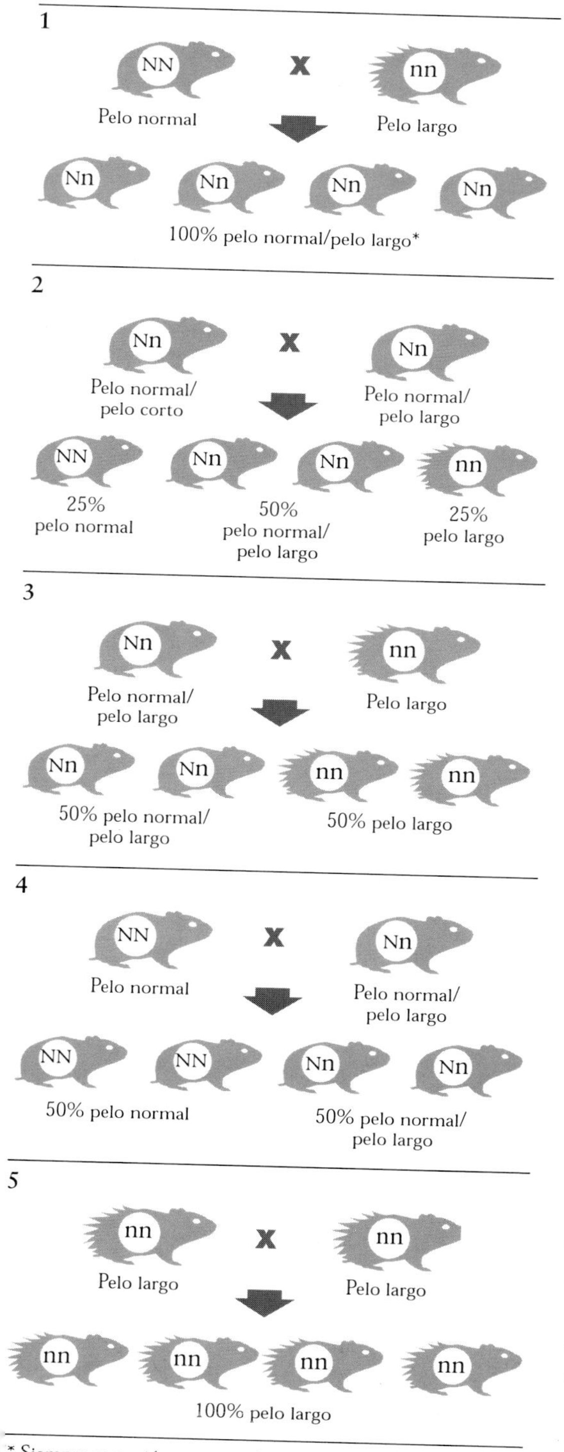

(* Siempre que estén presentes los genes para ambas características, el gen recesivo se indica el segundo).

aspecto, ya que no existe un gen contrario en el cromosoma X correspondiente, más corto. Sin embargo, las hembras, que tienen pares de cromosomas XX, pueden resultar tanto normales como amarillas, o como una combinación heterocigótica conocida como carey. La consecuencia de ello es que se desconoce prácticamente la existencia de hámsters carey machos. Tan sólo se pueden dar cuando existe una aberración cromosómica muy rara que lleva a que estén presentes tres cromosomas (XXY), un estado conocido como trisomía.

Problemas genéticos

En algunos casos, pueden participar genes letales en la reproducción. Dichos genes producirán un efecto negativo en el desarrollo de las crías e incluso pueden suponer que no lleguen a ser viables. Es algo que ocurre a veces en el caso de las chinchillas. Asimismo, se ha observado en la mutación blanco dominante de ratones y en la forma gris claro del hámster sirio, entre otros.

Este tipo de problema puede darse asimismo en emparejamientos entre hámsters sirios de vientre blanco y también en las parejas de cobayas dálmatas. Así pues, en dicho caso hay que cruzar a estos ejemplares con individuos normales, en lugar de con ejemplares de su mismo color. De no hacerlo así, es posible que la progenie nazca con deformaciones o sin ojos.

Otras consideraciones

Las características del tipo de textura, como rex y satinada, las crestas de las cobayas y las manchas oscuras vienen dadas por genes diferentes de los genes que controlan el color, gracias a lo cual se pueden asociar a pelajes de diferentes colores.

Es esencial mantener un registro detallado de la reserva de animales si se desea crear un color en particular, ya que de esta forma se podrá trazar la línea de ancestros del animal en cuestión. Únicamente con esta información, se podrán decidir los emparejamientos más apropiados. En cualquier caso, no se deberán emparejar dos ejemplares con la piel satinada, ya que esto conducirá a un claro deterioro de la calidad del pelo, que será cada vez más fino en la descendencia.

◀ *Los cinco posibles emparejamientos y las relaciones probables de la longitud del pelaje de la progenie, cuando se aparea un hámster sirio de pelo normal y otro de pelo largo.*

Términos usuales

Adopción. Transferencia de una cría a otra madre de la misma especie en periodo de lactancia (o rara vez de otra especie) y que actúa como madre postiza.
Agutí. Tipo de pelaje que consiste en la alternancia de bandas claras y oscuras en cada pelo y que es común en muchos roedores salvajes.
Albino. Mutación en la que se ha perdido todo el pigmento de color para dar como resultado un pelaje blanco, una piel rosada y unos ojos rojos.
Alimentación artificial. Crianza de un animal con biberón en ausencia de la madre.
Anillo cerrado. Tira metálica circular y cerrada que se coloca en la pata trasera al conejo para su identificación.

Bicolor. Término que describe la coloración de un tipo de pelaje formado claramente de dos colores, siendo frecuentemente uno de ellos el blanco.
Bigotes. Agrupación de pelos largos y espesos situados en la cara, que cumplen una función sensorial al contener varias terminaciones nerviosas en sus raíces.
Brillo. Aspecto lustroso y de luminosidad que presenta un animal.

Canibalismo. Tendencia de algunos animales a comerse a sus propias crías. Este comportamiento es más acusado en la madre que se siente amenazada , que puede llegar por ello a atacar a sus hijos.
Canon de belleza. Lista de puntos claves que se consideran como deseables para una variedad en particular en la que se basan los jurados de los concursos de animales.
Carácter relacionado con el sexo. Carácter genético asociado con la pareja de cromosomas sexuales, responsable de la determinación del género del individuo.
Característica dominante. Característica genética que debería manifestarse a partir del emparejamiento de primera generación con un espécimen normal puro de la misma especie.
Característica recesiva. Característica genética que no se ha de manifestarse en una primera generación de apareamiento con un ejemplar normal puro de la misma especie.
Carey. Tipo de coloración del pelaje que presenta zonas negras y rojas; a menudo femenina
Cávido. Nombre alternativo de los conejillos de Indias, que proviene del término latino científico *Cavia.*
Caviomorfos. Miembro de una de las familias del orden de los Rodentia, que se caracterizan por tener periodos de gestación relativamente largos y por el avanzado desarrollo de sus crías. Incluye a los conejillos de Indias y a las chinchillas.
Celo. Periodo durante el cual ovula la hembra y está predispuesta a aceptar al macho.
Ciego. Alargamiento del tracto digestivo en la porción comprendida entre el intestino delgado y grueso, que es vital para la descomposición del material vegetal, ya que contiene protozoos y otros microbios que contribuyen a la digestión de la celulosa que está presente en las paredes celulares de las plantas.
Coloración diluida. Versión de color más pálida de lo habitual.
Complexión. Constitución que presenta un animal.
Conejillo de Indias. Nombre que se les da a las cobayas.
Cromosoma. Estructura compleja filiforme, normalmente formando parejas, presente en el núcleo de todas las células vivas. Los cromosomas contienen los genes.

Destete. Periodo durante el cual la cría cambia de alimentación abandonando la leche materna para alimentarse solo.
Diurno. Se aplica a los animales que se mantienen activos durante el día
Domesticada. Raza de animales especialmente seleccionada por sus características particulares.

Endogamia. Apareamiento entre dos animales emparentados de forma próxima, como por ejemplo padres e hijos.
Esciuroforme. Miembro de una familia del orden de los Rodentia en la que se incluyen roedores de tipo ardilla, incluyendo las ardillas listadas y los castores.
Escorbuto. Enfermedad cutánea producida por una deficiencia de vitamina C. Se observa sobre todo en las cobayas.
Espacio genito-anal. Región comprendida entre el orificio del ano y el orificio genital.
Especie. Animales que guardan una estrecha relación entre sí; normalmente, se dan en la misma zona y presentan un aspecto muy similar.
Estro post-parto. Fenómeno observado en muchos mamíferos pequeños, según el cual la hembra entra en celo a las pocas horas de haber parido.
Fenotipo. Características observables que exterioriza el organismo, como su coloración, que no están influidas directamente por su genotipo.

Gazapo. Conejo recién nacido.
Gen. Parte del cromosoma que lleva la información en virtud de la cual se determinan las características heredadas por el organismo.
Genotipo. Composición genética de un organismo.

Heterocigótico. Describe la situación en la que determinados genes de cromosomas opuestos no se corresponden entre sí, de manera que un individuo puede llevar otra característica en su genotipo que no será evidente aparentemente a simple vista.

Homocigótico. Describe la situación en la que determinados genes de parejas de cromosomas coinciden de manera que el aspecto del individuo coincide con su genotipo.

Impuro. Tipo de pelaje de un animal en el que está presente más de un color.

Incisivos. Pareja de dientes muy afilados situados en la parte frontal de la mandíbula; tienen una importancia especial en la forma de vida de los roedores y los lagomorfos.

Independencia. Momento en el que una cría se alimenta por sí sola y puede separarse de la madre.

Lactancia. Periodo en el que la madre produce leche para alimentar a sus crías en virtud de determinados cambios hormonales.

Lagomorfo. Miembro del orden de los lagomorfos, que abarca a los conejos, las liebres y las pikas.

Maloclusión. Problema dental asociado normalmente con los dientes incisivos, en el que los dientes de la mandíbula superior e inferior correspondientes no encajan correctamente, originando un crecimiento anormal que impide que el animal coma normalmente.

Mamífero. Animal de sangre caliente, con pelo, que mama al nacer.

Marsupial. Miembro del grupo de mamíferos cuyas crías nacen tras un periodo de gestación relativamente corto y que pasan después a una bolsa situada en el abdomen de la madre para mamar y completar su desarrollo. Los ejemplos más conocidos son los wallabis y los canguros.

Mastitis. Inflamación de las glándulas mamarias durante el periodo de lactancia que supone para la madre molestias y grandes dolores cuando da de mamar a sus crías.

Miomorfo. Miembro del grupo más numeroso del orden de los Rodentia, que abarca más del 25 por ciento de todos los mamíferos del mundo e incluye ratones, ratas, jerbos y hámsters.

Modelo himalayo. Mutación sensible a la temperatura asociada a determinados mamíferos, en la que las extremidades o puntas presentan una coloración más oscura que el resto del cuerpo.

Muda. Caída del pelo del animal. La muda suele producirse de forma regular en determinadas estaciones.

Mutación autosómica recesiva. Mutación relacionada con los autosomas (cromosomas no sexuales que no influyen en el género del animal). El carácter recesivo de estas mutaciones implica que sus características no se manifiestan en la progenie si se empareja con un individuo normal puro.

Mutación. Cambio repentino e inesperado en el carácter genético, que se refleja en un cambio en el aspecto de los individuos afectados.

Nocturno. Se aplica a los animales que se mantienen activos durante la noche.

Normal. Coloración habitual asociada a una especie.

Parásito. Organismo que vive encima (ectoparásito) o dentro (endoparásito) de un organismo (huésped), que depende de él para su nutrición y puede producir graves enfermedades.

Pinto. Tipo de pelaje que consiste en zonas blancas o negras (normalmente negras) situadas en lugares determinados del cuerpo.

Probiótico. Sustancia que contiene bacterias beneficiosas especialmente útiles para contribuir a la recuperación de ciertos trastornos que afectan al tracto digestivo.

Puntas. Extremidades del cuerpo. Tienen particular importancia en el diseño del pelaje de los conejos himalayos. Por lo general incluyen cara, orejas, patas, pies y cola.

Puro. Tipo de pelaje que son de un solo color.

Raza. Forma domesticada de un animal con un conjunto de rasgos reproducibles, claramente definidos, que le diferencian de sus antecesores salvajes y de otras razas.

Refección. Ingestión de los excrementos blandos que produce el ciego mediante la cual se garantiza la absorción al organismo de todo el valor nutritivo de los alimentos.

Rex. mutación que produce un cambio en el aspecto del pelaje, incluyendo los bigotes, y que consiste en la adquisición de una textura más rizada.

Roedor. Miembro del orden de los Rodentia, que es el grupo de mamíferos más extenso que existe, que abarca más de 1.700 especies y más de un 40 por ciento de todos los mamíferos del globo.

Roseta. Mechón de pelo que se desborda en forma de fuente desde un punto central y es típico de las cobayas abisinias. También es el nombre que se le da a un premio concedido en los concursos.

Satinado. mutación que afecta al lustre del pelaje y supone una textura más brillante.

Subespecie. División taxonómica por debajo del nivel de la especie, que aborda ligeras diferencias en el aspecto de diferentes poblaciones de seres vivos.

Tiña. Infección fúngica que tiene como resultado la pérdida de pelo y la aparición de costras en forma de círculos. Pueden contagiar al ser humano.

Tipo. Rasgos deseables de un animal que participa en un concurso o una muestra.

Tricolor. Tipo de coloración del pelaje en el que se pueden observar tres colores, siendo uno de ellos el blanco normalmente.

Variedad. Subgrupo dentro de una raza que se distingue normalmente por la coloración y/o el tipo de pelaje.

Bibliografía recomendada

KEN PRESTON-MAFHAM, NIGEL MARVEN Y ROB HARVEY, *Bichos, arañas y serpientes*, LIBSA, Madrid, 2002.

KARL MÜLLER VERLAG, *La enciclopedia de los conejos y roedores*, LIBSA, Madrid, 2002.

DAVID ALDERTON, *Los pájaros domésticos. Preguntas y respuestas*, LIBSA, Madrid, 2002.

JOHN Y CAROLINE BOWER, *El gato. Preguntas y respuestas*, LIBSA, Madrid, 2002.

JOHN Y CAROLINE BOWER, *El perro. Preguntas y respuestas*, LIBSA, Madrid, 2002.

LYDIA DARBYSHIRE, *Gatos y Gatitos*, LIBSA, Madrid, 2002.

JOAN PALMER, *Perros y perritos*, LIBSA, Madrid, 2002.

EUGÈNE BRUINS, *La enciclopedia del terrario*, LIBSA, Madrid, 2002.

ESTHER J. J. VERHOEF-VERHALLEN, *La enciclopedia de los peces tropicales*, LIBSA, Madrid, 2002.

ESTHER J. J. VERHOEF-VERHALLEN, *La enciclopedia de los pájaros domésticos*, LIBSA, Madrid, 2002.

ESTHER J. J. VERHOEF-VERHALLEN, *La enciclopedia de los perros*, LIBSA, Madrid, 2002.

ESTHER J. J. VERHOEF-VERHALLEN, *La enciclopedia de los gatos*, LIBSA, Madrid, 2002.

JOSÉE HERMSEN, *La enciclopedia de los caballos*, LIBSA, Madrid, 2002.

Agradecimientos

David Alderton 38, 47, 53 arriba, 94 abajo, 114, 125; AOL 29 abajo, 34-35, 371, 37 derecha, 96, 98, 101 centro, 116, 117, 118 abajo, 119 arriba, 119 abajo, 121 arriba, 137 arriba, 137 abajo, 139, 1561, 156 izquierda, recuadro 157, 158, 159 arriba, 177, 178, 180 centro, 193 centro, 193 abajo; **Heather Angel** 10 abajo, 140 centro, 145; **Jane Burton** 31, 50, 51, 52, 53 abajo, 91, 103, 104, 144, 164, 169, 173, 174, 181, 184, 189, 194; **Isabelle Français/Cogis** 57; **James de Bounevialle/Sylvia Cordaiy Photo Library** 121 abajo; **J. Howard/Sylvia Cordaiy Photo Library** 25; **Chris Parker/Sylvia Cordaiy Photo Library** 93; **Eric Gaskin** 56; **Marc Henrie** 12, 33, 40 arriba, 40 abajo, 43, 46-47, 49 arriba a la derecha, 55, 58 abajo, 61, 64, 68-69, 70, 74, 75 abajo, 76, 77, 80, 84-85, 100, 106-107, 109, 135, 138, 147 abajo, 148 centro; **Juniors Bildarchiv/C. M. Bahr** recuadro 8; **Juniors Bildarchiv/Nikita Kolmikow** 101 abajo; **Juniors Bildarchiv/Regina Kuhn** 3, 115 abajo, 123 abajo, 124 abajo; **Juniors Bildarchiv/St. Liebold** 166; **Juniors Bildarchiv/H. Schultz** 197; **Juniors Bildarchiv/Chr. Steimer** 6, 8, 107, 118 arriba, 143, 153, 157, 159 abajo, 161, 175, 176, 180 abajo, 183, 196; **Juniors Bildarchiv/M. Wegler** 7, 11, 13, 15, 20, 24-25, 26, 27, 28, 29 arriba, 39, 41 arriba, 41 abajo, 49 arriba a la izquierda, 54, 65, 66, 67, 72, 88, 89 derecha, 94 arriba, recuadro 96, 97, 99, 113, 179; **Juniors Bildarchiv/J. & R Wegner** 124 arriba; **Juniors Bildarchiv/Horst Welke** 155; **Cyril Laubscher** 10 arriba, 17, 34, 451, 49 abajo, 58 arriba, 59, 60, 62, 63 arriba, 63 abajo, recuadro 65, 67 recuadro, 68, 69, 71, recuadro 71, recuadro 72, 73, 75 arriba, 78, 79, recuadro 80, 81, 83, 85, 86, recuadro 86, 87, 891, 101 arriba, 105, recuadro 106, 108, 110 centro, 110 abajo, 111, 115 arriba, 123 arriba, 126, 127, 128 centro, 128 abajo, 129, 130, 131, 133, 136, 140 abajo, 146, 147 arriba, 148 abajo, 149, 150, 151, 163, 165, 167 arriba, 167 centro, 168 arriba, 168 abajo, 170 centro, 170 abajo, 171,186, 187, 198, 199; **Andrew Henley/Natural Visions** 16; **Papilio Photographic** 45 derecha, 92; **Pet House** 18, 23; **Kim Taylor** 191; **Bernard Welford** 82. Talleres **Julian Baker; Andy Peck, Simon Turvey/Wildlife Art Ltd.**

Los editores desearían exponer su agradecimiento de forma especial a las siguientes personas: Rolf C. Hagen (RU); Breeders: Janet Bee, Reg Brooks, Barbara Brown-Campbell, Sharon Chapman, Jim Collins, Angela Cooke, Ian & Ann Davis, Sue Dooley, Mike & Lesley East, Amanda Egan, Alan Emson, Essex Breeding Centre, Alan Flarry, Luke French, Sue Garrett, Phil & Gail Gibbs, Helen Gimbert, Caroline Harlow, Ken Lettington, Stanley Maughan, Sue Pearce, Penny Pencliff, Paula Pyke, Rabbit World, Alan & Elaine Rogerson, Jackie Roswell, Geoff Russell, Pam & David Sydenham, Patricia Tilke, Bill Wicks.

Índice

[Los números en cursiva hacen referencia a las ilustraciones.]

D

E